2120 W 69

TRUCKS

MODELLE AUS DER GANZEN WELT

TRUCKS

MODELLE AUS DER GANZEN WELT

INGRID PHANEUF UND JAMES MENZIES

Entwurf und Realisation: Amber Books Ltd
Projektmanager: Sarah Uttridge
Layout: Zoe Mellors
Bildrecherche: Terry Forshaw

Parragon Books Ltd
Queen Street House
4 Queen Street
Bath, BA1 1HE, UK

Übersetzung: Andreas Oster und Henrik Schröder, Berlin
Lektorat: Tobias Büscher, Köln
Projektmanagement: Nazire Ergün, Köln
Koordination: trans texas GmbH, Köln

ISBN 10: 1-40547-901-9
ISBN 13: 978-1-40547-901-1

Printed in Thailand

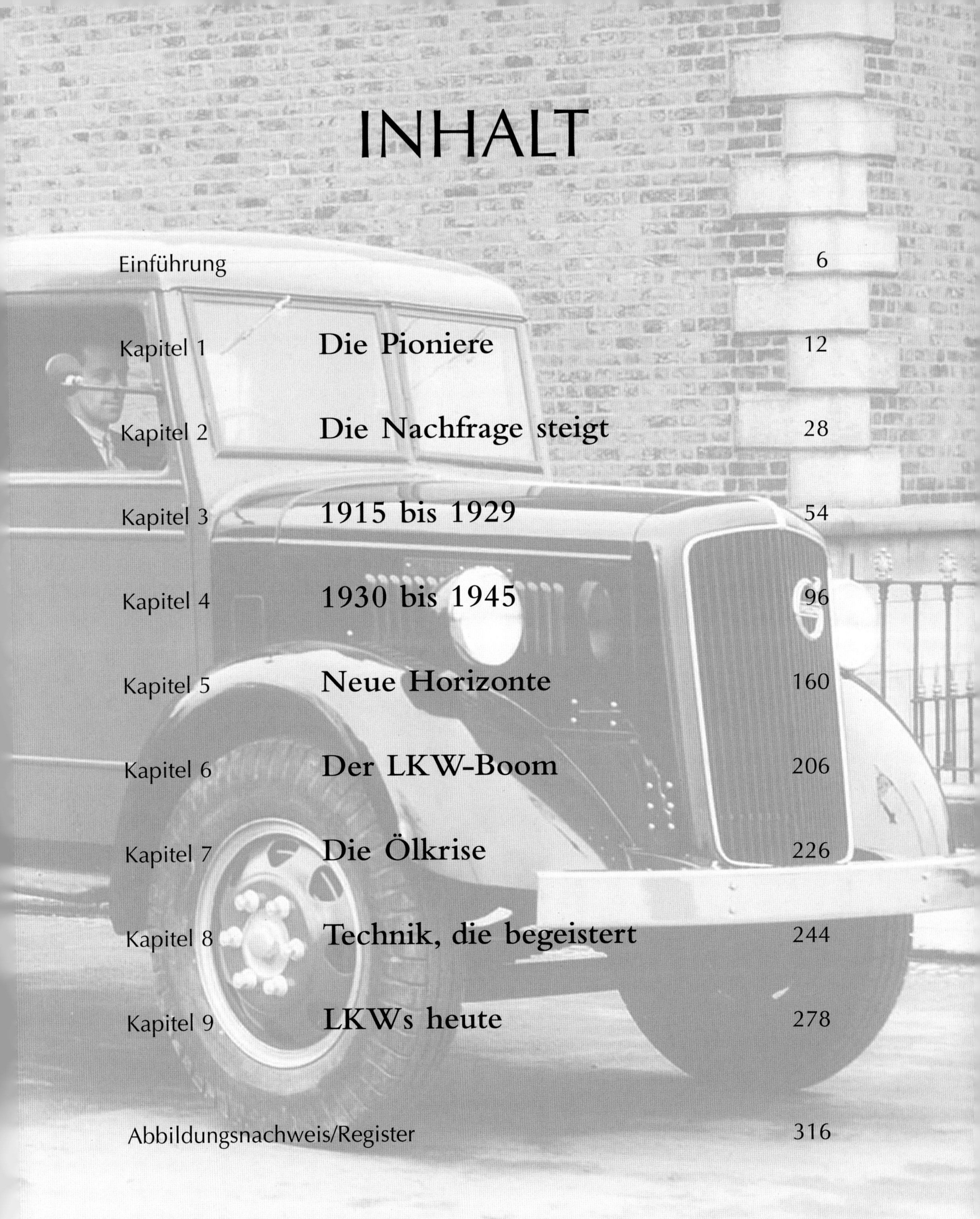

INHALT

WESTERN STAR
WESTERN STAR

Einführung

LKWs sind nicht nur wegen ihrer Größe und ihres Gewichts anders als PKWs: Während die ersten Kleinwagen im späten 19. Jahrhundert bereits ein Statussymbol waren, reiche Bürger beförderten und begeisterte Blicke auf sich zogen, dienten die Lastwagen zunächst ausschließlich zur Beförderung von Massenwaren. Sie waren hässlich, laut und stanken. Ihre einzige Existenzberechtigung bestand darin, dass sie nützlich waren.

Oben: *Die abfallende Motorhaube des Kenworth T2000 senkte den Treibstoffverbrauch – ein wichtiger Faktor für Langstreckenschlepper.*

Links: *Der Western Star LowMax verkörpert das, was sich heute viele nordamerikanische Fahrer unter einem echten Truck vorstellen: eine lange Motorhaube, eine geräumige Schlafkabine und jede Menge Chrom.*

Allerdings kamen LKWs vor dem Ersten Weltkrieg kaum zum Einsatz. Vor 1914 hatte sich der motorisierte Warentransport weder in Europa noch in Nordamerika oder Asien durchgesetzt. Die wenigen Lastwagen dienten eher dazu, die Aufmerksamkeit potenzieller Kunden zu erregen, als durch höhere Transporteffizienz die Umsätze zu steigern. Den motorisierten Transport erkannte man erst später als effektive Alternative im Handelsverkehr, den bislang Pferdewagen, Züge und Schiffe abwickelten.

In der Öffentlichkeit galten Lastwagen als unangenehme, ja geradezu gefährliche Erfindungen, entwickelt von Exzentrikern und „verrückten" Wissenschaftlern, denen Zukunftsträume zu Kopf gestiegen waren. Ihre Verwendung war angesichts strenger Reglements kaum möglich. So durften die Laster nur auf entlegenen Landstraßen fahren. LKWs tatsächlich zu nutzen, um Waren an Stadtbewohner zu liefern, war noch völlig ausgeschlossen.

Die Befürworter der Lastwagen blieben trotzdem hartnäckig. Sie besuchten nationale Messen und Wissenschaftskongresse in der Hoffnung, Preise zu gewinnen und potenzielle Investoren zu begeistern. Dennoch erkannten zu Beginn des 20. Jahrhunderts nur sehr wenige den Nutzen dieser Fahrzeuge.

Lastkraftwagen als Kriegs- und Zivilfahrzeuge

Der strategische Nutzen von Lastwagen bei kriegerischen Auseinandersetzungen lag im Zeitalter der Industrialisierung auf der Hand. An den sich ständig verändernden Frontlinien war der An- und Abtransport von Verwundeten, Waffen und Nahrung notwendig. Kriegsstrategen kamen zu der Ansicht, dass LKWs solche massiven Transportanforderungen wesentlich schneller bewältigen konnten als Pferdewagen. So erkannte man schließlich auch den Sinn von Cugnots Dampfstraßenwagen aus dem Jahr 1769, dem ersten Dampflastwagen der Welt. Allerdings erlebte dies der französische Erfinder Nicolas Joseph Cugnot nicht mehr, der unter Napoleon verbannt worden war und verarmt starb.

In großem Stil kamen die Laster im Ersten Weltkrieg zum Einsatz. Die Hersteller der Transporter wurden mit einem Schlag reich, und die öffentliche Meinung über LKWs änderte sich. Warum sollten Lastwagen nicht auch Waren transportieren, wo sie so zuverlässig Soldaten und Nachschub transportiert hatten?

Ihr kommerzieller Einsatz nahm stetig zu. Mit dem Bau von Straßen (mithilfe von Lastwagen) und den wachsenden Bedürfnissen der Konsumenten (von Lastwagen bedient) gewannen die Fahrzeuge an Anerkennung. Selbst in den Städten teilten sich die Pferdegespanne die Straßen zunehmend mit LKWs. Doch es gab noch vereinzelte Proteste. Pferdekutschergewerkschaften forderten ihre Mitglieder sogar auf, Lastwagenfahrer tätlich anzugreifen. Gleichzeitig fanden Laster aber auch in ländlichen Gegenden immer größeren Anklang, weil sie Arbeitsmaterial und Güter schnell lieferten, was zuvor viel Zeit und Mühe gekostet hatte.

Der technische Fortschritt begeisterte. Elektrisch oder mit Benzin betriebene Motoren ersetzten die Dampfmaschinen. Bald folgte der Dieselmotor, der die Fahrten preiswerter machte. Die Nutzlasten nahmen zu, da die Hersteller sich ständig um leichtere und leistungsfähigere Fahrzeuge bemühten.

Auch trugen die LKWs selbst viel dazu bei, ihre Entwicklung voranzutreiben. Nicht nur durch den Straßenbau, sondern auch durch die gestiegenen Ansprüche der Konsumenten. Je mehr sie lieferten, desto unverzichtbarer wurden sie. Sie galten bald schon als mindestens so effizient wie die Bahn oder das Schiff. Mit dem Aufkommen neuer Technologien, die neue Bedürfnisse erzeugten und erfüllten, wuchs die Abhängigkeit weiter. Kühlwagen lieferten gefrorenen Fisch frisch von der See ins Landesinnere, und mitten im Winter kamen Orangen nach Kanada und Skandinavien.

Der Zweite Weltkrieg brachte einen weiteren Entwicklungsschub und weitere Bedürfnisse, vor allem für den Wiederaufbau nach den Zerstörungen. Die Industrie machte sich ebenso abhängig von Lastwagen wie die Konsumenten, wenn nicht sogar noch abhängiger. Denn die Lastwagen brachten nicht nur Lebensmittel in den Handel, sondern auch wichtige Einzelteile zum Bau von Fabriken, die wiederum auf Laster angewiesen waren.

LKWs heute: geringes Ansehen, hohe Effizienz

Heute haben wir eine weit verzweigte Lastverkehrsindustrie, die untrennbar mit unserem täglichen Leben verbunden ist. Die Güter werden teurer, sobald der Ölpreis steigt. Wir sind also stark auf den LKW-Transport angewiesen, ohne dass uns das im Alltag bewusst wäre. Allenfalls stört uns, wenn vor uns auf der Autobahn ein Warentransporter einen noch langsameren Zementmischer überholt.

Möglicherweise führt das reibungslose Funktionieren der Laster dazu, dass ihre Leistung kaum Anerkennung findet. Wenn wir im Supermarkt keine Milch oder kein frisches Gemüse bekämen oder an der Tankstelle keinen Kraftstoff, würde uns das sicher ärgern. Aber würden wir das Problem sofort

Oben: *Der Dampfstraßenwagen von Joseph Cugnot gilt als das erste selbst angetriebene Fahrzeug.*

mit Transportschwierigkeiten in Verbindung bringen? Vermutlich nicht. Wir würden wahrscheinlich annehmen, dass keine Milch lieferbar war oder dass in irgendeinem Werk gestreikt wurde. Die Frage nach der Transportkette ziehen wir kaum in Erwägung, sodass wir die wichtigsten Lieferanten unserer Güter leicht übersehen, diese großen Fahrzeuge, die uns vorübergehend den Weg zur Arbeit oder in den Urlaub versperren.

„If you bought it, a truck brought it" („Wenn Sie es gekauft haben, hat es ein Lastwagen gebracht") lautet ein britisches Sprichwort, allerdings ist es nur in Industriekreisen bekannt. Die überwiegende Mehrheit dagegen ist sich der Tatsache gar nicht bewusst, wie wichtig Lastwagen für unser tägliches Leben sind. Auch über die Geschichte dieser Fahrzeuge ist wenig bekannt. Und dies, obwohl ihr Einfluss auf gesellschaftliche, wirtschaftliche und politische Entwicklungen schon immer sehr groß war.

Vom Dampflaster zum modernen Truck: die Geschichte der LKWs

Was war zuerst da, das Huhn oder das Ei? Diese Frage drängt sich auf, wenn man die Rolle von Lastwagen bei der wirtschaftlichen, industriellen und politischen Entwicklung der Welt betrachtet. Kriege wurden durch die Leistungsfähigkeit oder das Versagen von Lastwagen entschieden. Menschen haben gehungert oder sind erfroren, weil Lastwagen nicht zu ihnen durchdringen konnten oder nicht zur Verfügung standen. Lastwagen wurden aber auch gebaut, um ganze Bevölkerungsgruppen umzusiedeln bzw. vor Hunger- oder Kältetod zu bewahren. Lastwagen haben beim Wiederaufbau geholfen und so Arbeitsplätze geschaffen. Volkswirtschaften haben sich mit ihnen und zum Teil durch sie erholt oder sind gescheitert. Und vor allem haben Lastwagen den Straßenbau gefördert, Straßen, auf denen sie anschließend gefahren sind. Aber Lastwagen hatten nicht nur Auswirkungen auf ihre Umgebung, sondern auch umgekehrt. Ihre Vielfalt in Größe, Gewicht, Leistungskraft und Funktion ist auch durch Geografie und Klima bedingt. Lastwagen für das urbane Ruhrgebiet unterscheiden sich deutlich von denen in den Schweizer Alpen oder den rauen, nassen Highways des Pazifischen Nordwestens der USA. Das Durchqueren einer Wüste erforderte eine andere Bauart als das Passieren eines Dschungels. Dennoch können beide Reisen mit Lastwagen unternommen werden, sogar mit Lastwagen desselben Herstellers, aber mit unterschiedlichen Motoren, Reifen und Radaufhängungen.

In den Pioniertagen der LKWs waren die Reisedistanzen kürzer, die Straßen holpriger und auch der Umgang mit Lärm ein anderer. Ausgerechnet die New Yorker, die heute

Unten: *Während die meisten Fahrer damals im Freien saßen, konnten die ersten Laster von Volvo auf Wunsch mit einem Fahrerhaus ausgestattet werden. Grund für die zukunftsweisende Neuentwicklung war das kalte Klima in Schweden.*

in einer der verkehrsreichsten Städte der Welt leben, haben damals vehement gegen den Lärm und Gestank der ersten Laster protestiert. Und zwar so erfolgreich, dass der Bürgermeister die „brummenden Ungeheuer" vorübergehend aus der Stadt verbannte.

Auch Versicherungen hatten ihren Einfluss auf die Entwicklung der LKWs. Als die Versicherungsgesellschaften in Nordamerika und Europa sich weigerten, weiterhin Dampflastwagen zu versichern, weil ihre Kessel ständig explodierten, stiegen die Hersteller auf andere fossile Brennstoffe um. Ebenso beeinflusste die Verfügbarkeit von Materialien den Lastwagenbau. Vor allem in Mangelzeiten, wie nach den beiden Weltkriegen, als Stahl und Kraftstoff sehr knapp waren, wurden die Lastwagen oft aus allem gebaut, was gerade verfügbar war.

Erfindungsreichtum und Anpassungsfähigkeit der Hersteller sowie der Bedarf an Lastwagen sichern ihr Überleben bis heute.

Politische Einflüsse auf den LKW-Verkehr

Die Politik hatte schon immer ein großes Interesse an Lastwagen und an Fragen des Transportwesens. Während ein großer Teil der Gesellschaft über Lastwagen die Nase rümpft, sehen ökonomisch orientierte Politiker ihre Bedeutung als treibende Kraft für die Wirtschaft.

Politiker führen die LKW-Maut ein und ringen mit den Bürgern vielerorts um den lastwagengerechten Ausbau von Straßen, selbst durch Wohngebiete. Sie erlassen Gesetze, die es Lastwagen erlauben, schneller und effizienter über Autobahnen oder Brücken zu fahren, und versuchen, durch internationale Abkommen den Grenzverkehr für LKWs zu erleichtern.

Abgasnormen und Treibstoffmangel: die Zukunft der LKWs

LKWs hängen von Rohstoffen ab. Wegen schwindender fossiler Brennstoffe wird der Unterhalt von Lastwagen täglich teurer. Die Hersteller wissen das und statten ihre Lastwagen mit Hilfsaggregaten und Kabinenheizungen aus, die bei abgestelltem Motor Licht und Wärme liefern und so den Kraftstoffverbrauch senken. Sie bauen mit leichteren Materialien, die ebenfalls den Kraftstoffverbrauch senken und zusätzlich die Nutzlast erhöhen.

Außerdem müssen die Hersteller wegen der wachsenden weltweiten Sorge um Luftverschmutzung und globale Erwärmung

Unten: *Der CCKW 6x6 von General Motors diente als Truppen- und Munitionstransporter.*

Oben: *Frontlenker wie der Volvo FH16 fahren sind auf Europas Straßen besonders beliebt. Das Flaggschiff von Volvo hat mit einer Leistung von bis zu 610 PS (454,8 kW) die nächste Runde im PS-Wettstreit eröffnet.*

immer strengere Abgasnormen erfüllen. Das wird in Zukunft dazu führen, dass die Filter immer besser werden. Lastwagen befinden sich heute an der Spitze ihrer technologischen Entwicklung. Die Kommunikationstechnik zwischen Fahrern, Bordcomputern und Zentralen ist hochmodern. Gestohlene LKWs können per Satellit geortet werden. Andere technische Entwicklungen sind zum Beispiel eine automatische Korrektur bei Kippgefahr in Kurven und ein elektronisches Warnsystem für müde Fahrer.

Auch der Komfort von Fahrerhaus und Schlafkabine spielt weiterhin eine Rolle. So sind die früher sehr lauten Fahrerkabinen inzwischen hervorragend isoliert.

Führerlose Brummis?

Lastwagen sind immer noch auf Fahrer angewiesen, obwohl sicher schon irgendwo ein Lastwagenkonstrukteur an einer Technologie arbeitet, die den Fahrer überflüssig macht. Man darf gespannt sein, was die Zukunft noch für Innovationen und Überraschungen bringt. Willkommen in der Welt der Lastwagen!

DOWNASH & PEVENS
TRACTION Co
HAILSHAM SUSSEX
A.W.F. 4 TONS 5 CWT 0 QTRS
A.W.R. 8 TONS 10 CWT 0 QTRS

Kapitel 1

Die Pioniere

Die ersten Laster waren weder besonders nützlich noch schön. Ihre Entwickler hatten allerdings Visionen, die sich später auszahlen sollten. Sie sahen eine Zukunft für diese Fahrzeuge, die sonst niemand sehen konnte oder wollte. Wie kaum eine andere Erfindung wurden die Lastwagen erst abgelehnt, dann aber dringend gebraucht.

Oben: *Das Zeitalter der Lastwagen beginnt 1885 mit der Einführung des Viertakter-Verbrennungsmotors.*

Links: *Die Konstrukteure der britischen Firma Hancock & Foden waren Pioniere des Dampfantriebs. Sie bauten schon 1898 ihren ersten Foden-Dampfwagen. Dieses Modell stammt ungefähr aus dem Jahr 1912.*

Die Konstrukteure der ersten Lastwagen standen vor erheblichen Schwierigkeiten. Das erste Problem war der Antrieb des Motors. Dampfkraft war gefährlich für Fahrer und Ladung. Elektrizität war problematisch, da die Batterien häufig aufgeladen werden mussten und sehr schwer waren.

Auch unabhängig von der Technologie war die Verbreitung der Lastwagen nicht einfach. Es gab noch zu wenig brauchbare Straßen. Ihre Reifen verschlissen sich an den Furchen, welche die Pferdewagen hinterließen, und die Fahrer hatten große Mühe, ihre Fahrzeuge auf den unwegsamen, ungepflasterten Straßen unter Kontrolle zu halten. Da die meisten Menschen nur über kurze Distanzen reisten, war ihnen außerdem die Notwendigkeit von Fahrzeugen, die schneller als Pferde waren, nicht ersichtlich. Ersatzteile und Reparaturen waren ein weiteres Hindernis. Die ersten Laster waren von Hand gebaute Einzelstücke. Neue Teile mussten nicht nur bestellt, sondern vor allem erst einmal hergestellt werden. Und dann gab es das Treibstoffproblem. Wo sollte man genug Kohle, Holz, Strom, Benzin oder Diesel für den Motor herbekommen?

Kurz, es gab viele soziale, technische, rechtliche und sogar politische Fragen zu lösen, bevor sich die Lastwagen in großem Stil durchsetzen konnten.

CUGNOT
⚒ **1769 Frankreich**

CUGNOTS DAMPFLASTER

Der französische Offizier Nicolas Joseph Cugnot baute ein mit Dampf angetriebenes Vorläufermodell des modernen Lastwagens für das Militär. Mit ihm sollten Kanonen transportiert werden.

Oben: *Joseph Cugnots Dampfstraßenwagen konnte bis zu fünf Tonnen mit einer Geschwindigkeit von 3,3 km/h transportieren, aber immer nur Dampf für eine Strecke von ungefähr 640 m erzeugen, bevor er neuen Dampf aufbauen musste.*

Links: *Mit dem schweren Kessel vor seinem Vorderrad war Cugnots Fahrzeug äußerst instabil.*

Der Dampflaster hatte drei Räder mit Eisenreifen, eins vorne und zwei hinten. Den Dampfantrieb lieferte ein Kessel, der mit einem Zweizylindermotor verbunden war. Beide waren über dem Vorderrad des Fahrzeugs angebracht. Es war 4 km/h schnell und musste spätestens alle 15 Minuten anhalten, um den notwendigen Dampfdruck für die Weiterfahrt aufzubauen.

1771 baute Cugnot ein zweites Testfahrzeug, einen Traktor, der für eine Nutzlast von vier bis fünf Tonnen gebaut war. Er bemühte sich um die Zustimmung des damaligen Kriegsministers Marquis de Monteynard zu geheimen Tests in Versailles. Die Geheimhaltung war notwendig, weil Cugnot und einige seiner hochrangigen Unterstützer am Hof von Ludwig XV. den Dampfstraßenwagen als nationales militärisches Geheimnis betrachteten. Die Tests wurden nie durchgeführt, da der Minister keine Zustimmung erteilte und Cugnots Briefe nicht einmal beantwortete.

Der erste Lastwagenunfall

Als schließlich doch Tests durchgeführt wurden, ereignete sich dabei der erste Lastwagenunfall der Welt. Das Fahrzeug fuhr in eine Gartenmauer. Trotz solcher Unfälle überlebte eines von Cugnots Fahrzeugen die Französische Revolution und steht heute im Musée des Arts et Métiers in Paris. Nach der Französischen Revolution gerieten Cugnot und seine Erfindung schnell in Vergessenheit, da Napoleon kein Interesse an Kanonentransportern mit Dampfantrieb hatte.

Technische Daten

Land: Frankreich
Gebaut seit: 1769
Motor: 2-Zylinder, Dampfantrieb
Getriebe: nicht bekannt
Nutzlast: nicht bekannt
Verwendungszweck: Kanonentransporter
Besonderheit: ein Vorderrad

TREVITHICK
1803 Großbritannien

LONDON STEAM CARRIAGE

1803 entwickelten Richard Trevithick und sein Partner Andrew Vivian die London Steam Carriage, eine mit Dampf betriebene Kutsche, die bis zu 16 km/h schnell war.

Rechts: *Auch wenn sie für den Transport von Passagieren gebaut war, hätte die London Steam Carriage theoretisch Lasten bis zu einer halben Tonne befördern können. Mit den drei Rädern und dem hohen Schwerpunkt war die Gefahr sehr groß, dass das Fahrzeug in Kurven umkippte.*

Technische Daten

Land: Großbritannien
Gebaut seit: 1803
Motor: 2-Zylinder, Dampfantrieb
Getriebe: nicht bekannt
Nutzlast: nicht bekannt
Verwendungszweck: Versuchsfahrzeug
Besonderheit: erstes eigenständig fahrendes Passagierfahrzeug der Welt

Es war James Watt, der sich die „Parallelbewegung" in Dampfmaschinen patentieren ließ. Eine feste Kolbenstange, die mit dem Ende eines schwingenden Balkens verbunden war, wurde dabei vertikal bewegt. Er war auch einer der Ersten, der eine definierte Maßeinheit zum Vergleich von Dampfkraft und Pferdestärke verwendete. Nach wenigen Jahren wurden Watts Maschinen häufig als 14-PS-Maschinen, 20-PS-Maschinen usw. bezeichnet.

Die London Carriage

Ausgehend von Watts bahnbrechenden Ideen bauten Trevithick (der auch mit Watt arbeitete) und sein Partner Andrew Vivian bei der Firma Felton's Carriage Works die London Carriage. Nach der Fertigstellung wurde die Kutsche mit sieben oder acht Passagieren rund 16 km durch die Straßen von London gefahren, um sie der Öffentlichkeit vorzustellen.

Schrecken für Mensch und Tier

Obwohl das Experiment Erfolg hatte, war das Fahrzeug äußerst unpopulär. Vor allem erschreckte es die Pferde. Es kam aber auch zu einigen tödlichen Kesselunfällen. Funken aus dem Schornstein konnten außerdem Brände auslösen. Die Presse und Öffentlichkeit lehnten die London Carriage größtenteils ab, und schließlich wurde das Fahrzeug demontiert.

DUDGEON
⚒ **1866 USA**

DUDGEONS ROTER TEUFEL

Schon 1855 versetzte der eigensinnige Tüftler Richard Dudgeon seine New Yorker Mitbewohner in Erstaunen, als er eines Tages mit einem selbst gebauten Dampfwagen zur Arbeit fuhr.

Technische Daten

Land: USA
Gebaut seit: 1866
Motor: Dampfantrieb
Getriebe: nicht bekannt
Nutzlast: nicht bekannt
Verwendungszweck: Versuchsfahrzeug
Besonderheit: Zedernholzräder mit Metallreifen

Oben: *Nachdem das Original bei einem Brand zerstört wurde, baute Dudgeon 1866 einen zweiten Dampfwagen. Gegen die Nutzung des Fahrzeugs regte sich starker Widerstand.*

Der „Red Devil Steamer" mit seinen Rädern aus Zedernholz und Reifen aus Eisen provozierte die Öffentlichkeit. Der Wagen war für die empfindlichen Sinne der damaligen New Yorker zu laut und stank furchtbar. Nachdem Dudgeon seinen ersten Wagen durch einen Brand verloren hatte, baute er 1866 den „Red Devil". Der Protest gegen das Fahrzeug trieb Dudgeon mit seiner Familie und seinem Gefährt nach Long Island. Hier konnte er seine Erfindung ungestörter testen und war täglich unterwegs.

Dudgeon ist nach eigenen Angaben mehrere hundert Meilen mit dem Dampfwagen gefahren. Dabei habe er die Meile einmal in weniger als zwei Minuten zurückgelegt. Der Wagen habe zehn Personen transportiert und sei mit nur einem Fass Glanzkohle vier Stunden mit 22,5 km/h gefahren. Mit genügend Wasser und Kohle für eine Stunde Fahrzeit wog er 1678 kg. Der „Red Devil" wurde jedoch nie anerkannt.

17 Jahre Überzeugungsarbeit

Später schrieb Richard Dudgeon über seinen Dampfwagen: „Nach 17 Jahren des Bemühens und der Überzeugung von seiner Nützlichkeit ist mir klar geworden, dass mein Wagen nicht modern ist oder dass die Menschen für ihn noch nicht bereit sind." Schließlich fand sich der Erfinder damit ab, dass sein „Roter Teufel" nicht in Serie ging.

BOLLÉE
⚒ **1873 Frankreich**

L'OBÉISSANTE

Amédée Bollée war einer der findigsten Ingenieure seiner Zeit. L'Obéissante (die Ergebene) wirkte wegen ihres wagonartigen Designs zwar altmodisch, die Technik dieses Dampfomnibusses war aber vom Feinsten.

Rechts: *Der Franzose Amédée Bollée hat mit seiner L'Obéissante viel zur Weiterentwicklung der Dampfwagen beigetragen: Das Fahrzeug ließ sich bereits per Lenkrad über eine Achsschenkellenkung steuern.*

Technische Daten

Land: Frankreich
Gebaut seit: 1873
Motor: Dampfkessel mit 2 Zylindern
Getriebe: nicht bekannt
Nutzlast: bis zu 12 Passagiere
Verwendungszweck: Personentransport
Besonderheit: erstes Lenkrad

Amédée Bollée kam 1844 zur Welt. Sein Vater war Glockengießer in Le Mans. Der junge Amédée arbeitete zunächst in der Gießerei, wo er bereits in jungen Jahren ein neues Gussverfahren perfektionierte. 1867 besuchte er die Weltausstellung in Paris und sah dort einige Dampffahrzeuge. Sie weckten sein Interesse und schon bald begann er mit dem Bau eines eigenen Gefährts. Drei Jahre nach dem Deutsch-Französischen Krieg (1870/71) war der Dampfomnibus L'Obéissante fahrbereit. Das handwerklich ausgefeilte Fahrzeug bot Platz für zwölf Passagiere. Es hatte ein Dach, Fenster und die Form eines Eisenbahnwagons. Der hinten angebrachte leise Dampfkessel war ein Meisterstück. Er verbrannte 50 kg Kohle in der Stunde, und mit den zwei Zylindern unter dem Fahrzeugboden brachte die „Ergebene" es auf sagenhafte 40 km/h. Das war damals Höchstgeschwindigkeit, allerdings konnte der Bus am Stück zunächst nur 25 km weit fahren. Beachtlich war außerdem das Lenkrad. Es war das erste in der Geschichte des Automobils.

183 km in 18 Stunden

In Tests erwies sich L'Obéissante als sehr taugliches Fahrzeug. Schon Ende 1875 schaffte es die Strecke Le Mans – Paris (183 km) in nur 18 Stunden. Dennoch gelang es Bollée nie, sein Fahrzeug zu verkaufen.

BOLLÉE
⚒ **1879 Frankreich**

MARIE-ANNE

Nach L'Obéissante arbeitete Amédée Bollée zunächst an einem leichteren Dampfwagen mit dem Namen La Mancelle. 1879 baute er jedoch wieder einen großen Dampfstraßenzug: die Marie-Anne.

Technische Daten

Land: Frankreich
Gebaut seit: 1879
Motor: Dampfkessel mit 2 Zylindern
Getriebe: 3 Gänge
Nutzlast: bis zu 100 Tonnen
Verwendungszweck: großer Transporter
Besonderheit: sechsrädriger Dampftransporter mit Vierradantrieb

Oben: *Die Marie-Anne gab eine französische Gießerei in Auftrag, die einen Straßenzug für den Transport ihrer Materialien benötigte. Auffällig sind der hinten liegende Dampfkessel und der zweirädrige Steuerwagen.*

Die Marie-Anne wurde von der Société Métallurgique de l'Ariège in Auftrag gegeben, einer Gießerei im Süden Frankreichs. Der Dampfstraßenzug wog 20 Tonnen und konnte bis zu 100 Tonnen Ladung befördern. Er hatte sechs Räder. Vier davon waren Antriebsräder. Der Dampfkessel befand sich hinten, und die zwei Zylinder vorne trieben die Räder über ein komplexes System von Antriebswellen und außen liegenden Ketten an. Die Wasser- und Kohlevorräte befanden sich am zweirädrigen Fahrerbereich. Der dreistufige Regelmechanismus sorgte für eine relativ konstante Geschwindigkeit.

Innenausstattung

Vorne neben dem Lenkrad gab es Sitzplätze für Passagiere, der Heizer arbeitete im Stehen. Während der Fahrt war die Marie-Anne außergewöhnlich leise. Laut wurde es erst, wenn der Dampfstraßenzug anhalten musste, um Wasser nachzufüllen. Der Stahlkoloss war eine große Attraktion.

Öffentlichkeit und Obrigkeit waren so beeindruckt von der Maschine, dass über eine Serienproduktion der Marie-Anne nachgedacht wurde. Zu diesem Zeitpunkt hatte Bollée bereits schon einige Verträge in Deutschland abgeschlossen und ein Schwesterfahrzeug mit dem Namen L'Elisabeth geliefert.

Bollées finanzielle Situation war aber so desaströs, dass er schließlich die Produktion einstellte. Sein letztes Fahrzeug war ein Postwagen, den der Marquis de Broc bestellt hatte. Bollée starb 1917.

BENZ

⚒ **1885 Deutschland**

PATENT-MOTORWAGEN

Im Gegensatz zu Dampfmaschinen verbraucht der Verbrennungsmotor Kraftstoff im Inneren des Motors. Mit der Erfindung des Viertakter-Verbrennungsmotors begann 1885 das Zeitalter der wahren Lastwagen.

Rechts: *Karl Benz baute den dreirädrigen Motorwagen als erstes Fahrzeug mit Verbrennungsmotor. Er wurde von einem horizontalen Einzylindermotor angetrieben, der mit Benzin, Petroleum oder Naphta lief.*

Technische Daten

Land: Deutschland

Gebaut seit: 1885

Motor: mit Petroleum, Benzin oder Naphta betriebener Verbrennungsmotor

Getriebe: nicht bekannt

Nutzlast: nicht bekannt

Verwendungszweck: Versuchsfahrzeug

Besonderheit: drei Räder

Der Patent-Motorwagen war ein Dreirad, das mit Petroleum, Benzin oder Naphtha fuhr und eine Dauergeschwindigkeit von bis zu 15 km/h erreichte. Das erste motorisierte Fahrzeug von Benz konnte mit drei Innovationen aufwarten, die noch heute in Autos Verwendung finden: Batterie, Zündkerze und elektrische Zündspule. Die erste elektrische Zündung von Benz arbeitete noch mit einem Generator. Die Generatoren der frühen 1880er-Jahre waren aber noch zu schwach, sodass der Erfinder Batterien einsetzte. Die Zündkerze des Fahrzeugs bestand aus zwei isolierten Platindrähten, die in die Verbrennungskammer gesteckt wurden.

Effizienter Viertakter

Die Kraftstoffzufuhr war noch nicht ausgefeilt. Der Motor arbeitete nicht mit Kraftstoffeinspritzung oder etwas anderem, das einem wirklichen Vergaser ähnelte. Stattdessen sickerte der Kraftstoff in einen mit Gewebefasern gefüllten Behälter und wurde dann durch Verdampfung in den Zylinder geleitet.

Trotzdem funktionierte der Viertaktmotor (ansaugen, verdichten, arbeiten, ausstoßen) des Fahrzeugs schon gut. Nach einer grundlegenden Umgestaltung der Firma im Jahr 1890 war die Daimler-Motoren-Gesellschaft bereits auf dem Weg, sich zu einem der erfolgreichsten Fahrzeughersteller zu entwickeln.

PEUGEOT
⚒ **1895 Frankreich**

PEUGEOT TYPE 13

1895 stellten die Gebrüder Peugeot fünf Modelle des ersten Lastwagens der Firma mit Benzinantrieb vor. Der Type 13 war ein leichter Lieferwagen mit einem Daimler-Verbrennungsmotor.

Technische Daten

Land: Frankreich
Gebaut seit: 1895
Motor: Benzin-Verbrennungsmotor
Getriebe: Kettenantrieb
Nutzlast: 400 kg
Verwendungszweck: leichter Lieferwagen
Besonderheit: erstes Nutzfahrzeug von Peugeot

Oben: *Der erste leichte Lieferwagen in Frankreich basierte auf dem Peugeot Type 13, den bereits ein Benzinmotor antrieb.*

Armand Peugeots Begeisterung für motorisierte Fahrzeuge kam mit dem Jahr 1888. Bei der Pariser Weltausstellung führte er stolz ein Dreirad von Peugeot mit Dampfantrieb vor. Er experimentierte aber auch mit Benzinern und baute in dem Werk in Valentigney bereits Modelle des Type 2, des ersten vierrädrigen Automobils mit Benzinmotor. Das Fahrzeug war mit einem Daimler-Motor ausgestattet. Es sollte bald auch Vollgummireifen bekommen oder optional Luftreifen von Michelin. 1895 testete Edouard Michelin bei dem Rennen Paris-Bordeaux-Paris seine pneumatischen Reifen an dem Éclair-Testwagen der Firma.

Modelle nach dem Type 13

Im Jahr 1900 produzierte Peugeot bereits mehrere Schwerlastfahrzeuge, unter anderem den Achtsitzerbus Type 18 mit eigenem Peugeot-Motor, der die teuren Daimler-Motoren ersetzte, den Type 22 Zweisitzer-Kleintransporter mit offener Ladefläche und den Type 32 Wagonette-Tonneau (21 Stück im Jahr 1900). Schnell folgten die Nutzfahrzeuge Type 34 und 35.

Der Type 36 Einzylinder war der erste Lastwagen mit einer Motorhaube vorne und einem Lenkrad mit geneigter Lenksäule. Er markierte Peugeots Wechsel zu kettenfreien Getrieben.

LEYLAND STEAM VAN
1896 **Großbritannien**

LEYLAND STEAM VAN

Oben: *Die frühen Dampfwagen von Leyland fuhren nicht mit Kohle, sondern mit Öl. Dies ist ihr erster Wagen aus dem Jahr 1896.*

Leyland hat eine lange und bemerkenswerte Geschichte, die bis in das Jahr 1896 zurückreicht, in dem die Familien Sumner und Spurrier im Nordwesten Englands die Lancashire Steam Motor Company gründeten.

Rechts: *Leyland baute bis in die Mitte der 1920er-Jahre Dampfwagen, aber seit 1904 konzentrierte sich die Firma stärker auf Verbrennungsmotoren.*

Technische Daten

Land: Großbritannien
Gebaut seit: 1896
Motor: Dampfantrieb
Getriebe: 3 Gänge
Nutzlast: 1,016 Tonnen
Verwendungszweck: Lieferwagen
Besonderheit: niedrige Betriebskosten

Das erste Produkt des britischen Unternehmens Leyland war ein Dampflieferwagen mit einer Kapazität von knapp über einer Tonne. Bald baute man auch eine 2,03-Tonnen-Version, die sich als sehr populär erwies. Mit Dampf angetriebene Liefer- oder Lastwagen waren im frühen 20. Jahrhundert sehr erfolgreich und überlebten wegen ihrer niedrigen Betriebskosten auch das Aufkommen der Benziner. Trotzdem war Leyland vorausschauend genug, auch mit der Herstellung von solchen Fahrzeugen zu beginnen.

1907 produzierte das Werk 35 Dampfmotoren und 17 Benzinmotoren. In den 1920er-Jahren führte die Regierung in Großbritannien ein neues System für die Kraftfahrzeugsteuer ein, das auf dem Gewicht unbeladener Fahrzeuge basierte. Das brachte den Dampfwagen einen weiteren Nachteil gegenüber den leichteren Benzinlastwagen. Ihre Zeit lief allmählich aus.

DAIMLER
⚒ **1896 Deutschland**

DAIMLER-LKWS MIT VERBRENNUNGSMOTOR

Der erste mit Benzin betriebene Motor-Lastwagen von Daimler ging am 1. Oktober 1896 in Betrieb. Er wurde an diesem Tag in das Wagenbuch der Daimler-Motoren-Gesellschaft in Cannstatt bei Stuttgart eingetragen.

Der Lastwagen ähnelte einem Pferdewagen ohne Deichsel (Stange vorne am Wagen, an der das Pferd eingespannt wurde). Der Fahrer saß vor der Vorderachse auf einem Kutschbock, ohne Schutz vor Wind und Wetter. Der Motor befand sich hinten. Der von Gottlieb Daimler und seinem Designer und Kollegen Wilhelm Maybach entworfene Lastwagen wurde von einem Phönix-Zweizylinder-Verbrennungsmotor (auch bekannt als Modell N) angetrieben, der das Fahrzeug mit einer Geschwindigkeit von bis zu 12,8 km/h bewegte.

Die Motorkraft wurde über einen Riemenantrieb auf die Hinterachse übertragen.

Das Motorkühlsystem

Der Motor-Lastwagen von Daimler hatte bereits ein zirkulierendes Motorkühlsystem. Wasser wurde auf das innere Schwungrad des Motors geleitet, zirkulierte und wurde durch die Zentrifugalkräfte über eine Leitung in die Wasserkammer des Motors zurückbefördert. Es gab auch eine Heizung, die auf dem Kutschbock angebracht werden konnte, und ebenfalls mit zirkulierendem Kühlwasser funktionierte.

Später war der Motor unterhalb des Fahrersitzes, um mehr Ladefläche zu schaffen. Der Riemenantrieb wurde unter der Ladefläche angebracht und schließlich durch einen Zahnradantrieb ersetzt, bei dem die An-

Ganz oben: *Der Lastwagen hatte ein zirkulierendes Motorkühlsystem. Wasser wurde auf das innere Schwungrad des Motors geleitet, zirkulierte und kam durch die Zentrifugalkräfte über eine Leitung in die Wasserkammer des Motors zurück.*

Oben: *Während die Motoren der ersten Lastwagen hinter dem Fahrer angebracht waren, wurden sie später unter den Fahrersitz verlegt. Das schaffte mehr Ladefläche.*

triebszahnräder innen an den beiden Hinterrädern angebracht waren. Der Lastwagen von Daimler und Maybach war bald mit 4, 6, 8 und 10 PS lieferbar, mit Nutzlasten von 1500 bis 5000 kg und einer Spitzengeschwindigkeit von bis zu 12 km/h.

Die Daimler-Motoren-Gesellschaft (DMG) eröffnete schließlich ein Lastwagenwerk in Berlin, weil dort die Partner von Gottlieb Daimler saßen. Sie bauten dort nach Daimler-Lizenzen Automobile und Lastwagen, viele mit Elektromotoren. Gottlieb Daimler starb 1900, aber seine LKWs lebten nach der Verschmelzung der Unternehmen in Cannstatt und Berlin unter dem Namen DMG weiter. Das Berliner Werk entwickelte sich zum Nutzfahrzeugwerk. Zu den Modellen der frühen 1900er-Jahre gehörten ein neues Fünftonnenfahrgestell aus Stahlblech mit genieteten Rahmenteilen und ein Dreitonner mit einem Motor mit 28 PS, gekapseltem Getriebe und automatischer Zentralschmierung.

Lastwagen für die Armee

Schon in den ersten Phasen ihrer Entwicklung gelangten die Lastwagen mithilfe der Preußischen Heeresleitung zu größerer Verbreitung. Die Militärs hatten bereits 1898 Regeln für den Bau motorisierter Militärfahrzeuge erlassen, mit genauen Angaben über Größe, Technik und Ausstattung. Bei Ausbruch des Ersten Weltkriegs standen dem deutschen Heer 5000 so genannte Subventionslastwagen zur Verfügung, darunter Fünftonner mit 22 und 35 PS von der DMG in Berlin und mit 28 und 40 PS von den Benz-Werken in Gaggenau.

Karl Benz, nach dem das Werk in Gaggenau benannt war, entwickelte ähnliche Fahrzeuge. Der dreirädrige Patent-Motorwagen von Benz und die Motorkutsche von Daimler waren rund zehn Jahre vor den ersten Lastwagen gebaut worden. Transporter für wirklich schwere Ladungen brachte Daimler 1896 und Benz 1897 heraus.

Transporter für schwere Lasten

Benz konstruierte einen Kastenaufbau auf den Rahmen eines seiner Fahrzeuge. Das vierrädrige Fahrzeug hatte voll beladen eine Nutzlast von 300 kg plus Fahrer. Sein Einzylindermotor leistete 2,75 PS. Ein Jahr später war der Lieferwagen mit einem neuen Einzylindermotor und 5 PS versehen, wodurch er eine zusätzliche Person befördern konnte. Im Jahr 1900 entwickelte Benz eine Schwerlasterbaureihe. Die LKWs konnten bereits Nutzlasten von bis zu 5 Tonnen befördern.

Technische Daten

Land: Deutschland
Gebaut seit: 1896
Motor: 2-Zylinder-Reihenmotor
Getriebe: Riemenantrieb
Nutzlast: voll beladen 2,7 Tonnen
Verwendungszweck: Lieferwagen
Besonderheit: Motor hinten

Unten: *Das Fahrzeug trieb ein Phönix-Zweizylinder-Verbrennungsmotor an. Die Spitzengeschwindigkeit lag bei 12,8 km/h.*

W. J. STILL
1899 Kanada

STILLS ELEKTRISCHER LIEFERWAGEN

Um 1900 waren elektrische Lieferwagen in Europa und Nordamerika beliebt. Doch nicht alle waren so weit entwickelt wie der Transporter des kanadischen Unternehmens W. J. Still Motor Company aus Toronto.

Technische Daten

Land: Kanada
Gebaut seit: 1899
Motor: elektrischer Antrieb
Getriebe: Riemenantrieb, Hinterradantrieb
Nutzlast: nicht bekannt
Verwendungszweck: Lieferwagen
Besonderheit: Achsschenkellenkung

Oben: *Der Einsatz des Lasters war auf örtliche Auslieferungen beschränkt, da seine Batterien regelmäßig aufgeladen werden mussten.*

Der Wagen von Still machte die Konkurrenz neidisch, denn er bot seinem Fahrer eine niedrigere Sitzposition und ein schützendes Dach. Der Motor war in der Mitte angebracht und ein Riemen trieb die Hinterräder an.

Verbessertes Lenksystem

Der Still-Wagen fuhr außerdem wesentlich sicherer als andere Fahrzeuge, weil er eine Achsschenkellenkung hatte. Der Deutsche Georg Lankensperger hatte entdeckt, dass die Verwendung eines Lenktrapezes die Fahrzeuge beim Steuern wesentlich sicherer machte. Es definierte die Lenkgeometrie, die bei allen Fahrzeugen (Zwei- oder Vierradgetrieben) den richtigen Einschlagwinkel der Räder beim Abbiegen gewährleistet. Vor der Entdeckung dieses Prinzips (auch „Ackermannwinkel“ genannt) hatten Pferdewagen eine starre Schwenkachse, die bei der Steuerung nur wenig half. Vor allem drohten die Fahrzeuge in Kurven umzukippen.

WHITE STEAM
1901 USA

WHITE-DAMPFLASTER

Dampflastwagen von White waren schon in den frühen 1900er-Jahren verbreitet. Ihr leichtes Fahrgestell machte sie vielfach einsetzbar. Die LKWs dienten als Feuerwehrwagen, als Lieferwagen und auch als Leichenwagen. Im Ersten Weltkrieg kamen die Laster ebenfalls zum Einsatz.

Oben: *Die Beziehung der Familie White zum Transportwesen begann mit der Herstellung von Fahrrädern. Schon bald entwickelte Rollin White einen eigenen Dampfmotor.*

Rechts: *In den frühen 1900er-Jahren brachten die Brüder White diesen kleinen Laster heraus.*

Technische Daten

Land: USA
Gebaut seit: 1901
Motor: Dampfantrieb
Getriebe: Riemenantrieb
Nutzlast: 200 kg
Verwendungszweck: leichter Lieferwagen
Besonderheit: Der Kessel war besonders schnell und sicher.

Das Unternehmen wurde von Thomas White in Massachusetts gegründet und stellte zunächst Nähmaschinen her. Als die ersten Automobile aufkamen, überredeten seine Söhne Windsor und Rollin den Vater dazu, ein Automobil zu entwickeln. Die beiden Brüder erkannten, dass sich ein völlig neuer Markt eröffnete, und gründeten die Automobilabteilung von White. White stellte eigene Fahrzeugteile her, und Rollin entwickelte einen eigenen White-Dampfmotor. In den frühen 1900er-Jahren brachten die Brüder einen PKW und einen kleinen Lieferwagen heraus. Sie trennten die Automobilabteilung bald vom Mutterunternehmen, um ihre eigene White Motor Car Company zu gründen.

Benzin ersetzt Dampf

Als Benzin die Dampfkraft ersetzte, nahm White das schnell auf und baute weiter Personenwagen und leichte Lastwagen. Während des Ersten Weltkriegs produzierte das Unternehmen Lastwagen für das US-Militär. Die LKWs von White waren auch im Ausland erfolgreich.

FODEN

1899 Großbritannien

FODEN-DAMPFWAGEN

Der britische Ingenieur Edwin Foden gründete ein Unternehmen, dessen robuste Dampflastwagen sehr beliebt waren. Der Laster mit der Werknummer 524 nahm sogar an einem LKW-Rennen in Südafrika teil.

Bei den ersten Foden-Dampfwagen war der Motor über dem Kessel angebracht. Er hatte einen Kettenantrieb und konnte Geschwindigkeiten von bis zu 48 km/h erreichen. Es gab Zwei- und Dreiachser, Sattelschlepper und Kipper.

Foden hatte sich bis 1899 bei den Landwirten einen guten Namen mit Dampftraktoren gemacht, wollte dann aber auch in die Produktion von Lieferwagen einsteigen. Die Gelegenheit ergab sich, als das britische Kriegsministerium in Südafrika ein Autorennen für dampfangetriebene LKWs veranstaltete. Dadurch sollten die fähigsten Laster für den Burenkrieg ermittelt werden.

Die Teilnehmer fuhren nicht nur auf Zeit, auch Technik und Strapazierfähigkeit wurde gewertet. Der Wagen von Foden mit der Werksnummer 524 (504 war der Prototyp) kam mit Abstand als Erster ins Ziel. Er fuhr die 415 km lange Strecke in 41 Stunden und 41 Minuten, der Zweitschnellste kam erst

Oben: *Fodens M 3631 war ein Dampfwagen mit Lokomotivkessel. Bei diesem Fünftonner aus der Zeit vor dem Ersten Weltkrieg saß der Motor über dem Kessel (Overtype).*

drei Stunden und vier Minuten später an. Der Foden 524 verbrauchte 1410 kg Brennstoff und 8719 Liter Wasser, der Zweitschnellste 2303 kg und 13910 Liter. Das Team von Foden freute sich schon über den Sieg. Doch der 524 kam in der Wertung nur auf Platz 2 hinter dem Laster von Thornycroft, der eine bessere Geländetauglichkeit hatte. Beide Wagen wurden nach Südafrika verschifft und dort von den Royal Engineers gefahren.

1902 wird der erste Wagen verkauft

Die Firma Silver Springs kaufte Anfang 1902 den ersten Dampflieferwagen von Foden, den M 252 mit einem Holzaufbau von Jennings aus Sandbach. Die Färberei wollte einen zuverlässigen Transporter, um Waren zwischen Manchester und ihrem Werk in Cheshire zu transportieren. Pferdewagen waren einfach zu langsam. Die Auslieferung des M 252 an das Werk von Silver Springs war mit einigem Spektakel verbunden, zumindest wenn man der örtlichen Presse glauben darf. Sie berichtete, dass der Wagen den ganzen Weg vom Foden-Werk in Sandbach bis Timbersbrook von einer Fan-Prozession begleitet wurde und bei der Ankunft eine Blaskapelle aufspielte. Am Abend gab es eine große Party.

Später im selben Jahr folgte der M 251, und die beiden Lastwagen fuhren an abwechselnden Tagen für Silver Springs nach Manchester. Sie brachen um 4 Uhr auf und kehrten gegen 20 Uhr zurück. Ein weiterer Dampflastwagen von Foden fuhr die Kohle von Brunswick Wharf. 1907 wurde die Flotte um den M 1737 erweitert, der schneller war und bereits Gummireifen hatte. Gut verkaufte sich der M 252, zumindest bis 1926, als er schließlich gegen ein neueres Dieselmodell der Firma ausgetauscht wurde.

Weitere Dampflaster

Es hatte in der Zwischenzeit weitere dampfgetriebene Fodens gegeben, unter anderem 1914 ein Modell mit kurzem Fahrgestell und offener Kippvorrichtung. Eine Variante des Modells hatte einen senkrechten Kessel und der Motor war, ähnlich wie bei einem modernen Lastwagen, unter dem Fahrgestell angebracht. Spätere Laster hatten serienmäßig pneumatische Reifen und erreichten Geschwindigkeiten bis zu 96 km/h.

Technische Daten

Land: Großbritannien
Gebaut seit: 1899
Motor: Dampfantrieb
Getriebe: Kettenantrieb
Nutzlast: nicht bekannt
Verwendungszweck: Lieferwagen, Militärlastwagen
Besonderheit: Der Motor befand sich über dem Kessel.

Links: *Fodens Dampflasterära hielt bis in die 1930er-Jahre an. Besonders britische Brauereien orderten den stabilen Transporter.*

SAURER
26

Kapitel 2

Die Nachfrage steigt

Die ersten Jahre des 20. Jahrhunderts brachten einen allgemeinen Trend zum Benzinantrieb, was die Hersteller von LKWs sehr freute. Denn im auslaufenden 19. Jahrhundert fanden ihre Dampflaster nur wenige Käufer.

Oben: *Die Firma SAF baute vielfältige Nutzfahrzeuge im deutschen Gaggenau.*

Links: *Die LKWs von Saurer waren wirtschaftlich gesehen echte Renner: In Europa fuhren bis 1914 130 verschiedene Modelle.*

Die Massenproduktion von Lastwagen und anderen Fahrzeugen etablierte sich, was die Reparatur und Wartung für die Besitzer erheblich erleichterte. Dieseltreibstoff, der die Fahrten billiger machte, wurde in Europa immer beliebter. Der internationale Reiseverkehr führte auch zu internationalem Handel im Lastwagengeschäft. Die Produzenten begannen, auch auf anderen Kontinenten zu verkaufen und zu montieren. Bislang hatten sie isoliert in ihren Heimatländern operiert, nun schlossen sie Allianzen. So wurden LKWs der italienischen Marke FIAT 1909 bereits in New York gebaut.

Außerdem hatten die Lastwagenhersteller realisiert, dass die Anforderungen an ihre Fahrzeuge stiegen. Sie begannen, Kippvorrichtungen und Kräne anzubringen. LKWs wurden für unterschiedliche Anwendungen konstruiert. Sie konnten zum Schleppen, Graben, Bauen, Schütten, Feuerlöschen, als Krankenwagen oder zum Transport von Mensch und Tier eingesetzt werden. Sie waren mal leichter, mal schwerer, mal schneller oder stärker, hatten teilweise Aufbauten und waren mit Fahrerhäusern versehen. Die LKWs wurden besser, und die Hersteller tüftelten an einer immer effizienteren Technik.

RAPID
⚒ **1901 USA**

RAPID-LASTER

Morris Grabowsky gründete 1902 gemeinsam mit seinem Bruder Max eine der ersten Lastwagenfabriken der USA in Detroit, Michigan: die Grabowsky Motor Vehicle Co.

Die Grabowskys hatten bereits 1901 unter dem Namen Rapid ihren ersten Lastwagen entwickelt und gebaut. Der Rapid von 1901, der erste Benzinlaster in den Straßen von Detroit, war ein leichter Lieferwagen mit einem Einzylindermotor und einem Kettenantrieb. Er hatte einen Radstand von 2,03 m und wog rund 861 kg. Der erste Rapid wurde an die Wäscherei American Garment Cleaning Company verkauft. Bis 1905 hatten die Brüder bereits 75 Lastwagen und einige PKWs gebaut und verkauft. 1904 änderten sie den Firmennamen in Rapid Motor Vehicle Co. um, und 1906 zog das erfolgreiche Unternehmen nach Pontiac in Michigan.

Oben: *Max und Morris Grabowsky bauten 1901 ihren ersten Lastwagen, den Rapid. Sie gehörten zu den ersten Lastwagenherstellern der USA.*

Zu diesem Zeitpunkt hatte sich die Rapid Truck Company bereits als einer der ersten nordamerikanischen Lastwagenhersteller ausschließlich auf die Entwicklung und Herstellung von Nutzfahrzeugen spezialisiert. Dies spiegelte sich auch in der damaligen Werbung des Unternehmens wider. In einer Werbung für einen Rapid Truck von 1906 hieß es: „Unser gesamtes Unternehmen war von Anfang an ausschließlich auf den Bau von Nutzfahrzeugen ausgerichtet. Die Rapid Motorwagen sind so erfolgreich, weil sie gebaut wurden, um anhaltend Hochleistungen zu bringen und schwere Lasten zu transportieren."

1906 war das Lastwagenfahrgestell der Rapid Motor Company in verschiedenen Größen und mit unterschiedlichen Aufbauten erhältlich. Die Laster wogen bis zu 1,011 Tonnen und konnten eine Nutzlast von bis zu 1,36 Tonnen transportieren. Wie für die Trucks dieser Zeit üblich, waren die Hinterräder größer als die Vorderräder und die Reifen aus Vollgummi. Die Modelle von 1906 hatten auch erstmals einen beidseitigen Kettenantrieb, um eine maximale Kraftübertragung auf die 5 cm starke, massive Stahlachse zu gewährleisten. Die Palette erstreckte sich von einem 0,5-Tonner- bis zu einem 1,5-Tonner-Lastwagen.

Technische Daten

Land: USA
Gebaut seit: 1901
Motor: 1-Zylinder
Getriebe: Kettenantrieb
Nutzlast: bis zu 1,36 Tonnen
Verwendungszweck: leichter Lieferwagen
Besonderheit: erster Lastwagen in Detroit mit Benzinantrieb

Unten: *Innerhalb von vier Jahren waren bereits 75 Rapid Lastwagen gebaut worden.*

FIAT

1902 Italien

FIAT-LIEFERWAGEN

Die *Società anonima Fabbrica Italiana di Automobili – Torino (FIAT)* wurde 1899 gegründet. Das erste Werk von FIAT befand sich auf dem Corso Dante in Turin.

Oben: *1902 baute das Unternehmen dieses erste Nutzfahrzeug mit Benzinantrieb.*

Das erste Fahrzeug des Unternehmens, von dem 25 Stück gebaut wurden, war ein mit Benzin angetriebenes Automobil mit 3,5 PS (2,6 kW), das bis zu 35 km/h fuhr. Bald folgten weitere Modelle mit 8, 10 und 12 PS. Dazu gehörte auch der erste FIAT mit einem vorne liegenden Motor (vor der Vorderachse). Er hatte einen Zweizylindermotor mit 1082 cm^3, der 10 PS (7,4 kW) stark war. Das Fahrzeug war so beliebt, dass das Unternehmen eines pro Woche baute (vor Beginn der Massenproduktion). Das Modell mit 12 PS (8,9 kW) war der erste FIAT, der sich in ganz Europa und den USA verkaufte. Insgesamt wurden 134 Stück gebaut.

Am Anfang des 19. Jahrhunderts hatte das Unternehmen seine Produktion auf Lastwagen, Busse, Straßenbahnen, Taxis und Marine- und Luftfahrtmotoren ausgeweitet. Nach dem Börsengang 1902 gründete FIAT eine Reihe neuer Unternehmen für bestimmte Aufgaben, unter anderem die Società Carrozzeria industriale für die Herstellung von Aufbauten für Nutzfahrzeuge.

Der erste Benziner

1902 baute das Unternehmen sein erstes Nutzfahrzeug, einen Benziner. Der Lieferwagen wurde von einem vertikalen 1,9-Liter-Zweizylindermotor mit einer Leistung von 8 PS (5,9 kW) angetrieben. Er hatte ein dreigängiges Getriebe und einen seitlich angebrachten Kettenantrieb.

Kurz darauf kam 1903 eine schwerere Version auf den Markt, ein Viertonner, der wegen seiner Metallreifen ziemlich laut war.

Technische Daten

Land: Italien
Gebaut seit: 1902
Motor: 2-Zylinder
Getriebe: drei Gänge, Kettenantrieb
Nutzlast: nicht bekannt
Verwendungszweck: Lieferwagen
Besonderheit: Der Kettenantrieb war seitlich angebracht.

SCANIA

1903 **Schweden**

SCANIA-LASTER

Scania hatte schon mit der Herstellung von Fahrrädern und Motorrädern Erfolg. 1901 baute das schwedische Unternehmen sein erstes Auto. Zwei Jahre später produzierte Scania den ersten von vielen Lastkraftwagen.

Oben: *Dieser 1,5-Tonner war das erste Nutzfahrzeug von Scania.*

Technische Daten

Land: Schweden
Gebaut seit: 1903
Motor: 2-Zylinder Kamper
Getriebe: Kettenantrieb
Nutzlast: 1,72 Tonnen
Verwendungszweck: Lieferwagen
Besonderheit: Motor unter dem Fahrersitz

Das erste Nutzfahrzeug von Scania hatte einen unter dem Fahrersitz angebrachten Kamper-Zweizylindermotor mit 10 PS (7,4 kW) und einen Kettenantrieb. Seine Nutzlast betrug 1,72 Tonnen.

Man kann über die Beweggründe nur spekulieren, aber Scania war offenbar mit dem Kamper-Motor noch nicht zufrieden. Ende 1903 begann das Unternehmen, eigene Motoren zu entwickeln und zu bauen. Nun musste Scania nur noch einen Markt für seine Lastwagen schaffen.

Werbefahrt in eigener Sache

1907 hatte Scania (und Vabis, ein anderer örtlicher Lastwagenhersteller, mit dem Scania später fusionierte) eine motorisierte Kippladefläche entwickelt. Solche Entwicklungen trugen dazu bei, Arbeit zu erleichtern und so die Arbeitskraft zu optimieren. Jetzt musste das Unternehmen noch die öffentliche Aufmerksamkeit erregen. Also wurde ein Scania-Lastwagen von Malmö nach Stockholm gefahren, um Werbung für das Fahrzeug zu machen. Bei einer Geschwindigkeit von 20 km/h dauerte die 700 km weite Reise nur drei Tage. Der zweiachsige Lastwagen verbrauchte allerdings über 400 Liter Treibstoff, was das Unternehmen jedoch nicht an die große Glocke hing.

SAURER

1903 Schweiz

SAURER FÜNFTONNER

Den ersten Saurer-LKW baute Adolph Saurer 1903 in seinem Werk im schweizerischen Arbon. Er wog 5,08 Tonnen und wurde von einem Vierzylinder-T-Motor mit 25 bis 30 PS angetrieben.

Oben: *Der Wellenantrieb des Saurer-Fünftonners von 1903 war ungewöhnlich für einen schweren LKW dieser Zeit. Spätere Modelle fuhren wieder mit Kettenantrieb.*

Der Lastwagen war sehr beliebt und bekam Auszeichnungen bei verschiedenen internationalen Wettbewerben. In Paris und in Lindau wurden Werke errichtet, und das Unternehmen begann, nach Russland, Kanada und Japan zu verkaufen. 1911 kamen die ersten Lastwagen von Saurer in die USA. Zu dieser Zeit waren die Laster 1,52 bis 3,55 Tonnen schwer, hatten serienmäßig einen Vierzylindermotor mit 16 bis 30 PS (11,9 bis 22,3 kW) und ein Vierganggetriebe. Die kleineren Laster funktionierten mit Wellenantrieb, die größeren verwendeten Ketten.

Saurer war in Europa so erfolgreich, dass die Schweizer 1914 bereits 130 verschiedene Modelle produzierten. Der Erfolg des Unternehmens hielt bis in den Ersten Weltkrieg an, in dem das Pariser Werk Militärlastwagen baute (nach dem Krieg wurden sie zu Postwagen umgebaut). Während dieser Zeit hatten viele Saurer-LKWs noch Holzräder, obwohl der Trend zu Vollgummireifen ging. Die Wagen hatten 5,3-, 6,8- und 8,1-Liter-Motoren mit Leistungen von 42, 52 und 62 PS (31,3 kW, 38,7 kW und 46,2 kW).

Erfolg auch in Kriegszeiten

Am Ende der 1920er-Jahre hatten die Saurer-Lastwagen den Wechsel zu Vollgummireifen und schließlich zu Luftreifen vollzogen. Saurer war führend bei der Verwendung von Diesel. Erst zehn Jahre später setzten auch andere Lastwagenhersteller in größerem Rahmen Dieselkraftstoff ein. In den 1930er-Jahren wurde die C-Baureihe entwickelt, mit Modellen von 1,016 bis 6,09 Tonnen. Die kleineren Modelle waren mit einem 2,8-Liter-Vierzylinder-Dieselmotor mit 50 PS (37,2 kW) oder einem 2,9-Liter-Sechszylinder-Benzinmotor mit 52 PS (38,7 kW) ausgestattet. Als während des Zweiten Weltkriegs die Kraftstoffversorgung knapp wurde, bekamen die Laster Holzgasgeneratoren.

Ein Produkt des Zweiten Weltkriegs und eine der eindrucksvollsten Entwicklungen von Saurer war der Schwerlaster M4H für den Munitionstransport. Der Wagen war ein Frontlenker (der Fahrer sitzt vor der Vorderachse und dem Motor) mit Vierradantrieb, einem Vierzylindermotor mit 70 PS (52,1 kW) und einer Kapazität von 1,52 Tonnen. Das war viel für damalige Verhältnisse.

Unten: *In den 1930er-Jahren kam die C-Baureihe mit 1- bis 6-Tonnern auf den Markt.*

Technische Daten

Land: Schweiz
Gebaut seit: 1903
Motor: 4-Zylinder, Dieselantrieb
Getriebe: Welle oder Ketten, 4 Gänge
Nutzlast: bis zu 5,08 Tonnen
Verwendungszweck: Lieferwagen, Militärlaster
Besonderheit: T-Motor

MACK
⚒ **1905 USA**

MACK MANHATTAN

1905 wurde der Manhattan vorgestellt. Die Mack Bros. Motor Car Company war einer der ersten Hersteller, der das Fahrerhaus über dem Motor anbrachte. Dadurch konnte der Fahrer besser sehen und manövrieren.

Technische Daten

Land: USA
Gebaut seit: 1905
Motor: Benzinantrieb
Getriebe: 3 Gänge
Nutzlast: nicht bekannt
Verwendungszweck: städtischer Lieferwagen
Besonderheit: Frontlenker

Oben: *Die frühen Mack-Lastwagen liefen bis 1910 unter dem Namen Manhattan.*

Das Fahrerhaus, das patentierte Getriebe des Manhattan und die Möglichkeit, vom höchsten direkt in den niedrigsten Gang zu schalten, machten ihn zu einem beliebten LKW, der vor allem im städtischen Liefergewerbe eingesetzt wurde.

Jack und Gus Mack hatten es weit gebracht, seit sie 1893 eine kleine Firma in Brooklyn gekauft hatten, die Kutschen und Pferdewagen baute. Das Land befand sich mitten in einer Wirtschaftskrise, und es gab nur sehr wenige Aufträge. Den Brüdern gelang es jedoch, sich mit ihren Reparaturen einen guten Ruf zu erarbeiten, der sich in den folgenden Jahren auszahlte.

„Pferdelose Kutsche"

Es gab wenig zu tun, und so konnte Jack Mack seinem Interesse an den neuen „pferdelosen Kutschen" nachgehen. Er experimentierte und brachte 1900 schließlich seine erste erfolgreiche Entwicklung heraus, einen 40 PS (29,8 kW) starken Autobus mit 20 Sitzplätzen. Das handgebaute Fahrzeug wurde von einem Mack-Vierzylindermotor angetrieben und hatte eine Kegelkupplung und ein Dreiganggetriebe. Nach acht Jahren Einsatz wurde das Fahrzeug mit Spitznamen „Old Number One" zu einem Laster umgebaut. Als dieser schließlich seinen Geist aufgab, hatte er über 1,6 Millionen Kilometer zurückgelegt.

Zwischenzeitlich hatte die Mack Brothers Company Manhattan zum Markennamen für ihre motorisierten Fahrzeuge gemacht. 1905 zog das amerikanische Unternehmen in ein geräumigeres Quartier in Allentown in Pennsylvania.

SAF
1907 **Deutschland**

SAF-LASTER

SAF *(Süddeutsche Automobilfabrik)* baute Nutzfahrzeuge in Gaggenau. Die Motoren von SAF waren ihrer Zeit voraus. Ihr Lastwagen von 1907 hatte eine oben liegende Nockenwelle und einen Vierzylinder-Benzinmotor.

Oben: *Ein LKW von 1910, mit dem Fahrerhaus über dem Motor.*

Technische Daten

Land: Deutschland
Gebaut seit: 1907
Motor: 4-Zylinder
Getriebe: nicht bekannt
Nutzlast: 3,04 Tonnen
Verwendungszweck: vielfältig einsetzbar
Besonderheit: geteilte Windschutzscheibe

Der Motor befand sich über der Vorderachse, und der Fahrer saß hoch oben, wodurch er eine gute Sicht hatte. Das Fahrgestell konnte mit verschiedenen Aufbauten versehen werden. Der Wagen hatte Speichenräder mit Vollgummireifen, die vorne etwas kleiner waren, und eine der ersten zweiteiligen Windschutzscheiben. Die SAF-Ingenieure dachten offensichtlich bereits über die Bequemlichkeit des Fahrers nach. SAF hatte die Aufmerksamkeit von Karl Benz erregt, der 1907 eine Beteiligung an dem Unternehmen erwarb.

SAF durchquert Afrika

Die neuen Partner stimmten ihre Produktpaletten ab: Benz & Cie. spezialisierte sich auf Personenwagen und SAF auf alle Nutzfahrzeuge. 1909 wurde der Name SAF weltberühmt.

Einem seiner Laster gelang als erstem Auto überhaupt die Durchquerung des afrikanischen Kontinents (in 630 Tagen). Das nach den Plänen des Abenteurers Paul Graetz gebaute Fahrgestell hatte extra große Räder, die eine Bodenfreiheit von 35 cm gewährleisteten.

AUTOCAR
1908 USA

AUTOCAR XV11

Autocar wurde 1897 unter dem Namen Pittsburgh Motor Car Company von den Brüdern Louis und John Clark gegründet. Zwei Jahre später zogen sie mit ihrem Unternehmen nach Pennsylvania und nannten es Autocar.

Oben: *Frühe Lastwagen von Autocar hatten eine Nutzlast von 2,03 Tonnen und waren als Frontlenker konstruiert. Dies gewährleistete eine gleichmäßigere Gewichtsverteilung und mehr Ladefläche.*

Mit dem Autocar Modell XVII, einem 2,03-Tonnen-Laster mit Zweizylindermotor und Wellenantrieb, begann das Unternehmen 1907, sich auf Lastwagen zu konzentrieren. 1911 hatte man bereits ganz auf LKWs umgestellt.

Das Lastwagenfahrgestell von Autocar hatte den Ruf, sich für nahezu jeden Aufbau zu eignen. Damit waren die Wagen zukunftsweisend für die vielfältige Verwendung von LKWs. 1925 warb Autocar in den National Petroleum News: „Die gleichmäßigere Verteilung des Gewichts auf alle vier Räder ist ein weiterer Vorteil von Autocar beim Transport von beweglichen Ladungen wie Benzin oder Öl." 1926 stellte das Unternehmen das Autocar Modell 26 vor, einen vierzylindrigen 5,08-Tonner. 1930 kam ein Frontlenker mit sechs Zylindern auf den Markt.

Erste Dieselmotoren

1935 wurden die ersten Dieselmotoren von Kenosha eingebaut. Und 1940 gehörten bereits schwere Lastwagen mit einer großen Auswahl an Zugmaschinen zum Angebot: 6x2er, 6x4er, 6x6er und sogar 8x4er.

Autocar war der erste Lastwagenhersteller, der Räder mit Holzspeichen statt Metallspeichen baute, und dem Unternehmen gelangen noch weitere technische Finessen. Autocar war das erste Unternehmen, das serienmäßig einen Lastwagen mit Frontlenkung baute. Eine Konstruktion, bei der sich die Lenkradnabe im ersten Viertel des Fahrzeugs befindet und mehr als die Hälfte des Motors hinter dem vordersten Punkt der Windschutzscheibe liegt. Es bot den ersten Vierzylinder mit Frontlenkung an und war einer der wenigen Hersteller, die ihre eigenen Motoren, Getriebe und Hinterachsen bauten. Auch schreiben einige Historiker den Lastwagen von Autocar einen entscheidenden Anteil an den Siegen der Alliierten in beiden Weltkriegen zu.

„Alles für Uncle Sam"

Eine 1943 gedruckte Anzeige schlägt Kapital aus den patriotischen Gefühlen, die Fahrzeuge von Autocar zu dieser Zeit weckten: „Mächtige, dreiachsige Tankzüge für die Marine. Starke Halbkettenfahrzeuge für die Armee. Geländegängigkeit für das Marinekorps und die Luftwaffe. Alles entscheidend. Alles für Uncle Sam. Das alles bereitet die Männer und Frauen bei Autocar darauf vor, den stabilen und zuverlässigen Autocar-Lastwagen zu bauen, den die Welt brauchen wird, wenn der Krieg gewonnen ist. Ihre Lastwagen sind Ihr Eigentum, aber sie stehen im Dienst der Nation."

1945 wurde Autocar von der US-Regierung zum Bau von Schwerlastwagen autorisiert. Das Unternehmen zögerte nicht, auch damit zu werben. Eine Anzeige aus dem Jahr 1945 lautete: „SCHWERE TANKZÜGE! Für die Spuren des Krieges oder die Autobahnen des Friedens, Autocar-Lastwagen sind für die schwersten der schweren Einsätze gebaut. Meile für Meile, Tag für Tag, Jahr für Jahr liefern diese berühmten Laster zuverlässige Arbeit für die Regierung, mit geringem Kraftstoffverbrauch und reduzierten Transport- und Lieferkosten. Fragen Sie die Shell Union Oil Corporation. Sie kennt Autocar aus langen Jahren des harten Einsatzes. Folgen Sie der Regierung, denn die kennt den Weg."

Die Zukunft von Autocar

Die White Motor Car Co. kaufte 1953 die Mehrheitsbeteiligung an Autocar. 1981 wurde White wiederum von Volvo gekauft. 1988 wurde die Volvo GM Heavy Truck Corp. gegründet, ein Joint Venture zwischen Volvo und der General Motors Corp. Die Typbezeichnungen von Volvo GM waren zu dieser Zeit WHITE GMC und Autocar. Die Typbezeichnung WHITE GMC gab man 1995 allerdings auf und die Lastwagen von Volvo GM wurden unter den Bezeichnungen Volvo und Autocar verkauft, wobei letztere den schweren Baumaschinen vorbehalten blieb.

Im Juli 2001 verkündete die Grand Vehicle Works Holding Corporation (GVW) den Kauf der AutoCar Class 8 Xpeditor-Laster von Volvo. 1997 feierte Autocar seinen hundertsten Geburtstag.

Technische Daten

Land: USA
Gebaut seit: 1908
Motor: 2-Zylinder
Getriebe: 3 Gänge
Nutzlast: 2,03 Tonnen
Verwendungszweck: vielfältig einsetzbar
Besonderheit: Fahrgestell für nahezu jeden Aufbau

Links: *Ab 1919 konnten die Laster schon bis zu 5,08 Tonnen transportieren.*

INTERNATIONAL HARVESTER

1909 USA

HARVESTERS AUTO BUGGY

Die Geschichte der International Harvester Company begann im Jahr 1831 mit der Erfindung der ersten mechanischen Mähmaschine durch einen Mann namens Cyrus McCormick. Diese Neuheit bildete die Grundlage für die spätere McCormick Harvester Company.

Technische Daten

Land: USA
Gebaut seit: 1909
Motor: Benzinantrieb
Getriebe: nicht bekannt
Nutzlast: 250 kg
Verwendungszweck: leichter Lieferwagen
Besonderheit: Rahmen und Aufbau aus Holz

Sein erstes Werk baute das erfolgreiche amerikanische Unternehmen 1847 in Chicago. Die International Harvester Company wurde 1902 als Zusammenschluss von McCormicks Unternehmen und vier weiteren Mähmaschinenherstellern gegründet: Deering, Milwaukee, Plano and Warder und Bushnell and Glessner.

1906 stellte das Unternehmen auch stationäre und transportable Motoren her. In einem 1906 veröffentlichten Prospekt sind Illustrationen von zwei Lastwagen zu sehen. Ein mit Dampf angetriebenes Modell, das in Ausführungen mit 4 bis 20 PS (2,9 bis 14,9 kW) erhältlich war, und ein Benziner mit 10 bis 20 PS (7,4 bis 14,9 kW). Beide hatten einen Kettenantrieb.

Transporter für die Farmer

Schon kurze Zeit später benutzten Landwirte den mit Benzin betriebenen Auto Buggy. Rahmen und Aufbau des Auto Buggy waren aus Holz. Er war praktisch, weil man damit landwirtschaftliche Produkte gut zu den Märkten transportieren konnte. Damit die Transporter die Spurrillen der Pferdewagen auf den Feldwegen nutzen konnten, waren sie breiter gebaut.

Oben: *Der relativ breite Auto Buggy hatte einen Rahmen und Aufbau aus Holz.*

RENAULT
1910 Frankreich

RENAULT-LASTER

Der Renault von 1910 war vielseitig. Er wurde unter anderem als Lieferwagen und als Fahrgasttransportmittel eingesetzt. Die Geschichte von Renault begann 1898 mit der Gründung des Unternehmens durch Louis Renault.

Oben: *Der Renault von 1910 war ein Alleskönner. Er transportierte Fahrgäste und lieferte Waren in den Städten aus.*

Technische Daten

Land: Frankreich
Gebaut seit: 1910
Motor: Benzinantrieb
Getriebe: nicht bekannt
Nutzlast: nicht bekannt
Verwendungszweck: u. a. Taxis und Busse
Besonderheit: sehr vielseitig

Bis 1900 waren bereits 179 Autos gebaut, und 1903 konstruierte Renault sein erstes schweres Fahrgestell für Nutzfahrzeuge. Dieses brachte dem Unternehmen einen Auftrag für Pariser Taxis ein und war mitverantwortlich für den Anstieg der Produktion auf 1200 Fahrzeuge im Jahr 1905. 1907 stellte Renault bei der neunten Pariser Automobilausstellung einen Bus in Ausführungen mit bis zu 15 Sitzen vor.

Wie viele Lastwagenhersteller des frühen 20. Jahrhunderts verdankte Renault dem Krieg einen Teil seines Erfolges als Hersteller von schweren Transportern. 1917 produzierte Renault den FT-17 – den ersten modernen Panzer. In seinem Werk in Vernisseaux baute das Unternehmen bis zu 30 dieser Panzer am Tag.

Erste Servobremse

Mitte der 1920er-Jahre wurden die Zugmaschinen und 7-Tonnen-Laster von Renault häufig prämiert. Das Unternehmen bot als erstes Straßenzugmaschinen mit einer Servobremse an. Renault baute auch Laster mit Gasgeneratoren und brachte damit andere Brennstoffe als Benzin zum Einsatz.

Der Erfolg hielt an, und in den 1930er-Jahren produzierte Renault LKWs mit Dieselantrieb. Da die deutsche Wehrmacht während der Besetzung Frankreichs im Zweiten Weltkrieg die LKWs von Renault benutzte, war vorübergehend die Reputation des Unternehmens beschädigt.

Nach dem Krieg wurde Louis Renault der Kollaboration für schuldig befunden. Daraufhin wurde das Unternehmen verstaatlicht.

SAURER
⚒ **1910 Schweiz**

SAURER-LASTER

Die Saurer Automobilwerke waren 1910 bereits bekannt für ihre LKWs. Das Unternehmen hatte 1863 zunächst mit der Herstellung von Textilien begonnen und seit 1888 stationäre Benzinmotoren gebaut.

Oben: *Saurer gilt als einer der europäischen Pioniere des Lastwagenbaus. Schon 1910, als dieses Modell mit Kettenantrieb auf den Markt kam, entstanden Saurer-Werke in Deutschland, Frankreich und den USA.*

Hippolyt Saurer hatte 1903 seinen ersten eigenen Lastwagen gebaut, angeregt durch die Probleme bei der Auslieferung eigener Waren sowie seinen Erfahrungen mit stationären Motoren. In den ersten Jahren des 20. Jahrhunderts war der motorisierte Transport noch eine Seltenheit. Es war dem ökonomischen Verstand und der genialen Erfindungsgabe des Firmenpräsidenten Saurer zu verdanken, dass das Unternehmen trotzdem wuchs und sich in einer Zeit, in der es kaum LKWs gab, schon bald weltweit einen guten Ruf als Hersteller von Schwertransportern machen konnte.

Die leistungsfähige, stabile Konstruktion der Laster gewann schnell an Akzeptanz. 1904 hatte das Unternehmen bereits eine Reihe von Prototypen gebaut, die auf seinen ersten Lastwagen folgten. Dazu gehörten auch Lastwagen mit Kettenantrieb und Busse mit Motorbremsen. 1905 wurden Verbrennungsmotoren und Vergaser bei Saurer eingeführt. 1907 erhielt das Unternehmen die Genehmigung, ein Werk in Wien zu eröffnen, und 1909 wurde ein weiteres in Suresnes in Frankreich gegründet.

Biertransporter

Um 1910 wurden die Lastwagen von Saurer auf alpinen Straßen für den Transport eingesetzt, vor allem von Bier, denn die Brauereien gehörten zu den ersten Kunden. Die Laster dienten auch als Post-, Feuerwehr- und Armeefahrzeug. Tatsächlich wurde die Schweizer Armee bald Saurers größter Kunde. Bereits 1908 wurden Laster in die USA exportiert, und 1910 gab es bereits eine große Produktpalette. Der Kipplaster von 1910, den Captain R. Gordon Chirnside während einer Europareise für seine Farm im australischen Victoria gekauft hatte (wo er heute noch steht), hatte einen Radstand von 4 Metern, ein 3,55-Tonnen-Fahrgestell, das 5,58 Tonnen tragen konnte, ein Vierganggetriebe und einen Kraftstoffverbrauch von 6 Litern pro Kilometer. Die Räder waren vorne kleiner als hinten und hatten Reifen aus Vollgummi. Die Kippladefläche konnte mithilfe von zwei großen Schraubwinden von Hand gehoben werden. Ein anderes Modell aus dem Jahr 1910 war der Spyker für leichtere Transporte.

Auf den Highways unterwegs

1911 gründeten Saurer und die Brüder Mack die International Motor Company, die ab 1912 dann auch Hewitt-Laster baute. Mit einem in der Schweiz gebauten Saurer gelang auch die erste Durchquerung des nordamerikanischen Kontinents. Der Laster fuhr von Los Angeles in Kalifornien nach New York City im Staat New York. Das war ein Publicity-Coup, der bisher keinem anderen Hersteller gelungen war, und zugleich ein Ausblick auf den kommenden Langstreckenverkehr in Amerika.

Bis 1924 wurden Saurer-Lastwagen auch von MAN gebaut. In der Zeit kam der Saurer Typ A heraus. Er hatte einen Kardanantrieb, der mit einer Antriebswelle mit Kardangelenken arbeitete. Kardangelenke werden verwendet, wenn eine Antriebswelle abgewinkelt werden muss. Die Welle kann über die Kardangelenke frei rotieren, und es werden keine Zahnräder benötigt, um die beiden Enden miteinander zu verbinden. Diese Technologie wird bis heute in Fahrzeugen verwendet.

Geländetaugliche Laster

In den 1930er- und 1940er-Jahren wurden eine ganze Reihe neuer Saurer-Modelle vorgestellt, unter anderem 1937 der Geländelastwagen Typ C für die Schweizer Armee und 1949 geländegängige Lastwagen für die zivile Nutzung. 1936 starb Hippolyt Saurer, die treibende Kraft des Unternehmens und der entscheidende Motor für den Erfolg von Saurer. Aber das Unternehmen blieb auch weiterhin innovativ im Bereich der schweren Nutzfahrzeuge und stellte in den frühen 1950er-Jahren den patentierten Saurer-BLD-Dieselmotor vor.

Technische Daten

Land: Schweiz
Gebaut seit: 1910
Motor: Verbrennungsmotor
Getriebe: 4 Gänge, Kettenantrieb
Nutzlast: 1,016 bis 5,58 Tonnen
Verwendungszweck: Bier- und Postlieferwagen
Besonderheit: Motorbremsen

Unten: *Mit diesem Laster gelang die erste Durchquerung des nordamerikanischen Kontinents.*

INDIANA
1910 USA

INDIANA TRUCK NO. 1001

Die Indiana Truck Corporation wurde ursprünglich 1898 als Firma für Bettgestelle aus Messing gegründet, experimentierte aber schon bald mit Nutzfahrzeugen.

Es dauerte nicht lange, bis das Unternehmen 1910 seinen ersten Lastwagen, den Indiana Truck No. 1001, herausbrachte. Einer der ersten Wagen wurde an einen gewissen O. Gordon verkauft, der in Gas City in Indiana mit Möbeln handelte. Der No. 1001 war erstaunlich langlebig. Gordon verkaufte ihn an Charles Stewart, einen anderen Bewohner von Gas City. Noch 1923 pries Stewart in einem Buch mit Zitaten von Besitzern von Indiana-Lastern (das die Firma natürlich selbst veröffentlichte) seinen Wagen so: „Ich habe meinen alten Indiana Lastwagen vor beinahe sechs Jahren von O. Gordon gekauft, der ihn einige Jahre gefahren hat", schrieb er. „Ich benutze diesen alten Laster jeden Tag, für nahe und ferne Transporte. Er hat sich schon in den ersten drei Monaten bezahlt gemacht. Er ist sehr sparsam, und ich habe keinerlei Probleme mit dem Motor. Er springt am Morgen gut an und läuft den ganzen Tag einwandfrei. Dieser alte Lastwagen ist jeder Anforderung gewachsen. Dieser alte Indiana ist großartig, auch wenn er schon 13 Jahre alt ist." Es heißt, Stewarts Indiana sei über 225 000 km gelaufen. Das Unternehmen baute bis 1933 zivile und militärische Lastwagen. Übrigens produzierte es auch weiter Bettgestelle und Bettfedern.

Oben: *Indiana warb mit der langen Haltbarkeit seiner LKWs.*

Technische Daten

Land: USA
Gebaut seit: 1910
Motor: Benzinantrieb
Getriebe: Kettenantrieb
Nutzlast: 1,016 bis 5,08 Tonnen
Verwendungszweck: Lieferwagen, Militärlastwagen
Besonderheit: Vollgummireifen

ALCO
1910 USA

ALCO 3,5-TONNER

Die American Locomotive Co. baute von 1909 bis 1913 unter dem Namen Alco eine Reihe schwerer Frontlenker. Der 3,5-Tonner von 1910 war eines der ersten Modelle.

Oben: *Die Laster von Alco waren robuste Frontlenker.*

Das Unternehmen hatte 1835 als Hersteller von Lokomotiven begonnen und 1909 seinen ersten Laster entwickelt. Die Schwerlastwagen des Unternehmens galten als zuverlässig und wurden populär. Bis 1912 hatte Alco über 1000 Stück verkauft. Die Alco-Laster waren alle als Frontlenker konstruiert und reichten von 2,03 bis 6,09 Tonnen. Die leichteren Modelle erreichten Geschwindigkeiten von 23,7 km/h, die schwereren von 12,8 km/h. Sie konnten eine Nutzlast von bis zu 3,55 Tonnen transportieren. Dazu gehörten in der frühen Phase vor allem Whisky und Nähmaschinen.

Mit Seife quer durch die USA

1912 schrieb Alco Geschichte, als eine Gruppe von fünf Männern mit einem ihrer Fahrzeuge die erste transkontinentale Auslieferung per Laster durchführte. Sie brachen am 20. Juni mit einem 3,55-Tonner in New York auf, der 3,04 Tonnen Seife für die Carlson Currier Company im kalifornischen Petaluma geladen hatte. Es gab damals keine Straßen, wie wir sie heute kennen, und die Reise war für Wagen und Crew eine Strapaze. Am 12. September erreichte der Wagen schließlich nach 6670,5 km sein Ziel. Die Ladung war in gutem Zustand. Die Fahrt dauerte 91 Tage.

Technische Daten

Land: USA
Gebaut seit: 1910
Motor: Benzinantrieb
Getriebe: nicht bekannt
Nutzlast: 3,55 Tonnen
Verwendungszweck: verschiedene
Besonderheit: Frontlenker

RANDOLPH
1910 USA

RANDOLPH C-2

Der C-2 von Randolph hatte einen mit Benzin angetriebenen Zweizylinder-Boxermotor, einen dreigängigen Kettenantrieb und Vollgummireifen an Holzspeichenrädern.

Oben: *Randolph-Laster wurden von 1908 bis 1913 produziert.*

Die Laster wurden von der Randolph Motor Car Company gebaut, die 1908 ein Werkstattbesitzer in Chicago in Illinois gründete. Die ersten LKWs des Unternehmens waren leichte Transporter, die wie der C-2 von Zweizylindermotoren angetrieben wurden. Das Modell 14 mit 1,016 Tonnen hatte dann schon einen Vierzylindermotor mit 21 PS (15,6 kW), und spätere Laster hatten eine Kapazität von bis zu 4,06 Tonnen. In Anzeigen wurden sie damals als die „tüchtigen Randolphs" bezeichnet. Wegen der großen Hitze, die der stärkere Motor produzierte, benötigten sie zwei Kühler, die in Seitenpanelen unter dem Fahrersitz angebracht waren. Durch sie leitete eine große Kreiselpumpe das Wasser. Das höhere Gewicht machte außerdem Halbfedern für die Vorderachse und Vollfedern für die Hinterachse notwendig.

Produktion bis 1913

Die Randolph Company ist während ihrer kurzen Existenz so häufig verkauft worden, dass ihre Geschichte nur noch schwer nachzuvollziehen ist. 1908 wurde sie von General Motors gekauft, nach Michigan verlegt und 1912 wieder verkauft. Einige Historiker gehen davon aus, dass das Unternehmen an seinen ursprünglichen Besitzer zurückging. Dabei wurde der Name in Randolph Motor Truck Company geändert, mit der Absicht, die Produktion auf Nutzfahrzeuge zu konzentrieren. Ein anderer Bericht erklärt, dass das Unternehmen an Sterling Trucks verkauft wurde, und wieder ein anderer, dass Randolph Fertigungsstätten von General Motors gemietet hatte, bis die Fabrik an Sterling Trucks verkauft wurde.

Wie auch immer, einig sind sich die Historiker, dass Randolph 1913 aufhörte, Laster zu bauen. Der Name Randolph hat jedoch überlebt, und in einigen amerikanischen Museen sind die schweren Oldtimer noch zu sehen.

Technische Daten

Land: USA
Gebaut seit: 1910
Motor: 2-Zylinder-Boxermotor
Getriebe: Kettenantrieb, 3 Gänge
Nutzlast: 500 kg
Verwendungszweck: verschiedene
Besonderheit: Lenkrad rechts

Unten: *Der Randolph C-2, hier als Lieferwagen.*

KISSEL KAR

⚒ **1910 USA**

KISSEL KAR FÜNFTONNER

Die Brüder William und George Kissel gründeten 1906 die Kissel Kar Company. Sie konstruierten viele Automobile, darunter für Taxiunternehmen und für einen Zirkus.

Technische Daten

Land: USA
Gebaut seit: 1910
Motor: Dieselantrieb, 4-Zylinder
Getriebe: Riemen- oder Kettenantrieb
Nutzlast: 0,5 bis 4,08 Tonnen
Verwendungszweck: Lieferwagen, Militärlastwagen
Besonderheit: abnehmbares Fahrerhaus

Der schnittige Gold Bug Speedster war besonders bei reichen Amerikanern beliebt, die sogar die weite Reise nach Hartford auf sich nahmen, um ihr neues Auto abzuholen. Aber die Brüder bauten nicht nur PKWs, sondern auch Leichenwagen, Busse, Löschfahrzeuge und Taxis. Es war nur eine Frage der Zeit, bis sie mit dem Bau von schwereren Lastern begannen.

Der erste schwere LKW kam 1910 auf den Markt. Er hatte einen Vierzylinder-Dieselmotor (gebaut von Wisconsin und auch Waukesha), der auf das Fahrgestell eines PKWs montiert war. Außerdem gab es ein optionales und abnehmbares Fahrerhaus für den Winter, mit Glasscheiben, die eine Neuheit in der jungen Lastwagenindustrie waren. Die Kissel-Laster waren nicht nur leistungsfähig, sie sahen auch gut aus. Eine der ersten großen Bestellungen kam von einem Zirkus.

Oben: *Einige der Transporter von Kissel verfügten über eine Differenzialsperre, die das Rutschen der Räder auf glattem Untergrund verhindern sollte.*

FEDERAL

1910 USA

FEDERAL-LASTER

Die Federal Motor Truck Company aus Detroit in Michigan bezeichnete sich in ihren Zeitungsanzeigen als „größten Hersteller von 4,57- und 3,55-Tonnen-Lastwagen mit Schneckenantrieb".

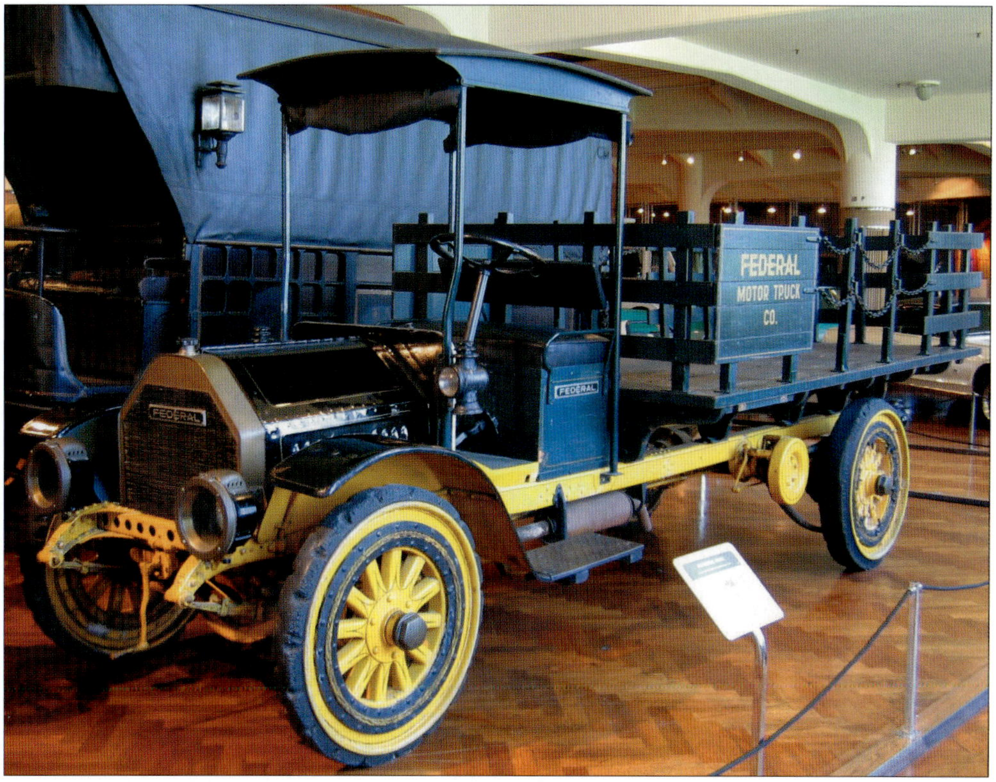

Rechts: *Der erste Eintonner von 1910 basierte auf einem Prototyp von Bailey. Angetrieben wurde er von einem Vierzylinder-Benzinmotor.*

Technische Daten

Land: USA
Gebaut seit: 1910
Motor: Benzinantrieb
Getriebe: Riemenantrieb
Nutzlast: 1,016 Tonnen
Verwendungszweck: Transport, Landwirtschaft, Lieferwagen, öffentlicher Verkehr
Besonderheit: In den 1920er-Jahren wurden Federal-Traktoren nach Übersee exportiert.

Federal baute zu dieser Zeit hauptsächlich Laster mit einer Nutzlast von 1,016 Tonnen. Der Traktor von 1910 war ein konventionelles Haubenmodell. Sein vorne liegender Kühler und Benzinmotor und der von einem Metalldach geschützte Fahrersitz in der Mitte ähnelten der Ausstattung eines PKWs. Der Wagen hatte Räder mit Stahlspeichen und Vollgummireifen. Das Fahrgestell saß auf zwei Längsträgern, die scheinbar so eng zusammen saßen wie bei einem Kleinwagen. Die Räder standen jedoch breit genug auseinander, um in die Spurrillen der damaligen amerikanischen Landstraßen zu passen. Die Laster waren bis zu 32 km/h schnell.

Anhänger von Ford

Henry Ford von der Ford Motor Company kaufte für seine Farm das erste Modell, das eine Pritsche und einen hölzernen Lattenverschlag hatte. Dieses Fahrzeug steht bis heute im Henry Ford Museum in Dearborn in Michigan. Ford war neben Federal einer der Befürworter des Lastwagens, zu einer Zeit, als die Laster noch mit Pferdewagen konkurrierten. Für die motorisierten Transporter wurde damals viel Werbung gemacht. Auch Federal beteiligte sich daran, um herauszustellen, wie viel kostengünstiger die LKWs gegenüber den Pferdewagen waren.

COMMER

1911 Großbritannien

COMMER-LASTER

„Wie genau kennen Sie Ihre Lieferkosten?", hieß es in einer Anzeige für den Commer Truck von 1911, um anschließend die Überlegenheit in Bezug auf Kosten pro Tonne und Meile anzupreisen.

Oben: *Das Modell von 1911 war mit einem revolutionären neuen Vorwahlgetriebe, dem Linley-Getriebe, ausgestattet.*

Commer wurde Anfang des 20. Jahrhunderts als Commercial Cars Limited in Lavender Hill in Südlondon gegründet, errichtete aber schon bald sein erstes Werk in Luton. 1904 brachte das Unternehmen seinen ersten leichten Laster heraus. Er erwies sich als erfolgreich, und bald produzierte das Unternehmen eine Reihe von leichten und mittleren Nutzfahrzeugen, wie den oben abgebildeten Commer, von denen schon weit vor dem Ersten Weltkrieg viele exportiert wurden. Commer-Laster fuhren mit Greifrädern durch Südamerika, mit starkem Ladegeschirr und Stahlrädern durch Neuseeland und mit Ölfässern beladen durch Sibirien. 1911 war der in Großbritannien gebaute Commer mit Kettenantrieb (oder Schneckenantrieb), Speichenrädern mit (zunächst) Vollgummireifen und einem optionalen Dach mit 2,54 bis 5,8-Tonnen-Fahrgestellen erhältlich. Voll beladen fuhr der 4,57-Tonner auf gerader Strecke 2,1 km pro Liter. Der Lastwagen wurde auch in die USA exportiert.

Übernahme durch Rootes

Im Ersten Weltkrieg konzentrierte das Unternehmen seine Produktion auf militärische Fahrzeuge. Bis 1919 wurden nicht weniger als 3000 Commer-Militärlaster gebaut. 1926 schloss sich Commercial Cars Ltd. mit Humber Ltd. zusammen, und der Name des Unternehmens wurde offiziell in Commer geändert (seine Lastwagen hießen schon lange so). Zwei Jahre später wurden beide Unternehmen von der Rootes-Gruppe geschluckt.

Mehrzweckfahrzeuge

Einer der bekanntesten Transporter der 1930er-Jahre war ein leichter Lieferwagen, in Haubenausführung oder als Frontlenker. Kurz vor Ausbruch des Zweiten Weltkriegs kam der Superpoise heraus. Dieses Q-Modell war in England sehr beliebt. Das Fahrgestell des Superpoise wurde in Ausführungen von 0,75 bis 6,1 Tonnen gebaut. Der Lastwagen hatte ein geschlossenes Fahrerhaus und wurde mit unterschiedlichen Vier- bis Sechszylinder-Benzinmotoren von Humber oder Commer ausgestattet.Viele der Modelle Q15 (15 Zentner), Q2 (2 Tonnen) und Q4 (4-5 Tonnen) wurden während des Krieges mit diversen Aufbauten für militärische Zwecke gerüstet: Munitionswagen, allgemeine Armeefahrzeuge und Truppentransporter. Der militärische Commer hatte außerdem doppelte Hinterräder, einen größeren Kühler und einen Schutzrahmen vor dem Kühlergrill.

„Der Heuler"

Später baute die Rootes Motor Group ein Dieselfahrzeug mit Zweitakt-Boxermotor, der die Bewegung der Kurbelwelle über ein System von Schwingen auf die Kolben übertrug. Der Motor, der in vielen Commer-Lastwagen verwendet wurde, machte ein kreischendes Geräusch, besonders im niedrigen Gang bergauf. Das brachte den Lastern den Spitznamen „Heuler" ein.

Technische Daten

Land: Großbritannien
Gebaut seit: 1911
Motor: Benzinantrieb
Getriebe: Kettenantrieb
Nutzlast: bis zu 5,08 Tonnen
Verwendungszweck: verschiedene
Besonderheit: optionales Dach

Unten: *Commer baute Laster wie diesen in seinem Londoner Werk.*

MACK
1914 USA

MACK AB-SERIE

Der 1914 vorgestellte, mittelgroße Mack AB war die erste Großserie des Unternehmens. Die ersten ABs fuhren mit Kettenantrieb. Ab 1920 bekamen die Laster einen Antrieb mit doppelter Übersetzung.

Anfangs waren die ABs in Ausführungen von 1,52 bis 3,04 Tonnen erhältlich. Die Motoren betrieben über eine Querwelle die Magnetzündung und die Kühlwasserpumpe. Sie verfügten über große Inspektionsluken, die leicht zu öffnen waren. Die frühen AB-Modelle hatten einen Regler, der die Geschwindigkeit der Lastwagen auf 25 km/h begrenzte, die damals erlaubte Höchstgeschwindigkeit für Laster mit Vollgummireifen. Die Konstruktion der Mack ABs als Haubenmodelle galt als Verbesserung gegenüber den Frontlenkern. Bis 1937 wurden über 50 000 Lastwagen der AB-Baureihe produziert.

1916 baute Mack auch ein gepanzertes Fahrzeug für die New Yorker Nationalgarde

Oben: *Der Mack AB, auch Baby Mack genannt, konnte bis zu 3,04 Tonnen transportieren. Die meisten ABs hatten einen Kettenantrieb, aber dieses Modell ist mit Wellenantrieb ausgestattet.*

auf einem AB-Fahrgestell. Zu diesem Zeitpunkt hatten viele der leitenden Angestellten, die über die Jahre zu Mack gestoßen waren, das Unternehmen bereits verlassen.

Mack hatte bereits 1909 die schwere Senior-Baureihe und die kleinere, leichtere Junior-Baureihe herausgebracht. Der Junior war ein 1,52-Tonnen-Lastwagen, mit einem Kettenantrieb und der Steuerung auf der linken Seite, während die Steuerung bei dem Mack Senior rechts war. 1910 baute das Unternehmen den ersten motorisierten Gerätewagen für die Feuerwehr von Morristown in New Jersey.

Die Lastwagen trugen jetzt den Mack-Namenszug, und nicht mehr den Namen Manhattan, der ursprünglich verwendet wurde, um das Pferdewagengeschäft der Brüder von ihren motorisierten Fahrzeugen zu unterscheiden. In Massachusetts wurde ein neues Unternehmen, die Manhattan Motor Truck Company gegründet, um eine Reihe von Handelsunternehmen in dem Staat zu betreiben.

600 Wagen im Jahr

1911 war Mack als Hersteller von Schwerlastwagen in Nordamerika etabliert und produzierte 600 Wagen im Jahr. Aber das Unternehmen produzierte nicht genug, um der Nachfrage gerecht zu werden. Um zu expandieren, brauchte man mehr Kapital, und der Finanzfachmann J. P. Morgan organisierte den Zusammenschluss der Mack Company mit der Saurer Motor Company (mit einem Werk in Plainfield in New Jersey) zur International Motor Company. Die beiden Unternehmen blieben als eigenständige Organisationen bestehen, aber der Verkauf und die Wartung der Lastwagen von Mack und Saurer wurde in der Dachgesellschaft zusammengefasst. Allein im Jahr 1911 produzierte das Unternehmen 2000 Lastwagen.

Jack Mack verlässt Mack

1912 schluckte die International Motor Company auch die Hewitt Motor Company, einen Hersteller von hochwertigen Transportern aus New York City. John und Joseph Mack, die Direktoren bei der International Motor Company gewesen waren, verließen das Unternehmen. Jack Mack blieb als Vizepräsident. Die Folgen waren sofort spürbar. Die gesamte Produktion des Unternehmens fiel bis Ende 1912 auf 1150 Einheiten. International Motor Company gab schließlich seine anderen Modelle auf und konzentrierte sich nur noch auf Lastwagen. Am Ende des Ersten Weltkriegs wurde der Name des Unternehmens in Mack-International Motor Truck Corporation umbenannt und die Produktion von Saurer-Lastern in den USA eingestellt. Jack Mack hatte das Unternehmen zu diesem Zeitpunkt bereits verlassen, weil er mit den Veränderungen unzufrieden war.

Technische Daten

Land: USA
Gebaut seit: 1914
Motor: Benzinantrieb
Getriebe: Kettenantrieb, später doppelte Übersetzung
Nutzlast: 1,52 bis 3,04 Tonnen
Verwendungszweck: Lieferwagen, Militärlastwagen
Besonderheit: Haubenlastwagen

Links: *Beim Mack AB wurden die Magnetzündung und die Kühlwasserpumpe über eine Querwelle angetrieben. Große, leicht zu öffnende Inspektionsluken erleichterten die Wartung.*

Kapitel 3

1915 bis 1929

Das Hauptargument für die ersten LKWs waren die geringen Transportkosten. So hieß es in einer amerikanischen Werbung: „Wenn Sie Transportwege von mehr als 45 km am Tag haben, ist der LKW von Commer günstiger als ein Pferdewagen." Die Entfernungen wurden tatsächlich immer größer, vor allem im Ersten Weltkrieg. LKWs wurden immer unentbehrlicher.

Oben: *Dieser Laster aus dem Ersten Weltkrieg hieß Liberty Truck.*

Links: *Der Pierce Arrow R-5 wurde im Ersten Weltkrieg zum Standardlaster der Alliierten.*

Der Straßenbelag wurde zu Beginn des 20. Jahrhunderts zwar besser, doch Unebenheiten und Schlaglöcher gab es nach wie vor. Entscheidend war, dass die Laster robust gebaut waren, die Reifen ein gutes Profil besaßen und die Federung ausgereift war. Das galt mehr denn je auch für das Kriegsgelände im Ersten Weltkrieg, in dem die zahlreich eingesetzten Militärtransporter auch Fahrten querfeldein überstehen mussten. Im Kriegsverlauf beobachtete die internationale Öffentlichkeit die Laster und ihre technische Entwicklung sehr aufmerksam. Langfristig stieg damit die Akzeptanz für die Transporter.

Zunächst erlebten die Lastwagenhersteller in den USA und in Europa einen regelrechten Boom. Doch viele Unternehmen, die sich zunächst als Profiteure des Kriegs sahen, gingen unmittelbar nach Beendigung der Kämpfe bankrott. Sie hatten in Kriegszeiten fast nur noch in die Massenproduktion von Militärlastwagen investiert. Nun standen sie plötzlich mit einseitiger Technik und einem gewaltigen Überangebot da.

GERSIX
🛠 **1915 USA**

GERSIX MODEL G

Die Brüder Louis und Edward Gerlinger gründeten 1912 die Gerlinger Motor Car Company, um Autos von anderen Herstellern zu verkaufen. Erst 1915 begannen sie, selbst Lastwagen zu bauen.

Oben: *Der Gersix war der Vorläufer des berühmten Kenworth. Dieser Wagen aus der Modellreihe G hatte einen Wellenantrieb und eine Nutzlast von 3,55 Tonnen.*

Der erste Laster von Gersix entstand aus einer Art Arbeitsbeschaffungsmaßnahme. In der kleinen Reparaturwerkstatt der Gerlingers war wenig zu tun. Um die Mechaniker zu beschäftigen, ließen die Brüder sie aus Ersatzteilen anderer Hersteller Lastwagen zusammenbauen.

Da Ersatzteile im Krieg bereits knapp waren und viele größere Hersteller nach derselben Strategie handelten, war das ökonomisch auf den ersten Blick vielleicht nicht die klügste Entscheidung. Aber der Nordwesten der USA war ein potenzieller Nischenmarkt. Kein anderer Hersteller hatte sich darauf spezialisiert, Fahrzeuge zu bauen, die mit dem rauen Gelände und den extremen Höhenunterschieden zurecht kamen, ganz zu schweigen vom Holztransport, der dort ein wichtiger Industriezweig war.

Der erste Laster von Gersix war das Modell G, ein mit Ketten angetriebener 2,54-Tonner ohne Fahrerhaus oder Aufbau. „Ger" stand für Gerlinger und „six" für den Sechszylindermotor von Continental, der außergewöhnlich war, da die meisten Laster mit Vierzylindermotoren fuhren. Den ersten Gersix kaufte ein Ziegellieferant aus Portland.

Stabile Achsen

Ein Jahr später wurden zwei weitere Laster des Modells G gebaut. Es war aber immer schwerer, die Teile zu beschaffen. Als keine

Achsen für den Gersix mehr verfügbar waren, war das Unternehmen gezwungen, seine eigenen zu bauen. Das Werk war in dieser Zeit jedoch technisch noch nicht ausgereift. Ein Mechaniker beschrieb seinen Arbeitsplatz später so: „zwei Kreidemarkierungen auf dem Boden", an denen er und seine Kollegen die Achsen legten, um dann den Wagen zu bauen.

Gersix konstruierte besonders stabile Achsen, die das Gelände des Nordwestens der USA aushielten. Dafür wurde das Unternehmen allmählich berühmt. Die Inhaber von Holztransportunternehmen zögerten verständlicherweise zunächst, ihr hart verdientes Geld in ein unbekanntes Fahrzeug zu investieren. Also mussten die Brüder Gerlinger Lasten von Stadt zu Stadt fahren, um zu demonstrieren, was ihr Wagen leistete.

Nischenmarkt

1917 zog das Unternehmen nach Tacoma in Washington und begann, neben den eigenen Modellen auch Federal Trucks zu verkaufen. Obwohl jetzt einige Bestellungen eingingen, hatten die Gerlinger-Brüder immer noch nicht die Mittel, mehr als zwei Wagen im Monat zu bauen. Also verkauften sie ihr Unternehmen an eine Gruppe von Investoren, zu denen auch ein Mann namens Edgar Worthington gehörte.

Es gab aber noch weitere Probleme. Ungeachtet der neuen Finanzlage beeinträchtigte die kriegsbedingte Materialknappheit die Produktion. Der Mangel an Stahl zwang das Unternehmen, die Zahl der Zylinder in seinen Motoren von sechs auf vier zu reduzieren. Die Gersix-Lastwagen mussten mit Vierzylindermotoren von Buda ausgerüstet werden, die sich allerdings als adäquat erwiesen. Das „six" in „Gersix" stimmte jedoch nicht mehr.

Für Gersix verlief die Nachkriegszeit besser als für viele andere Unternehmen. Während die staatlichen Aufträge aus Kriegszeiten ausblieben, stiegen die Lastwagenverkäufe für Gersix rund um Washington. 1922 wurden 523 Stück verkauft, fast alle im Nordwesten.

Harry Kent

Im selben Jahr kam Harry Kent als Ingenieur in das Unternehmen. Mit Kent, der Experte für Kostenreduktion und das Einhalten von Budgets war, blieb das Unternehmen weiter erfolgreich. 1923 wurde sein Name in Kenworth Motor Truck Company („Ken" für Kent und „Worth" für Worthington) geändert. Außerdem eröffnete ein neues Werk in Seattle, das die Produktion weiter ankurbelte.

Technische Daten

Land: USA
Gebaut seit: 1915
Motor: 6-Zylinder Continental
Getriebe: Kettenantrieb
Nutzlast: 2,54 Tonnen
Verwendungszweck: Holztransporter, Lieferwagen
Besonderheit: solide Achsen für den rauen Nordwesten der USA

Unten: *Gerlinger konnte mit einer Produktion von zwei Lastwagen pro Monat der Nachfrage nicht mehr gerecht werden und verkaufte das Unternehmen 1922 an den Gründer der Kenworth Motor Truck Co.*

MACK
1916 USA

MACK AC BULLDOG

Der Mack AC wurde 1916 vorgestellt. Der Lastwagen mit einem Kettenantrieb über die Hinterachse galt schon bald als zuverlässig und belastbar. Er wurde 24 Jahre lang gebaut.

Mack hatte sich schon vor dem Ersten Weltkrieg international einen Namen gemacht. Das Unternehmen hatte bereits viele britische Militärlastwagen gebaut, und für die New Yorker Nationalgarde ein gepanzertes Fahrzeug auf dem Fahrgestell eines AB.

Die Entwicklung des Mack AC wird dem Chefingenieur Edward Hewitt zugeschrieben. 18 Patente waren nötig, um alle seine Innovationen abzudecken. Der Kühler des Lastwagens war hinter dem Motor angebracht. Luft wurde aus der Motorhaube angesogen, durch den Kühler gedrückt und dann durch ein Gitter an der Vorderseite geführt. Diese einzigartige Konstruktion sollte den Kühler vor mutwilligen Beschädigungen schützen. Die amerikanischen Gewerkschaften fürchteten nämlich (mit Recht, wie sich herausstellen sollte), dass motorisierte Fahrzeuge dieser Klasse die Kutscher und ihre Pferdewagen verdrängen könnten.

Eine weitere Innovation war die Neigung des Lenkrades in einem Winkel von 45 Grad, was wesentlich komfortabler für den Fahrer war. Die Längsträger aus Chrom-Nickel-Stahl und die paarweise gegossenen Zylinder waren hitzebehandelt, um die Haltbarkeit zu erhöhen. Der Kühlertank, das Verteilergetriebe

Oben: *Der Mack AC Bulldog war besonders robust. Britische Soldaten gaben ihm im Ersten Weltkrieg den Spitznamen.*

Ganz oben: *Von vorne ähnelte der Mack AC dem französischen Renault. Ironischerweise wurde Mack 1990 von Renault übernommen.*

und das Kurbelgehäuse waren aus leichtem Aluminium hergestellt. Die Vorderachse war allerdings aus einer geschmiedeten Stahllegierung, um den AC robuster zu machen.

Auswahlgetriebe

Der AC verfügte über ein Auswahlgetriebe mit drei Gängen und einer Kupplungsbremse. Außerdem hatte er ein Fahrerhaus aus Stahl mit einem optionalen Metalldach; eine erhebliche Verbesserung gegenüber den damals verbreiteteren ungeschützten Holzsitzen. Der Wagen wurde äußerst populär. Während des Ersten Weltkrieges lieferte Mack ungefähr 4500 Modelle des AC mit 3,55 bis 7,63 Tonnen Nutzlast an die US-Regierung, die den Laster als Standardmilitärfahrzeug einsetzte. Mit amerikanischen Infanteristen kamen sie nach Frankreich.

Auch nach Großbritannien lieferte Mack in dieser Zeit über 2000 Stück. Die britischen Soldaten bezeichneten die Macks als „Bulldogs“. Bei schwierigen Transportproblemen hieß es „lass uns die Mack Bulldoggen reinschicken!“ Die britischen Ingenieure und Soldaten waren offensichtlich der Meinung, dass der Lastwagen so zäh wie eine Bulldogge war. Da die Bulldogge damals das Symbol für Großbritannien war, war das ein großes Kompliment. Die Amerikaner teilten die Meinung der Briten, zumindest nach der Geschichtsschreibung des Unternehmens. Der Spitzname könnte sich natürlich auch auf das Aussehen der Lastwagen bezogen haben, da die Front einer Stupsnase ähnelte. Wo immer er auch herkam, der Spitzname blieb. Die AC-Modelle, und Mack Lastwagen im allgemeinen, waren bald als „Bulldog Macks“ bekannt, und 1922 übernahm das Unternehmen die Bulldogge als Firmensymbol.

Eine Bulldogge als Kühlerfigur

Die Bulldogge als Kühlerfigur sollte allerdings erst viel später kommen. Zunächst war (erstmals 1921) auf einer an beiden Seiten des Führerhauses angebrachten Metallplatte das Bild einer Bulldogge zu sehen. Sie trug das Wort „Mack“ auf dem Halsband und fraß ein Buch mit dem Titel „Transportkosten“ auf. Darunter standen die Worte „International Motor Company“. Der Name des Unternehmens war nach dem Zusammenschluss mit zwei anderen Lastwagenherstellern in International Motor Company geändert worden, hieß 1922 aber wieder Mack, um Verwechslungen mit der International Harvester Company, einem anderen amerikanischen Lastwagenhersteller, zu vermeiden.

Unten: *Mack hatte sich bereits vor dem Ersten Weltkrieg international einen Namen gemacht.*

Technische Daten

Land: USA
Gebaut seit: 1916
Motor: Benzinantrieb
Getriebe: 3-Gang-Auswahlgetriebe mit Kupplungsbremse
Nutzlast: 1,016 bis 7,63 Tonnen
Verwendungszweck: Lieferwagen, Militärlastwagen
Besonderheit: Kühler hinter dem Motor

GARFORD
1916 USA

GARFORD-LASTER

Die amerikanische Garford Company entstand 1909 durch die Umbenennung des Automobilteile-Herstellers Federal Manufacturing Co. Zunächst wurden unter dem Namen Garford Taxis hergestellt, später folgten auch rund 10000 Militärfahrzeuge.

Oben: *Seit 1915 konzentrierte sich Garford ausschließlich auf die Herstellung von Lastwagen.*

Links: *Garford baute eine Serie von klassischen Haubenfahrzeugen mit einer Nutzlast von 1,016 bis 5,08 Tonnen, die von Buda-Vierzylinder-Benzinmotoren angetrieben wurden. Das Bild zeigt einen Zweitonner.*

Technische Daten

Land: USA
Gebaut seit: 1916
Motor: 4-Zylinder-Motor
Getriebe: 4 Gänge, doppelter Kettenantrieb
Nutzlast: 5,08 Tonnen
Verwendungszweck: verschiedene
Besonderheit: Frontlenker

Die ersten Laster der Garford Company waren Frontlenker mit einer Nutzlast von 5,08 Tonnen. Sie hatten Vierzylindermotoren, ein Vierganggetriebe und einen doppelten Kettenantrieb an der Hinterachse.

Ab 1915 konzentrierte sich die Garford Motor Truck Company ausschließlich auf die Herstellung von Lastwagen. 1917 stellte das Unternehmen drei neue Sattelschlepper mit Nutzlasten von 4,57 bis 10,16 Tonnen vor. Während des Ersten Weltkriegs nutzte das Militär Garford-Laster und -Halbkettenfahrzeuge. Im Auftrag der Regierung baute das Unternehmen ungefähr 10000 Liberty-B-Lastwagen für militärische Zwecke.

Haubenfahrzeuge

In den 1920er-Jahren gab das Unternehmen den Bau von Frontlenkern auf und stellte klassische Haubenfahrzeuge mit Nutzlasten von 1,016 bis 5,08 Tonnen her. Sie waren alle mit Vierzylindermotoren von Buda, Vierganggetrieben und Ketten- oder Schneckenantrieb ausgestattet und hatten Scheibenräder.

WINTHER
1917 USA

WINTHER-LASTER MIT VIERRADANTRIEB

1917 gründete Martin P. Winther die Winther Motor Truck Corporation. Zuvor hatte Winther als Ingenieur bei der Thomas B. Jeffrey Company gearbeitet.

Oben: *Der wachsende Bedarf an LKWs mit Vierradantrieb für militärische Zwecke kam Winther zugute.*

Rechts: *Die Winther Motor Truck Corporation warb geschickt für ihre Trucks.*

Technische Daten

Land: USA
Gebaut seit: 1917
Motor: Benzinantrieb
Getriebe: Kettenantrieb
Nutzlast: nicht bekannt
Verwendungszweck: verschiedene, öffentlicher Verkehr
Besonderheit: Vierradantrieb

Der Zeitpunkt für die Firmengründung war ideal, da die amerikanischen Streitkräfte dringend mehr LKWs für den Krieg in Europa benötigten, vor allem Modelle mit Vierradantrieb, wie sie Jeffreys Unternehmen entwickelte. Winther baute von Anfang an nur Lastwagen und profitierte, wie die meisten Lastwagenhersteller damals, vom erhöhten Bedarf während des Krieges. Die US-Armee band auch die Winther Motor Truck Corporation in die Entwicklung des standardisierten Liberty-B-Lasters ein. Neben seinen eigenen Modellen produzierte Winther auch Liberty Trucks für den Einsatz in Übersee.

Gleichzeitig baute das Unternehmen weiter Modelle mit Vierradantrieb als Lieferwagen und für den öffentlichen Verkehr. Durch den Krieg bedingt gab es sowohl in Nordamerika als auch im vom Krieg erschütterten Europa eine wachsende Nachfrage nach Lastwagen mit Vierradantrieb. Nach und nach hatten Geschäftsleute die Vorteile des Vierradantriebs für die Fahrten im Stadtverkehr und auf unwegsamem, schlammigem Gelände erkannt.

Laster für die Müllabfuhr

Einige große Gemeinden setzten Winther-Lastwagen für die Müllabfuhr ein. Das Ende des Ersten Weltkriegs bereitete Winther jedoch Schwierigkeiten. Nach einem letzten Versuch unter dem Namen „Kenosha Fire Engine and Truck Co.“ musste das Unternehmen schließen.

OSHKOSH
⚒ **1917 USA**

OLD BETSY

Thomas B. Jeffrey mag ein Pionier bei der Entwicklung von Lastern mit Vierradantrieb gewesen sein, aber er blieb mit seiner Technik nicht lange allein. Schon bald bekam er Konkurrenz, darunter von der amerikanischen Firma Oshkosh. 1917 stellte das Unternehmen die Old Betsy vor, ihren ersten Laster mit Vierradantrieb.

Oben: *Die Old Betsy kam 1917 als erster Lastwagen des Unternehmens mit Vierradantrieb auf den Markt.*

Die Wisconsin Duplex Auto Company (die später den Namen Oshkosh annahm) wurde im Mai 1917 gegründet. Schon bald entstand Old Betsy, der erste Lastwagen des Unternehmens mit Vierradantrieb. Kurze Zeit später zog das Unternehmen nach Oshkosh in Wisconsin und nannte sich nach seiner neuen Heimatstadt.

Vorteile des Allradantriebs

Der Allradlastwagen wurde von einem LeRoi-Vierzylindermotor angetrieben. Er hatte außerdem ein Dreiganggetriebe, das über ein Verteilergetriebe mit einem automatischen Zentraldifferenzial verfügte. Als Prototyp demonstrierte das Fahrzeug so erfolgreich alle Vorzüge des Allradantriebs, dass es nach wenigen Wochen verkauft war.

Modell A

1920 brachte die Oshkosh Motor Truck Manufacturing Company mit dem Modell A ihren ersten in Serie produzierten Lastwagen heraus. Er war als einer der ersten Laster optional mit Luftreifen ausgestattet und wurde mit verschiedenen Aufbauten angeboten. Auch war er mit einem geschlossenen Fahrerhaus lieferbar. Er hatte einen Wellenantrieb, und der Fahrer saß hinter dem Motor, der sich über der Vorderachse befand. Der Laster hatte mit 72 PS (53,6 kW) einen sehr starken Motor für seine Zeit und war mit einem elektrischen Anlasser, elektrischer Hupe und zwei Scheinwerfern sehr modern ausgestattet.

Modell H

1925 gab es für kurze Zeit ein neues Modell. Das Modell H mit doppelter Achsübersetzung bedeutete einen großen Schritt für die Automobilindustrie. Der Lastwagen war für schwere Einsätze wie Schneeräumung und Straßenbau konstruiert. Oshkosh verkaufte ihn voll ausgestattet als Schneeräumfahrzeug. Bald zog das Unternehmen in ein größeres Werk im Süden von Oshkosh, um der wachsenden Nachfrage nach seinen Fahrzeugen gerecht zu werden, und brachte weitere Modelle auf den Markt.

Modell TR

1933 baute Oshkosh mit dem TR seinen ersten Sattelschlepper zur Erdbewegung. Der 4x4-Lastwagen hatte ein offenes Fahrerhaus und eine Vierradlenkung. Seine Goodyear-Reifen waren die größten, die bis dato hergestellt worden waren. Der TR war ein großer Erfolg, und über 100 Wagen wurden nach England exportiert. Zwei Jahre später stellte Oshkosh mit der J-Baureihe ein neues Fahrerhaus mit einer durchgehenden Windschutzscheibe vor. Kurz vor dem Zweiten Weltkrieg wurde die berühmte Baureihe W gestartet. Diese Modelle wurden noch bis in die 1960er-Jahre produziert, und die erste Serie wurde zu Beginn des Krieges ans Militär verkauft.

Unten: *1920 brachte Oshkosh das Modell A heraus, seinen ersten Lastwagen in Serienproduktion.*

Technische Daten

Land: USA
Gebaut seit: 1917
Motor: seitengesteuerter 4-Zylinder
Getriebe: Kettenantrieb, 3-gängiges Getriebe mit Verteilergetriebe
Nutzlast: 1,016 Tonnen
Verwendungszweck: Gelände
Besonderheit: Vierradantrieb mit formschlüssigem automatischem Zentraldifferenzial

FORD TT

🛠 **1917 USA**

FORD TT

Zu Testzwecken baute Henry Ford bereits 1899 sein erstes Nutzfahrzeug, einen Lieferwagen. Aber erst 1917 brachte die Ford Motor Company den TT-Eintonner heraus. Die Firma führte die Fließbandproduktion ein.

Ford war bereits 1863, mit nur 16 Jahren, bei einem Maschinisten in der Lehre gegangen, und sein technisches Talent war schon früh erkennbar. Er wurde bald Chefingenieur bei der Edison Illuminating Company in Detroit in Michigan. 1903 gründeten Ford und eine Gruppe von Investoren, die an ihn glaubten, die Ford Motor Company.

Der erste Truck von Ford

Das erste Nutzfahrzeug, das das Unternehmen produzierte, war das Modell E, ein Lieferwagen. Da er sich für Stadtauslieferungen als nützlich erwies, produzierte Ford Motors ihn während des gesamten Jahres 1911 weiter. Inzwischen hatte sich Ford einen Namen gemacht, hauptsächlich für den Bau von PKWs und leichten Lastern. Am berühmtesten war natürlich das Modell T, auch bekannt als Tin Lizzy.

Aber Henry Ford kam bald auch als Industrieller zu Berühmtheit. Ford war der erste Automobilhersteller (und der erste nordamerikanische Hersteller überhaupt), der die

Oben: *Der legendäre T von Henry Ford bekam 1917 Gesellschaft von dem schwereren TT-Eintonner. Der robuste, günstige Wagen eroberte den Lastwagenmarkt im Sturm.*

Ganz oben: *Der TT war günstig im Einkauf und in der Wartung.*

Fließbandproduktion einführte. Er legte auch den für damalige Verhältnisse hohen Arbeitslohn von fünf Dollar pro Tag und die 40-Stunden-Woche fest.

Ford entwickelte auch weiter Lastwagen. Der TT-Lastwagen von 1917 war der erste Vorstoß des Unternehmens in das Schwerlastergeschäft. Der erste TT machte mit seinen Holzspeichenrädern mit Vollgummireifen und der Segeltuchplane nicht viel her. Aber spätere Versionen verbesserten Aussehen und Verkäuflichkeit des TT mit Aufbauten aus geschnitzten Holzpaneelen, massiven Dächern, elektrischen Scheinwerfern, Luftreifen und Windschutzscheiben aus Glas. Der erste TT wurde von einem 333-cm³-Motor angetrieben, der im „klassischen" Stil über der Vorderachse und vor dem Fahrer angebracht war. Er hatte ein Dreiganggetriebe. Obwohl das Fahrgestell auf dem Modell T basierte, hatte es einen längeren und kräftigeren Rahmen. Auch der Radstand war 61 cm länger und der Wagen hatte eine steifere Hinteraufhängung und einen Kettenantrieb auf die Hinterachse.

Ford entwickelt das Fließband

Wie bei seinen anderen Fahrzeugen zuvor, ließ Ford sofort die Fließbandproduktion für den TT anrollen. Nicht weniger als 25 Laster rollten täglich von den Bändern. Bis 1922 hatte sich die Zahl der Lastwagen, die Ford täglich produzierte, auf mehrere Tausend erhöht. Dies zeigte, dass Ford das Ende des Krieges überlebt hatte, weil er während des Krieges weiter zivile Fahrzeuge produziert hatte. Während der Krieg in Europa für Unternehmen, die übermäßig in die Produktion von militärischen Lastwagen investiert hatten, letztendlich das Aus bedeutete, hatte er Ford zu steigenden Lastwagenverkäufen in den USA und in Übersee verholfen.

Es folgte die Weltwirtschaftskrise. Die Verkaufszahlen von Ford fielen wie überall. Dank der leichten Lastwagen von Ford und der Bezahlbarkeit seiner Fahrzeuge blieben seine Verkäufe aber beständiger als die der meisten Konkurrenten. Völlig erholen sollte das Unternehmen sich 1932 mit der Einführung des „Flathead" V8-Motors. Der Motor wurde in allen Last- und Personenwagen des Unternehmens angeboten.

Der V8-Motor

Den Ingenieuren war es gelungen, den Motor in einem einzigen Block zu gießen. Dadurch verringerten sie auch die Anzahl der Motorteile, was die Haltbarkeit erhöhte, gleichzeitig aber die Reparaturen erschwerte. Der V8-Motor beflügelte Verkäufe von Ford und etablierte das Unternehmen wieder als führenden Automobilhersteller.

Technische Daten

Land: USA
Gebaut seit: 1917
Motor: Benzinantrieb
Getriebe: 2 Gänge
Nutzlast: 1,016 Tonnen
Verwendungszweck: Lieferwagen
Besonderheit: Spätere Versionen hatten elektrische Scheinwerfer und Luftreifen.

Unten: *Eine Stärke des TT war seine Anpassungsfähigkeit an unterschiedliche Aufgaben. Dieser kleine Kipper diente für kleinere Ladungen im Bauwesen.*

PIERCE
1915 USA

PIERCE ARROW R5

Auch wenn die Pierce Arrow Company für Luxusautos berühmt war, baute sie doch auch Nutzfahrzeuge. Das bekannteste war ein 5,08-Tonnen-Lastwagen, der wegen seiner Qualität und Zuverlässigkeit geschätzt wurde.

Oben: *Im Ersten Weltkrieg diente der Pierce Arrow R5 militärischen Zwecken.*

Technische Daten

Land: USA
Gebaut seit: 1915
Motor: seitengesteuerter 4-Zylinder-Motor
Getriebe: 4 Gänge, untersetzter erster Gang
Nutzlast: 5,08 Tonnen
Verwendungszweck: Nutzfahrzeug, Lieferwagen, Kipper
Besonderheit: Schneckenantrieb

George N. Pierce gründete 1896 ein Unternehmen, das neben Fahrrädern und Motorrädern bald auch Autos baute, die von dem berühmten DeDion-Motor angetrieben wurden. 1906 zog das wachsende Unternehmen nach Elmwood, und 1907 wurde der erste Lieferwagen gebaut. Weil die Firmenschilder auf den Fahrrädern und Motorrädern einen Pfeil (arrow) zeigten, wählte Pierce 1910 den Namen Pierce Arrow. Die erste Lastwagenbaureihe war ein 5,08-Tonnen-Modell mit dem Namen X-1. Zu dieser Zeit traten Kerr Thomas (von Saurer), David Fergusson (von Leyland) und John Younger (von Dennis) in das Unternehmen ein und begannen, an einer vollständigen Lastwagenbaureihe von 3,55 bis 5,08 Tonnen zu arbeiten. Einer der beliebtesten Lastwagen nach 1915 war der R5, ein neuer Fünftonner mit Schneckenantrieb. Er wurde im Ersten Weltkrieg von den alliierten Streitkräften eingesetzt. Das Nutzfahrzeug blieb, bis auf seine Bezeichnung, bis zum Ende der 1920er-Jahre unverändert. Aus dem R5 wurde 1918 der R9 und 1920 der R10. In den folgenden Jahren wurden die Fahrgestelle von Pierce Arrow von vielen Karosserieherstellern für Feuerwehrwagen, Krankenwagen und Polizeiautos verwendet. Aber 1932 stellte das Unternehmen die Lastwagenproduktion ein.

Links: *Nachdem die Produktion 1917 bereits 7000 Stück erreicht hatte, erhielt Pierce Arrow den Auftrag, 1000 weitere Class B Liberty Trucks zu bauen.*

LIBERTY
1918 USA

LIBERTY CLASS B

Der Liberty Class B wurde von einer Kommission aus Vertretern des Militärs, Mitgliedern der American Society of Automotive Engineers (SAE) und Fachleuten von 45 amerikanischen Herstellern entwickelt.

Oben: *Der Liberty entstand aus der Notwendigkeit, die Ersatzteilbeschaffung und die Reparatur von Militärlastwagen zu vereinfachen.*

Technische Daten

Land: USA
Gebaut seit: 1918
Motor: Benzinantrieb
Getriebe: 4 Gänge, untersetzter erster Gang
Nutzlast: 3,04 Tonnen
Verwendungszweck: militärisch
Besonderheit: von verschiedenen Herstellern für das Militär produziert

Das Konzept des Liberty entstand aus Notwendigkeit. Die alliierten Streitkräfte hatten während des Ersten Weltkrieges in Europa große Probleme mit der Instandhaltung ihrer Lastwagen. Den Verantwortlichen wurde bald klar, dass Militärlastwagen, die aus standardisierten und austauschbaren Teilen gebaut waren, die Situation erheblich verbessern würden.

Erfolgreiche Tests

Im Juli 1917 wurden die technischen Daten für den standardisierten Liberty Class B 4x2 3,04-Tonnen-Lastwagen Vertretern der US-Armee vorgelegt, und es wurde eine Entwicklungskommission gebildet. Im Oktober 1917 waren zwei Prototypen testreif. Der Motorblock stammte von Continental, die Zylinderköpfe von Waukesha und die Kolben von Hercules. Die Tests verliefen so gut, dass die US-Regierung bis Mitte November bereits Verträge für die Herstellung der Komponenten des Liberty B abgeschlossen hatte.

Der endgültige B-5,08-Tonner war 6,6 m lang, 2,1 m breit und 1,9 m hoch, hatte einen Radstand von 4,07 m, und die Vorderräder waren kleiner als die Hinterräder. Er verfügte über vier Vorwärtsgänge und einen Rückwärtsgang. Der seitengesteuerte Viertaktmotor des Lastwagens hatte 255 cm^3 und leistete 52 PS (38,7 kW). Die Produktion des B Liberty Truck begann im April 1918.

WHITE
🛠 **1918 USA**

WHITE FÜNFTONNER

Das praktische White-5,08-Tonnen-Fahrgestell konnte mit diversen Aufbauten versehen werden. Auf den Straßen von Nordamerika waren die Laster 1918 viel unterwegs.

Oben: *White-Fünftonner wurden von einem 5,3-Liter-Benzinmotor angetrieben.*

Die White Company hatte 1916 bereits einen weiten Weg zurückgelegt. Zu Beginn des 20. Jahrhunderts experimentierte das damals noch als White Sewing Machine Company of Ohio bekannte Unternehmen mit der Herstellung von Lieferwagen mit Dampfantrieb. 1903 erhielt es von der US-Armee den Auftrag, zu Testzwecken einen motorisierten Krankenwagen zu bauen.

Bis 1911 hatte die Armee die militärischen Einsatzmöglichkeiten von Lastwagen erkannt und mit ersten Tests für Armeelaster begonnen. Für diese Tests wurden zunächst zwei Fahrzeuge gekauft. Eines davon war ein 1,016-Tonnen-Fahrzeug mit Wellenantrieb von der White Company (deren Hauptgeschäft immer noch die Herstellung von Nähmaschinen war). Die Tests verliefen so gut, dass sich die Armee noch im selben Jahr entschied, einen White-Transporter zu kaufen. Ein Jahr später nahm ein weiterer Laster an einer 2414 km langen Testfahrt von Washington D. C. nach Fort Benjamin Harrison in Indiana teil. Allerdings mit mäßigem Erfolg. Da es noch keine automatischen Anlasser gab, musste die Magnetzündung mit der Hand angekurbelt werden, und das Bremssystem war rein mechanisch, sodass der Fah-

Technische Daten

Land: USA
Gebaut seit: 1918
Motor: Benzinantrieb
Getriebe: **Kegelrad- und** Kettenantrieb
Nutzlast: 5,08 Tonnen
Verwendungszweck: verschiedene, Lieferwagen, Militärlastwagen
Besonderheit: Konnte mit verschiedenen Aufbauten versehen werden.

Links: *Diese Werbeanzeige von 1918 sollte betonen, wie wichtig die Laster für den Langstreckentransport waren.*

rer einige Kraft aufbringen musste, um zu bremsen. Trotzdem wurde noch ein weiterer Test durchgeführt. Unter den Fahrzeugen waren auch zwei Wagen von White, ein 1,016-Tonnen- und ein 3,04-Tonnen-Modell. Die Laster mussten im Schritttempo neben den Truppen herfahren, was zu Überhitzungsproblemen führte. Das schwerere Fahrzeug schnitt besser ab als das leichtere, weil die Truppen dazu neigten, die Laster zu überladen. 1919 kam für White der Durchbruch. In diesem Jahr organisierte die Armee einen Konvoi von Washington D. C. nach San Francisco in Kalifornien, und die Transporter von White wurden bei der Ankunft von einer jubelnden Menge begrüßt.

Unten: *Bis 1919 hatten sich die LKWs von White sowohl in der Armee als auch als zivile Nutzfahrzeuge einen Namen gemacht.*

NASH QUAD
1919 USA

NASH QUAD

Zu Beginn wurde der ökonomische Wert von Lastwagen sehr kritisch gesehen. Dennoch gab es einige, die an den Erfolg der LKWs glaubten. Zu ihnen gehörte Thomas B. Jeffrey, der Erfinder des Jeffrey Quad.

Thomas B. Jeffrey war schon lange ein etablierter Fahrradhersteller in Chicago (Illinois) gewesen, bevor er in Wisconsin ein Automobilwerk eröffnete. Dort in Kenosha wurde er berühmt für seine Rambler-Automobile (benannt nach seinen Fahrrädern) und begann kurz darauf, Lastwagen zu entwickeln. Zu seinen ersten Entwicklungen gehörte auch ein Pick-up, der bereits mit Luftreifen fuhr, aber nicht so berühmt wurde wie der Quad. Unglücklicherweise lebte Thomas B. Jeffrey nicht lange genug, um den Erfolg seiner Entwicklung zu sehen. Er starb 1910, ein Jahr vor der Markteinführung des ersten Jeffrey Quad.

Vierradantrieb

Außergewöhnlich am Jeffrey Quad war sein Vierradantrieb, der ihn besonders für militärische Anwendungen empfahl, bei denen eine gute Traktion auf schlechten oder gar nicht vorhandenen Straßen vorteilhaft war.

Seinen ersten Kriegseinsatz hatte der Jeffrey Quad 1916 bei der Strafexpedition von Brigadegeneral John J. Pershing nach New Mexico. Die Expedition wurde von US-Präsident Woodrow Wilson geschickt, nachdem der mexikanische Bandit Doroteo Arango („Pancho Villa") die Stadt Columbus angegriffen hatte. Es gelang dem General nicht, wie geplant, Pancho Villa gefangen zu nehmen, aber er erkannte den Nutzen von Lastwagen für militärische Zwecke. Als die Ex-

Oben: *Das Außergewöhnliche am Quad war sein Vierradantrieb und seine Allradlenkung. Dadurch ließ er sich sehr gut manövrieren und hatte ein exzellentes Fahrverhalten in unwegsamem Gelände.*

pedition begann, hatte die US-Armee insgesamt nur 1000 motorisierte Lastwagen. Aber schon vor dem Ende der elfmonatigen Kampagne kamen einige dazu. Jeffrey Quads gehörten zu den 128 verschiedenen Lastwagentypen, die an der Grenze zwischen den USA und Mexiko aufgereiht standen. Der Vierradantrieb des Quad machte ihn äußerst wertvoll.

Nash kauft Jeffrey

Der Quad erregte auch die Aufmerksamkeit von Charles W. Nash, der für die Durant-Dort Carriage Company gearbeitet hatte. Er kaufte 1916 das Jeffrey-Unternehmen. Das Unternehmen hieß fortan Nash, aber einer der größten Trümpfe von Jeffrey – der Quad – überlebte. Der Vierradantrieb war nicht alles, was der Quad zu bieten hatte. Die Ingenieure der Nash Motor Company erweiterten nach und nach die ursprüngliche Konstruktion und verbesserten seine Funktionalität – das entscheidende Verkaufsargument für Lastwagen, im Krieg wie im Frieden – und baute den Motor noch weiter aus. Automatische Kippvorrichtungen und leistungsfähige Winden eröffneten neue Nutzungsmöglichkeiten, genau wie Straßenhobel-Ausstattungen, spezielle Tankaufbauten und mit Schneepflügen und Bohrvorrichtungen ausgerüstete Lastwagen. Auch an Konstruktionen für Betonmischwagen wurde bereits 1916 gearbeitet, ganz zu schweigen von den Verbesserungen am eigentlichen Fahrgestell. Die Konstrukteure arbeiteten erfolgreich an einem automatischen Differenzialgetriebe, das ein Durchdrehen der Räder verhinderte und so Treibstoff sparte und die Reifen schonte, an Innenzahnrad-Antriebsachsen, die bei geringen Motorumdrehungen mehr Leistung lieferten, an elektrischen Scheinwerfern und einem elektrischen Anlasser. Die Quads und weitere Laster von Nash hatten bald Ladekapazitäten von über zwei Tonnen.

US-Marktführer

Neben der massiven Lastwagenproduktion von Nash und anderen Unternehmen für den Krieg in Übersee war der Nash Quad 1918 auch am amerikanischen Markt führend. Mehr als 11 000 Stück wurden produziert. Dazu kamen noch die 1,016- und 2,03-Tonnen-Lastwagen mit Zweiradantrieb, die Nash ebenfalls herstellte.

Technische Daten

Land: USA
Gebaut seit: 1919
Motor: Benzinantrieb
Getriebe: 4 Gänge
Nutzlast: bis zu 2,03 Tonnen
Verwendungszweck: Lieferwagen, Militärlastwagen
Besonderheit: Vierradantrieb

Unten: *Der Nash Quad war ideal für unwegsames Gelände.*

SCANIA
⚒ **1919 Schweden**

SCANIA-VABIS STANDARD-LASTER

Scania-Vabis hatte 1919 beschlossen, die Produktion von PKWs einzustellen, und konzentrierte sich ganz auf LKWs. Zu diesem Zeitpunkt verwendete das Unternehmen sparsamere Motoren.

Im Jahr 1911 schloss Scania sich mit Vabis aus Södertälje zusammen. Während Scania in seinem Werk in Malmö in der Provinz Skane seinen ersten Laster baute, testete Vabis auf den gepflasterten Stadtstraßen und ländlichen Pisten seiner Heimatstadt (ebenfalls in Skane) einen 9 PS (6,7 kW) starken Motor. Mit der Serienproduktion von Lastwagen begannen die Unternehmen aber erst 1907, als sie beide Lastwagen mit Kippladeflächen herausbrachten.

Im Laufe der 1920er-Jahre gab es eine Reihe kleinerer Verbesserungen an der Ergonomie und dem Komfort für den Fahrer. Luftreifen machten das Fahren leichter und weniger geräuschvoll. Geschlossene Fahrerhäuser hielten die Witterung ab, und Belüftungsklappen ermöglichten es, den Luftstrom zu regulieren. Heizungen für das Führerhaus waren allerdings noch nicht erfunden worden. Den Fahrern blieb nichts anderes übrig, als eigene Wege zu finden, sich warm zu halten. Es gab jedoch andere Verbesserungen. 1922 patentierte Scania-Vabis einen neuen Vergaser, und 1926 brachte das Unternehmen einen Motor heraus, der auf verschiedene Brennstoffe eingestellt werden konnte. Der Hesselmann-Motor lief mit Öl oder mit Benzin. Anders als andere Vergasermotoren hatte der Hesselmann eine Einspritzpumpe, die den Treibstoff über Druckleitungen auf die einzelnen Zylinder verteilte.

Oben: *Trotz des kalten Klimas in Schweden hatten die Wagen von Scania-Vabis zunächst noch kein geschlossenes Fahrerhaus.*

Technische Daten

Land: Schweden
Gebaut seit: 1919
Motor: Benzinantrieb
Getriebe: 4 Gänge
Nutzlast: nicht bekannt
Verwendungszweck: verschiedene
Besonderheit: Räder mit Kugellagern

OLDSMOBILE
1919 USA

OLDSMOBILE

Olds Motor Works, der älteste amerikanische Fahrzeughersteller, wurde 1887 in Lansing in Michigan von Ransom E. Olds gegründet. Bald baute er Busse und Lieferwagen. Der Economy Truck von 1919 war multifunktional und sehr kostengünstig.

Oben: *Sein sparsamer Verbrauch hatte großen Anteil am Erfolg des Oldsmobile von 1919.*

Rechts: *Das Fahrzeug war auch als reines Fahrgestell erhältlich und konnte dann mit unterschiedlichen Aufbauten versehen werden.*

Technische Daten

Land: USA
Gebaut seit: 1919
Motor: 4-Zylinder-OHV-Motor
Getriebe: 3-Gang-Schieberad-getriebe mit Kegelkupplung
Nutzlast: 1,016 Tonnen
Verwendungszweck: leichter Lieferwagen
Besonderheit: mit Fahrerhaus aus Holz oder Metall erhältlich

William Crapo Durant kaufte 1908 die Olds Company. 1919 brachte Olds seinen Oldsmobile Economy Truck heraus, ein 1,016-Tonnen-Fahrgestell für Nutzfahrzeuge mit einem niedrigen U-Profil-Rahmen, das als Bus oder leichter Lieferwagen eingesetzt werden konnte. Angetrieben wurde es von einem Vierzylinder-OHV-Motor mit 40 PS (29,8 kW). Es hatte einen Vergaser, ein Dreigang-Schieberadgetriebe, eine Kegelkupplung, ein Lenkgetriebe und eine solide elektrische Ausstattung vom Anlasser über die Zündung bis zum Licht. Der Radstand betrug 3,25 m. Der Lastwagen fuhr auf Speichenrädern mit Vollgummireifen von Goodyear. Seine Höchstgeschwindigkeit betrug 35,4 km/h. Er war mit einem Fahrerhaus aus Holz oder Metall erhältlich und hatte das Lenkrad links.

Getreidekipper und Leiterwagen

Das Fahrgestell mit Instrumententafel, Windschutzscheibe, Motorhaube und Kotflügeln war auch ohne Aufbau erhältlich, fertig für die Ausstattung als Pritschen- oder Leiterwagen sowie als Getreidekipper. Gegen Aufpreis wurde auch ein verstärkter Transporteraufbau mit aufwändigerer Lackierung angeboten. Das Fahrzeug war ein Haubenmodell, mit dem Fahrerhaus hinter dem Motor. 1924 wurde die Produktion eingestellt, aber bis dahin fand der Wagen einige Beachtung.

AUTOCAR
⚒ **1920 USA**

AUTOCAR

1911 stellte Autocar die Produktion von PKWs ein, um sich auf die Herstellung von Nutzfahrzeugen zu konzentrieren. Im Ersten Weltkrieg baute das Unternehmen zwei Haubenmodelle für die militärische Nutzung.

Oben: *Bis in die Mitte der 1920er-Jahre konzentrierte Autocar sich auf Frontlenker, aber später gab es auch Haubenmodelle wie diesen Laster.*

Im Jahr 1919 brachte Autocar eine Reihe von Frontlenkern mit Nutzlasten von 2,03 bis 5,08 Tonnen heraus. Das Unternehmen warb damit, dass die Fahrzeuge wegen ihres kürzeren Radstands leichter zu manövrieren und sparsamer seien. Autocar organisierte eine Werbetour von Küste zu Küste. Die leichteren Laster auf dieser Reise hatten Motoren mit 25,6 PS (19 kW), während die Motoren der Vier- und Fünftonner 28,9 PS (21,5 kW) leisteten. Alle Fahrzeuge hatten Vierzylindermotoren mit Benzinantrieb. Außerdem stellte das Unternehmen 1919 noch eine Serie von elektrischen Lastern mit Nutzlasten von 1,016 bis 3,04 Tonnen vor. 1926 produzierte Autocar bereits 20 verschiedene Modelle in unterschiedlichen Varianten. Das Unternehmen war sogar zum Bau von klassischen Haubenmodellen wie dem Typ C zurückgekehrt, der einen Vierzylindermotor und dieselbe Hinterachse wie die Frontlenker hatte.

Diverse Modelle

Der leichteste Autocar Lastwagen war 1926 das Modell F mit einem Radstand von 2,4 m. Das Model G hatte einen Radstand von 3,04 m sowie einen Zweizylindermotor und war in 1,016-, 1,27-, 1,52- und 2,03-Tonnen-Versionen erhältlich. Modell H und Modell K mit 2,03 Tonnen wurden von einem Vierzylindermotor mit 25,6 PS (19 kW) angetrieben. Schwerere Modelle verwendeten Motoren mit 28,9 PS (21,5 kW) und Vollgummireifen. Ihre Kupplungen, Getriebe und Achsen wurden von Autocar selbst hergestellt.

Technische Daten

Land: USA
Gebaut seit: 1920
Motor: 4-Zylinder
Getriebe: Kettenantrieb
Nutzlast: bis zu 5,08 Tonnen
Verwendungszweck: verschiedene
Besonderheit: sparsam wegen kürzerem Radstand

PIERCE ARROW TRUCK
1920 USA

PIERCE ARROW

Alleine 1918 baute Pierce Arrow Trucks mehr als 7000 Haubenlastwagen für den Export. Ursprünglich war das Fahrzeug als Frontlenker konstruiert worden.

Oben: *Pierce Arrow aus Buffalo in New York war einer der ersten Lastwagenhersteller, der Achsen mit Schneckenantrieb einbaute, als die meisten Transporter noch mit Kettenantrieb fuhren.*

Technische Daten

Land: USA
Gebaut seit: 1920
Motor: 2-Ventiler
Getriebe: Kettenantrieb
Nutzlast: nicht bekannt
Verwendungszweck: verschiedene
Besonderheit: doppelte Einspritzung, bruchsichere Windschutzscheibe, Rücklichter

Die große Nachfrage in Übersee nach Lastern von Pierce Arrow machte das Unternehmen zu einem der angesehensten nordamerikanischen LKW-Unternehmen seiner Zeit. Die Nachkriegszeit war schwierig, weil die Nachfrage einbrach. Gut war allerdings, dass die US-Regierung schließlich erkannt hatte, wie wichtig der Bau von Straßen war.

Die US-Armee hatte 1919 ihre erste motorisierte Durchquerung des Landes von Washington D. C. nach San Francisco unternommen. Damit wollte sie unter anderem die Regierung ermuntern, zu Verteidigungszwecken in ein nationales, staatenübergreifendes Straßennetz zu investieren. Dwight D. Eisenhower nahm als Captain der Armee an dieser Reise teil. Nach 62 Tagen beschwerlicher Fahrt über Schotterstraßen und baufällige Brücken waren Eisenhower und seine Mitfahrer von der Notwendigkeit besserer Straßen überzeugt. Die Regierung investierte 75 Millionen Dollar in den Straßenbau.

Sattelkupplung wird Standard

Auch die Autobauer warteten mit Verbesserungen auf. 1920 wurde die Sattelkupplung patentiert und setzte sich schnell durch. 1922 waren Rücklichter bereits Standard, und ab 1926 wurde bruchsicheres Glas für die Windschutzscheiben verwendet. Pierce Arrow war dabei führend. Der Lastwagen von 1920 wies bereits alle diese Merkmale auf. Außerdem hatte er einen Doppelventilmotor mit doppelter Einspritzung für höhere Leistung und geringeren Verbrauch. Er konnte unterschiedliche Anhänger schleppen.

PACKARD
⚒ **1920 USA**

PACKARD SECHSTONNER

In den 1920er-Jahren gab es Packard-Laster in einer Vielzahl von Größen und Ausführungen, von Lieferwagen (auch Hacks genannt) bis zu Lastwagen mit einer beeindruckenden Nutzlast von 6,1 Tonnen.

Oben: *Die bulligen Laster von Packard transportierten schwere Güter. Dies ist einer der letzten Wagen, 1923 wurde die Produktion eingestellt.*

Technische Daten

Land: USA
Gebaut seit: 1920
Motor: Benzinantrieb
Getriebe: Kettenantrieb auf Hinterachse
Nutzlast: 6,1 Tonnen
Verwendungszweck: verschiedene
Besonderheit: Konnte mit unterschiedlichen Aufbauten ausgestattet werden.

Die Brüder James und William Packard begannen 1905 in Detroit, Lastwagen unter ihrem Namen zu bauen. Vor dem Ersten Weltkrieg, als die meisten Konkurrenten Frontlenker bauten, leitete Packard den Trend zu klassischen Haubenmodellen ein. Packard war das erste Unternehmen, das dem Komfort und der Sicherheit des Fahrers oberste Priorität gab.

Packard-Lastwagen waren ab 1915 standardmäßig mit Linkssteuerung und mit einem Kettenantrieb auf die Hinterachse ausgestattet. Die meisten hatten Vollgummireifen auf Stahlspeichenrädern und rollbare Fenster aus Leinwand (Glas war auch erhältlich). Sie waren als Tank-, Pritschen- oder Leiterwagen ausgestattet. Die Kipplaster hatten einen Kippmechanismus für die Ladefläche.

Gute Wartung

Bei der Gründung von Packard wurde Wert auf eine gute Wartung gelegt. Es heißt, dass die Brüder Packard ihr Unternehmen 1899 nach einer enttäuschenden Erfahrung mit ihrem Winton-Automobil gründeten. Die Brüder hatten einen Wagen von Winton bestellt, der bei der Auslieferung bereits defekt war. Da Winton sich weigerte, ihnen einen Preisnachlass zu gewähren oder den Wagen kostenlos zu reparieren, entschieden sie sich, ihren eigenen zu bauen. 1911 bestritt Packard bereits sieben Prozent des US-Lastwagenmarktes. Und das, obwohl die Wagen des Unternehmens recht teuer waren. 1918 verkaufte Packard ein Dreitonnenmodell schon für über 4000 Dollar, bevor 1920 der Sechstonner auf den Markt kam.

VULCAN

1920 Großbritannien

VULCAN VSC

Das Unternehmen Vulcan baute von 1918 bis 1939 einige moderne Lastwagen, unter anderem den VSC. Er wurde zunächst für den militärischen Bedarf konstruiert, kam aber auch nach dem Ersten Weltkrieg zum Einsatz.

Oben: *Ein gut erhaltener und gepflegter VSC. Dieser Lastwagen hatte Gummireifen und einen zuverlässigen Wellenantrieb.*

Technische Daten

Land: Großbritannien
Gebaut seit: 1920
Motor: 6-Zylinder
Getriebe: nicht bekannt
Nutzlast: 1,524 Tonnen
Verwendungszweck: Pritschenwagen mit Bordwand
Besonderheit: offenes Fahrerhaus

Die Brüder Hampson und E. Hope bauten im Jahr 1902 einen kleinen, leichten Wagen, der bei der Liverpool Cycle and Motor Show vorgeführt wurde und viel Applaus erntete. Nach diesem ersten Erfolg gründeten sie ein Jahr später die Vulcan Motor Manufacturing & Engineering Company Ltd. in Southport.

Steigende Produktion

Das junge Unternehmen etablierte sich schnell. 1906 wurden bereits 115 Autos hergestellt. Um den Erfolg des Unternehmens auszubauen, wurde ein neues Werk errichtet, und der Name wurde in Vulcan Motor & Engineering Company Ltd. geändert. Während des Ersten Weltkriegs musste Vulcan auf Rüstungsproduktion umstellen.

Nach dem Krieg wurde der Nutzfahrzeugmarkt zur Haupteinnahmequelle für Vulcan. Das Unternehmen hatte jedoch größere finanzielle Probleme, und 1936 kaufte der Bushersteller Tilling-Stevens die Rechte an der Produktion der LKWs. Letztere transportierten bereits vor Ausbruch des Zweiten Weltkriegs Lasten bis zu 6 Tonnen.

HUG
⚒ **1922 USA**

HUG MODELL T

Hug begann 1921 mit der Produktion von Lastwagen. Die robusten und zuverlässigen Fahrzeuge kamen bei den großen amerikanischen Bauvorhaben der 1920er- und 1930er-Jahre zum Einsatz.

Links: *Das Modell T: praktisch für die Bauindustrie.*

Das Modell T mit seinem offenen Fahrerhaus und seiner einfachen Konstruktion war ein robuster Lastwagen für schwere Anwendungen. Er war ausgestattet mit einem Benzinmotor von Buda mit 34 PS (25 kW), einem Dreiganggetriebe von Warner mit Spiralkegelübersetzung und mit Zweiradbremsen. Mit Spitzengeschwindigkeiten von bis zu 72 km/h fuhr er doppelt so schnell wie die meisten Laster seiner Zeit. Die Gummireifen, mit doppelter Hinterbereifung, waren ungewöhnlich für einen Schwerlaster, und trotz seiner geringen Größe konnte er bis zu 2,03 Tonnen transportieren. Er war mit einem Kipper oder einem Betonmischer ausgestattet. Mitte der 1920er-Jahre wurden drei weitere Modelle mit Nutzlasten von 1,52 bis 3,56 Tonnen gebaut. Alle Laster von Hug wurden bis 1932 von Buda-Motoren angetrieben. Hug verwendete Komponenten, die von Zulieferern hergestellt wurden. Die Lastwagen behielten das robuste Erscheinungsbild bei, und 1927 stellte die Firma einen mächtigen Sechstonner mit einem Siebenganggetriebe vor. Nach 1930 wurde die Palette mit der Roadbuilder-Baureihe vervollständigt, die erstmals mit Caterpillar-Dieselmotoren erhältlich war. Zu Beginn des Krieges stellte Hug einige 6x6-Militärlaster her. Es wurden aber keine Verträge abgeschlossen. 1942 war das letzte Produktionsjahr des Unternehmens.

Technische Daten

Land: USA
Gebaut seit: 1922
Motor: Buda-4-Zylinder
Getriebe: 3 Gänge
Nutzlast: 2,03 Tonnen
Verwendungszweck: Kipper, Betonmischer
Besonderheit: Gummireifen, offenes Führerhaus, hohe Geschwindigkeit

CHENARD & WALCKER
1927 Frankreich

CHENARD & WALCKER

Allgemein ist Chenard & Walcker für seine PKWs bekannt. Das Unternehmen war aber auch ein innovativer Lastwagenhersteller. Es hatte einen großen Anteil an der Entwicklung des Sattelschleppers in Frankreich.

Oben: *Der Chenard & Walcker UT war eine der ersten französischen Zugmaschinen, die zum Einsatz kamen.*

Technische Daten

Land: Frankreich
Gebaut seit: 1927
Motor: 4-Zylinder
Getriebe: 3 Gänge
Nutzlast: 2 bis 10 Tonnen
Verwendungszweck: Ziehen von Sattelanhängern oder Anhängern
Besonderheit: kurzer Radstand, Anhängerkupplungssystem

Das Unternehmen Chenard & Walcker wurde 1901 in Frankreich gegründet und war für seine Kleinwagen berühmt. 1920 war das Unternehmen bereits der viertgrößte Automobilhersteller des Landes.

Zugmaschinen von FAR

Nach dem Ersten Weltkrieg richtete das Unternehmen eine neue Abteilung mit dem Namen FAR ein, um das patentierte Anhängerkupplungssystem von Lagache und Glaszmann zu verarbeiten. Ihre Anhänger und Sattelschlepper fanden zunächst nur wenig Verbreitung. Chenard & Walcker wollte beweisen, dass eine kleine Zugmaschine mit kurzem Radstand auf kurzen Strecken größere Nutzlasten befördern konnte als ein einteiliger Lastwagen. Die Zugmaschine konnte den Hänger zu einem Lagerhaus schleppen, ihn zur Entladung abkoppeln und für eine weitere Tour zu ihrer Basis zurückkehren. Dieses System war profitabler als der Einsatz eines einteiligen Lastwagens. Das Unternehmen baute zwei- oder dreiachsige überdachte Zugmaschinen. Für den Holztransport oder besondere Schwerlasttransporte wurden einige schwere Konstruktionen mit 6x4-Achsen und Kettenantrieb entwickelt.

MAN
⚒ **1923 Deutschland**

MAN-DIESELLASTER

Die MAN Nutzfahrzeuge AG begann 1915 mit der Herstellung von Transportern. Von da an bildeten die Militärlastwagen von MAN das Rückgrat der Lastwagenflotte der deutschen Streitkräfte.

Technische Daten

Land: Deutschland
Gebaut seit: 1923
Motor: Diesel, Direkteinspritzung
Getriebe: Schneckenantrieb
Nutzlast: 4 Tonnen
Verwendungszweck: verschiedene
Besonderheit: Direkteinspritzung

Oben: *Mit diesem Viertonner, der 1924 bei der Berliner Automobilausstellung zu sehen war, leistete MAN Pionierarbeit im Bereich der Direkteinspritzung. Er wurde von einem 1923 entwickelten Vierzylinder-Viertaktmotor angetrieben.*

Der deutsche Lastwagenhersteller hat eine lange Erfolgsgeschichte. Im späten 19. Jahrhundert hatte das Unternehmen Nutzfahrzeuge mit Dampfantrieb hergestellt und bereits in der Anfangsphase seiner Entwicklung mit dem Dieselmotor experimentiert. Die Maschinenfabrik Augsburg-Nürnberg (MAN) baute in Zusammenarbeit mit Rudolf Diesel den ersten Dieselmotor der Welt. Er war allerdings zunächst noch nicht in Wagen eingebaut; das erste Nutzfahrzeug von MAN war 1915 ein Benziner.

Der erste Lastwagen des Unternehmens wurde in Zusammenarbeit mit den Schweizer Saurer-Werken hergestellt. Es handelte sich um einen Viertonner mit Schnecken- oder Kettenantrieb und einer Leistung von 36 PS (26,8 kW). 1923 brachte MAN dann schließlich einen Lastwagen mit Dieselantrieb heraus, den ersten Dieselmotor der Welt mit Direkteinspritzung und mit einer Leistung von 45 PS (33,5 kW).

Einspritzverfahren

Bei einem Dieselmotor mit Vorkammereinspritzung fließt der Kraftstoff zunächst in eine kleine Vorkammer, die über eine Öffnung mit dem Zylinder verbunden ist. Die Verbrennung wird in der Vorkammer eingeleitet und dadurch verlangsamt. Bei einem Dieselmotor mit Direkteinspritzung wird der Kraftstoff direkt in den Zylinder eingespritzt. Dieselmotoren mit Direkteinspritzung sind effizienter und einfacher herzustellen.

AMO F-15

⚒ **1924–31 Sowjetunion**

AMO F-15

Die sowjetische Automobil- und Lastwagenindustrie hat sich relativ spät entwickelt. Aber der AMO F-15 war bereits ein sehr vielseitiges und robustes Fahrzeug.

Rechts: *Der AMO F-15 wurde von einem Vierzylinder-Benzinmotor angetrieben.*

Technische Daten

Land: Sowjetunion
Gebaut seit: 1924
Motor: 4-Zylinder
Getriebe: 4 Gänge
Nutzlast: 2,03 Tonnen
Verwendungszweck: verschiedene
Besonderheit: Fahrgestell für Feuerwehrwagen, Busse und gepanzerte Fahrzeuge

In der Sowjetunion begann 1924 die Produktion des AMO F-15. Er hatte einen Vierzylindermotor mit 4396 cm³ und konnte je nach Ladung und Gelände Geschwindigkeiten bis zu 80 km/h erreichen. Der Lastwagen wog 1,92 Tonnen, hatte ein Vierganggetriebe, einen Radstand von 3,07 m und eine Bodenfreiheit von 22,5 cm.

Der erste Aufbau, mit dem der AMO 1924 ausgestattet wurde, war ein Frachtaufbau. Aber das Fahrgestell wurde auch für eine Vielzahl anderer Zwecke verwendet. So war der Wagen 1925 als Krankenwagen im Einsatz, 1926 als Bus für 14 Passagiere und 1927 als Feuerwehrwagen, als Befehlsfahrzeug und als gepanzertes Fahrzeug BA-27.

Zusammenarbeit mit den USA

Das ehemals zaristische AMO-Werk wurde 1929 mithilfe eines Abkommens über technische Zusammenarbeit mit der Arthur J. Brandt Company aus Detroit umstrukturiert und erweitert (1917 war das Werk mit US-Maschinen ausgestattet worden). Die Entwicklungsarbeit für die Erweiterung wurde im Detroiter Büro von Brandt ausgeführt, und amerikanische Ingenieure wurden in die Sowjetunion geschickt. Auch mit der Ford Motor Company unterzeichneten die Sowjets im Mai 1929 ein Abkommen über den Kauf von Teilen und Automobilen im Wert von 13 Millionen Dollar, im Austausch für technische Unterstützung.

GMC

🛠 **1925 USA**

GMC K-41

William Crapo Durant gründete die General Motors (Truck) Company ursprünglich 1911, um den Verkauf einer Reihe von Last- und Personenwagen zu regeln, die er erworben hatte.

Technische Daten

Land: USA
Gebaut seit: 1925
Motor: 4-Zylinder
Getriebe: Kettenantrieb auf Hinterachse
Nutzlast: bis zu 5,08 Tonnen
Verwendungszweck: verschiedene
Besonderheit: Fahrgestell mit oder ohne Aufbau

Oben: *Der GMC K-41 konnte als Sattelschlepper eine Nutzlast von 10,1 Tonnen transportieren. Er hatte einen Wellenantrieb und Vollgummireifen.*

Die ersten GMC-Lastwagen, die 1912 gebaut wurden, waren eine Verschmelzung von Lastwagen anderer Hersteller. Einige Komponenten wurden später standardisiert. Ab 1913 wurden die GMC-Lastwagen mit einem konventionellen Vierzylinder-L-Motor von Continental ausgestattet. Aber andere Merkmale der jetzt GMC Rapid und GMC Reliance genannten Lastwagen blieben unverändert. Zum Beispiel hatte der Laster GMC Rapid weiterhin ein Vierganggetriebe und eine Nutzlast von bis zu 2,03 Tonnen, und der Laster GMC Reliance blieb ein Frontlenker mit einem Dreiganggetriebe und wurde mit Nutzlasten von bis zu 5,08 Tonnen angeboten. Beide Modelle behielten auch einen doppelten Kettenantrieb.

Neue Technologie

Zugleich begann GMC, mit eigener Technologie zu experimentieren, und brachte 1913 eine glücklose Serie von elektrischen Lastwagen heraus. Die Batterien mussten alle 64 km geladen werden, und die Produktion wurde schließlich eingestellt.

1925 stellte GMC seine K-Serie mit Benzinantrieb vor, die von Eintonnern bis zu Straßenschleppern reichte. Den längsten verfügbaren Radstand von 4,74 m hatten der Dreitonner K-71B und der Fünftonner K-101B. Der Motor des letzteren leistete bis zu 32,4 PS (24,1 kW). Timken stellte die Vorder- und Hinterachsen für alle K-Modelle her. Nur das leichteste Modell hatte als Standardausstattung Achsen von GMC und Luftreifen.

WHITE
1926 USA

WHITE MODELL 56

1926 brachte die White Motor Company ihren Zweitonner Modell 56 heraus. Die Zeiten, in denen Laster mit der Hand angekurbelt wurden, waren lange vorbei. 1926 waren die Wagen voll elektrisch ausgestattet.

Rechts: *Die Laster waren Mitte der 1920er-Jahre sehr fortschrittlich. Der Kettenantrieb war, wie bei diesem Modell zu sehen, durch einen Wellenantrieb ersetzt worden.*

Technische Daten

Land: USA
Gebaut seit: 1926
Motor: 4-Zylinder
Getriebe: doppelt übersetzter zweiteiliger Wellenantrieb, 4 Vorwärtsgänge
Nutzlast: 2,03 Tonnen
Verwendungszweck: verschiedene
Besonderheit: Kühlsystem mit Kreiselpumpe

Das Unternehmen hatte 1918 die Produktion von PKWs eingestellt, um sich voll auf Lastwagen und Busse zu konzentrieren. Der Kettenantrieb der Schwerlaster von White war 1919 überholt. Die schweren 3,04- bis 5,08-Tonnen-Fahrgestelle wurden alternativ mit einem doppelt übersetzten, zweiteiligen Wellenantrieb ausgestattet. Auch die Bremsen waren besser. Außerdem hatte man senkrechte, röhrenförmige Kühler mit abnehmbaren Köpfen und abnehmbare Zylinderköpfe eingebaut. Dies erleichterte die Reparatur, was als Verkaufsargument von hohem Wert war.

Einbruch nach dem Krieg

Nach dem Krieg ging der Verkauf stark zurück, doch die Firma erholte sich wieder – unter anderem Dank der Einführung des Modells 50 im Jahr 1921. White baute in den 1920er-Jahren weiter Lastwagen mit einer Kapazität von 5,08 Tonnen. Dazu gehörte auch das Modell 45-D, ein Kipplaster aus dem Jahr 1922, mit einem 28,9 PS (21,5 kW) starken Motor. Einfache und doppelte Hinterräder waren zu dieser Zeit gegen Aufpreis mit Luftreifen erhältlich.

1925 bot White verschiedene Fahrgestelle für Laster und Busse an. Der Zweitonner Modell 20 und das leichtere Modell 15 hatten einen Vierzylindermotor mit 22,5 PS (16,7 kW). Das Modell 45 fuhr mit 50 PS (37,2 kW). 1926 waren einige Sechszylindermotoren (zum Beispiel der OHV-Motor des Modells 54) so stark, dass sie Spitzengeschwindigkeiten von bis zu 160 km/h erreichten. Druckluftbremsen gehörten inzwischen zur Standardausstattung. Der Zweitonner Modell 56 wurde von einem in einem Block gegossenen Vierzylindermotor angetrieben. Er hatte ein Getriebe mit vier Vorwärtsgängen und ein Kühlsystem mit einer Kreiselpumpe.

VOLVO
1928 Schweden

VOLVO SERIES 1

Als die Ingenieure Assar Gabrielsson und Gustaf Larson bei einem schwedischen Unternehmen Kugellager herstellten, träumten sie davon, ein Auto für Skandinavien zu bauen. 1924 gründeten sie Volvo.

Der erste Series 1 rollte im Februar 1928 von der Fertigungsstraße in Göteborg. Obwohl es der erste Lastwagen von Volvo war, hatte er einiges an Fahrkomfort und neuer Technologie zu bieten.

Der erste Series 1 hatte einen Wellenantrieb und Luftreifen. Das war ungewöhnlich in einer Zeit, in der die meisten Lastwagen mit Kettenantrieb und Vollgummireifen ausgestattet waren. Außerdem konnte der Volvo Series 1 mit einem geschlossenen Fahrerhaus versehen werden, während die meisten Fahrer damals noch auf einem ungeschützten Holzsitz Wind und Wetter ausgesetzt waren. Der Schutz des Fahrers lag an dem rauen Klima des Landes. Die Heizung war allerdings noch nicht sehr ausgereift. Wie bei anderen Lastwagen auch kam die warme Luft vom Motor und drang durch die Metallplatte, die den Fahrer vom Motor trennte, in das Fahrerhaus ein.

Der von Volvo entwickelte Motor war ein Benziner und hatte vier Zylinder. Er erreichte eine Geschwindigkeit von maximal 50 km/h, je nach Ladung und Gelände, und leistete nur 28 PS (20,8 kW), aber der Series 1 hatte ein ebenfalls von Volvo entwickeltes Dreiganggetriebe. Er war stärker, als er schien. Während die offizielle Nutzlast des Series 1 1,5 Tonnen war, transportierten die Laster schon mal das Doppelte, ohne Schaden zu nehmen.

Oben: *Im Vergleich zu anderen Herstellern war Volvo ein Spätzünder auf dem Lastwagenmarkt, setzte dann aber hohe Maßstäbe.*

Begeisterte Kunden

Das Fahrerhaus war nicht obligatorisch – der Series 1 war auch als reines Fahrgestell erhältlich. Ein Standardfahrerhaus wurde von dem unabhängigen Karosseriebauer hergestellt, der auch die Aufbauten für die PKWs von Volvo baute. Es konnte mitbestellt werden und wurde dann vor der Auslieferung im Volvo-Werk montiert. Dass viele Kunden sich entschieden, den Series 1 ohne das Standardfahrerhaus zu kaufen, um dann ein Fahrerhaus nach ihren Bedürfnissen zu bestellen, zeugt von den vielfältigen Verwendungen des Fahrzeugs.

Der Series 1 war erstaunlicherweise wesentlich erfolgreicher als die Kleinwagen, die Volvo bisher gebaut hatte. Die ersten 500 Laster waren nach sechs Monaten ausverkauft. Das Unternehmen war völlig überrascht, es hatte mit einer Verkaufszeit von rund zwei Jahren gerechnet. Volvo produzierte weitere 500 Stück, und wegen der großen Nachfrage blieb keine Zeit, das Modell zu optimieren. Also waren die zweiten 500 produzierten Series 1 Vierzylinderlaster nahezu identisch, und ihre Motoren waren nicht leistungsfähiger. Es gelang Volvo jedoch, die Zahl der Achsübersetzungen zu reduzieren. Die langsamere der beiden Hinterachsübersetzungen des Series 1 wurde entfernt. Das machte den Transporter zwar etwas langsamer, verbesserte aber das Fahrverhalten und die Handhabung.

Bei der Entwicklung des Series 2 ergriff das Unternehmen dann die Gelegenheit, einige Verbesserungen an seinen Lastern vorzunehmen.

Änderung der Spurweite

Eine der ersten Verbesserungen lag in der veränderten Spurweite. Der Series 1 hatte mit 1,3 m dieselbe enge Spurweite wie der erste Kleinwagen von Volvo. Damit eignete er sich nicht besonders gut für die damaligen Straßen, die oft nur aus den Spurrillen der Pferdewagen bestanden. Da diese in der Regel ungefähr 1,5 m breit waren, standen die Räder des Series 1 zu eng. Beim Series 2 versetzte Volvo die hintere Federung an die Außenseite der Längsträger und erreichte so eine Spurweite von 1,46 m. Beim Series 1 war die Federung unterhalb der Längsträger angebracht. Außerdem war die Produktion des Series 2 billiger für Volvo. Zum Beispiel wurde das Holzlenkrad des Series 1 durch ein standardisiertes Lenkrad aus Bakelit-Kunststoff ersetzt. Der Series 2 von Volvo war so erfolgreich wie sein Vorgänger. Er fand auch bei Busunternehmen Anklang, die sein Fahrgestell mit einem Busaufbau versahen, der aus einem mit Blech verkleideten Holzrahmen bestand.

Technische Daten

Land: Schweden
Gebaut seit: 1928
Motor: 4-Zylinder
Getriebe: Wellenantrieb, 3 Gänge
Nutzlast: bis zu 3 Tonnen
Verwendungszweck: verschiedene, Aufbau nach Bestellung
Besonderheit: optionales geschlossenes Fahrerhaus

Unten: *Der Series 1 wurde oft schwerer beladen als empfohlen. Doch der Wagen hielt.*

VOLVO
🛠 **1928 Schweden**

VOLVO SERIES 2

Die Laster vom Typ Series 2 verkauften sich von Beginn an fast so gut wie die ersten Laster des schwedischen Unternehmens. Sie waren stärker und für die Straßenverhältnissen Skandinaviens gut gerüstet.

Oben: *Volvo baute vor allem für schwedische Kunden.*

Der Name Volvo, lateinisch für „ich rolle", bezog sich auf die Kugellager. 1927 wurde der erste Kleinwagen von Volvo vorgestellt. Das war eine wirkliche Herausforderung, weil Gabrielsson und Larson ein vollständiges Auto bauen wollten, vom Rahmen bis zum Motor. Das Unternehmen hatte geplant, Cabriolets und Limousinen zu bauen, aber trotz einer ganzen Reihe von Verbesserungen an den Fahrzeugen machte es keine Gewinne, da die lokale Nachfrage sehr gering war. Einige Fahrgestelle wurden zu leichten Lastwagen modifiziert, und die ersten zehn Prototypen kamen als Pritschenwagen auf dem Markt, bei denen der hintere Teil des Rahmens abmontiert wurde.

Busse und Laster

Der erste Volvo-LKW hatte eine offizielle Nutzlast von 1,5 Tonnen, konnte aber trotz des moderaten Vierzylindermotors mit nur 28 PS (21 kW) die doppelte Last transportieren. Er war mit zweierlei Radständen und zwei verschiedenen Achsübersetzungen erhältlich. Der Lastwagen war ein großer Erfolg, bis 1929 wurden 500 Stück verkauft. Volvo hatte geplant, das Modell über zwei Jahre hin zu verkaufen, aber es war nach sechs Monaten bereits ausverkauft. Das Getriebe und der Wellenantrieb waren sehr robust, genau wie der Rahmen aus schwedischem Stahl. Die meisten Lastwagen wurden als Fahrgestell mit Fahrersitz verkauft, Volvo konnte aber auch ein geschlossenes Fahrerhaus des Karosserieherstellers Atvidaberg montieren.

Die importierten Lastwagen dieser Zeit waren nicht für das schwedische Klima gebaut und hielten ihm nicht stand. Volvo hatte nicht mit einem solchen Erfolg gerechnet und musste so schnell wie möglich eine neue Baureihe herausbringen, um der Nachfrage gerecht zu werden. Der Series 2 hatte denselben kleinen Motor, aber die Übersetzung der Hinterachse war auf eine reduziert, um die Zuverlässigkeit zu erhöhen. Die Laster waren nun etwas langsamer, im Transport aber leistungsfähiger. Der größte Unterschied zwischen dem Series 1 und dem Series 2 war die Spurweite. Der Series 1 hatte die Spurweite des PKWs beibehalten (1,3 m), was beim Fahren auf den damaligen unbefestigten Straßen zu Problemen führte. Der Lastwagen war instabil und konnte nicht in den breiteren Spurrillen der Pferdewagen fahren. Deshalb wurde die Spurweite auf 1,46 m erhöht, indem die hintere Federung an die Außenseite der Längsträger versetzt wurde. Der Series 2 war wie sein Vorgänger ein einfacher, robuster, zuverlässiger Laster. Mit der Einführung der neuen Sechszylinderreihe LV60 erhielt 1929 auch die ältere Baureihe einen neuen Namen. Der Series 1 wurde je nach Radstand und Hinterachsübersetzung zu LV40, LV41, LV42 oder LV43, und der Series 2 hieß LV44 oder LV45 (zweierlei Radstände). Der Series 2 war recht erfolgreich, aber es dauerte über ein Jahr, bis die 500 Lastwagen verkauft waren. Die Nachfrage blieb hoch, aber der Wagen stand jetzt in Konkurrenz zu dem Sechszylinder LV60. Das Lastwagengeschäft war profitabel für das Unternehmen. Der Name Volvo bekam einen guten Klang bei Bus- und Lastwagenunternehmen.

Technische Daten

Land: Schweden
Gebaut seit: 1928
Motor: 4-Zylinder
Getriebe: 3-Gang-Schieberadgetriebe
Nutzlast: 1,5 Tonnen
Verwendungszweck: Leiterwagen, Paketlieferwagen, Pritsche
Besonderheit: Wellenantrieb, verbesserte Spurweite

Unten: *Der Series 2 unterschied sich vom Series 1 hauptsächlich durch seinen erweiterten Radstand.*

INTERNATIONAL HARVESTER
🛠 **1928 USA**

HARVESTERS SIX-SPEED SPECIAL

International Harvester Company (IHC) hatte sich 1928 bereits einen Namen mit Lastern gemacht. Farmer kauften die LKWs gerne, weil sie in ländlichen Gebieten gute Dienste leisteten. Aber auch die Bürgermeister in den Städten setzten die Brummis ein: als Feuerwehrautos genauso wie für den Ausbau von Verkehrswegen. Auch der Export war beachtlich.

International-Harvester-Lastwagen verkauften sich bis nach Japan. Die IHC-Fahrgestelle waren für unterschiedlichste Anwendungen geeignet, so auch für den Waren- und Passagiertransport und den öffentlichen Verkehr. Leichte Transporter konnten Lasten von 1,36 bis 4,535 Tonnen befördern, andere Modelle schafften eine Nutzlast von über 5 Tonnen. Die Laster konnten als Kipper mit einem Hebezug unter der Ladefläche geliefert werden oder auch als Transporter für Holz oder Getränke. Für öffentliche Aufgaben konnten sie als Feuerwehrwagen, Müllwagen, Kranken- oder Polizeiwagen und Straßenbaufahrzeuge ausgestattet werden. Auch als Busse waren sie willkommen.

Zweigängige Hinterachse

Der 1928 vorgestellte Six-Speed Special war der erste Lastwagen von International Har-

Oben: *Der 1928 erstmals produzierte Six-Speed Special hatte eine Hinterachse mit zwei Gängen. Zusammen mit dem normalen Dreiganggetriebe ergab das sechs Vorwärts- und zwei Rückwärtsgänge.*

vester mit einer zweigängigen Hinterachse: Er konnte dadurch auch rückwärts fahren. Der Wagen hatte außerdem sechs Vorwärtsgänge. Er war speziell für den ländlichen Geländeeinsatz entwickelt und sofort sehr beliebt.

Andere Versionen des Six-Speed Special hatten bereits in den vergangenen drei Jahren dazu beigetragen, die Lastwagenverkäufe von IHC zu verdoppeln. Zumindest einen Teil seiner Popularität verdankte der Six-Speed Special der Tatsache, dass das Unternehmen unter Landwirten schon bekannt war. Die Geschichte der nordamerikanischen Firma hatte mit der Herstellung einer der ersten motorisierten Mähmaschinen begonnen. Aber die Technik des Six-Speed Special mit zwei Rückwärtsgängen war nicht der alleinige Grund für den Erfolg des Unternehmens.

Werbung mit Wüstenromantik

1928 verfiel das IHC-Management auf eine Idee, die zu einer wahren Marketing-Goldgrube wurde. Ganz Amerika hatte verfolgt, wie der Forscher Howard Carter 1922 das Grab von Tutenchamun entdeckte. Warum sollte man also nicht mit einem Lastwagen werben, der für die Bezwingung der Wüste geeignet war?

Das Unternehmen lancierte einen Artikel in der Ausgabe des *Scientific American* vom Oktober 1928. Berichtet wurde von dem 4828 km langen Treck von Sir Charles Markham durch die Sahara: mit dem ersten Zweiachserlaster, dem dies gelungen war. Illustriert war der Artikel mit dem Helden im Vordergrund und einem Halbtonnerlieferwagen von IHC im Hintergrund. Der Lastwagen hatte ein geschlossenes Fahrerhaus. Die Fenster waren unverglast, damit der Wüstenwind frei hindurchziehen konnte (vermutlich konnten die Fenster aber im Falle eines Sandsturmes geschlossen werden). Er hatte einen vorne liegenden Motor und auswechselbare Luftreifen. Am Aufbau waren eine ganze Reihe Ersatzreifen befestigt. Und offensichtlich hatte er die extremen Temperaturen und den Sand in der größten Wüste der Welt ausgehalten.

Der Artikel beschrieb detailliert und in Ich-Form die Reise von Sir Charles Markham. Aber er erwähnt natürlich nicht, ob der Lastwagen unterwegs irgendwelche unvorhergesehenen technischen Probleme hatte.

Technische Daten

Land: USA
Gebaut seit: 1928
Motor: Benzinantrieb
Getriebe: 6 Gänge vorwärts, 2 Gänge rückwärts
Nutzlast: bis zu 5,08 Tonnen
Verwendungszweck: verschiedene
Besonderheit: speziell für den Geländeeinsatz entwickelt

Links: *International Harvester hatte seine Wurzeln im Landmaschinenbereich und baute starke Laster, die bei Farmern beliebt waren.*

GRAHAM BROTHERS
1928 USA

GRAHAM BROTHERS G-BOY

1924 kam es zum Zusammenschluss der Automobilwerke der Brüder Dodge und der Brüder Graham. Überlebt hat der Name Dodge, doch waren es vor allem die Brüder Graham, die den Anfangserfolg ermöglichten.

Technische Daten

Land: USA
Gebaut seit: 1928
Motor: 6-Zylinder
Getriebe: 4 Vorwärtsgänge
Nutzlast: 1,27 Tonnen
Verwendungszweck: verschiedene
Besonderheit: Vierradbremsen

Oben: *Die Laster von Graham Brothers hatten Motoren von Dodge.*

Die Graham Brothers Truck Company hatte sich bereits 1912 einen Namen gemacht, als einer ihrer Trucks an einem Test der US-Armee teilnahm. Dabei sollte festgestellt werden, ob Lastwagen unter Kriegsbedingungen Pferde und Maultiere sowie Züge ersetzen konnten. Der Graham gehörte zu neun Lastwagen, die ein Behelfsregiment bei einem Übungsmarsch von Dubuque in Iowa nach Sparta in Wisconsin versorgen sollten. Der Graham-Laster war einer von drei Wagen, die anstelle eines Zuges die Feldlastwagen aus den Hauptnachschublagern in Dubuque und Madison versorgten.

Der Name Dodge hätte tatsächlich bei dem Zusammenschluss des Unternehmens mit Graham Brothers spurlos verschwinden können. Die beiden Gründer John und Horace Dodge waren beide 1920 gestorben. Zu diesem Zeitpunkt machte das Fahrgestell für Nutzfahrzeuge, das Dodge produzierte, etwa zehn Prozent des Gesamtvolumens des Unternehmens aus. 1925 hatte sich, bedingt durch den Zusammenschluss mit Graham Brothers, die Fahrgestellproduktion von Dodge verdoppelt. Das Unternehmen, das ursprünglich aus Evansville in Indiana stammte, später aber nach Detroit in Michigan zog, stellte Lastwagenaufbauten für das Fahrgestell von Dodge her. Inzwischen wurden die Transporter unter dem Namen Graham Brothers verkauft.

Motoren von Dodge

1928 waren die Lastwagen von Graham Brothers mit Vier- und Sechszylindermotoren von Dodge erhältlich und mit Vierradbremsen und einem Vierganggetriebe ausgestattet. Die Fahrzeugtypen reichten von einem leichten Lieferwagen mit einem Radstand von 2,79 m über einen Lieferwagen mit einem Radstand von 3,04 m bis zu Lastwagen mit Radständen von 3,3 bis 4,19 m und Nutzlasten von 1,27 Tonnen (der G-Boy) bis 2,54 Tonnen.

DELAHAYE
1929 **Frankreich**

DELAHAYE PS 92

Delayahe war am Anfang des 20. Jahrhunderts einer der fortschrittlichsten Automobilhersteller in Europa. Das Unternehmen wurde in Tours gegründet, zog unter Emile Delahaye aber bald nach Paris.

Oben: *Der Delahaye PS 92 war eines der ersten französischen Löschfahrzeuge.*

Technische Daten

Land: Frankreich
Gebaut seit: 1929
Motor: 4-Zylinder-OHV-Motor
Getriebe: nicht bekannt
Nutzlast: keine
Verwendungszweck: Löschfahrzeug
Besonderheit: vom Motor angetriebene Pumpe

Delahaye war berühmt für seine Löschfahrzeuge. Das Unternehmen machte sich mit seinen Motoren einen Namen. Alle Motoren von Delahaye waren stark – ideal für einen Feuerwehrwagen, der schnell zum Einsatz kommen musste.

Löschfahrzeuge

Nach dem Ersten Weltkrieg brachte Delahaye seine Löschfahrzeuge und Löschzüge auf den neuesten Stand. Das beste Beispiel für diese Modernisierung ist der PS 92. Das Premier Secours Model 92 („Erste Hilfe"-Löschfahrzeug) war in den ländlichen Gebieten von Frankreich bis in die 1950er-Jahre sehr beliebt. Dieses Löschfahrzeug war kleiner als seine Vorgänger, aber praktischer in der Anwendung. In vielerlei Hinsicht war es ein modernes Löschfahrzeug, mit einer vom Motor angetriebenen Pumpe („kleines Pferd" genannt), einem Wassertank mit 3182 Litern, einer unabhängigen Schlauchrolle und sechs Mann Besatzung. Es hatte einen Vierzylindermotor mit 40 PS (30 kW) und einen vergrößerten Kühler, um Überhitzung beim Betrieb der Pumpe zu vermeiden.

REO SPEED WAGON
1929 USA

REO SPEED WAGON STANDARD 1,5-TONNER

Der REO Speed Wagon war nach seinem Entwickler Ransom Eli Olds (1864–1950) benannt, der 1897 die Olds Motor Vehicle Company in Lansing in Michigan und später die REO Motor Company gründete.

Eines seiner populärsten Fahrzeuge, der REO Speed Wagon (Namensgeber für die gleichnamige Rockgruppe in den 1970er-Jahren) war ursprünglich als Pick-up konstruiert. Er war sehr schnell, strapazierfähig und galt als Meilenstein in der Geschichte des Transportwesens. Da er mit seiner stabilen Bauweise den unwegsamen Straßen in Nordamerika so gut gewachsen war, wurde er nach und nach für die unterschiedlichsten Anwendungen ausgestattet. So fungierte er als Abschleppwagen, Feuerwehrauto und Tanklaster.

Eine Zeitungsannonce in den 1920er-Jahren lautete: „Der REO Speed Wagon wird jeder Aufgabe gerecht ... Selbst in Bereichen, in denen man normalerweise nur an Zehntonnenlaster denken würde, schlägt er sich großartig.“

Die REOs (auch die Kleinwagen) waren bis zur Weltwirtschaftskrise äußerst beliebt. Vor allem schafften sie weite Strecken ohne nennenswerte Verschleißerscheinungen. Viele meinen, dass der Speed Wagon Maßstäbe setzte, an denen sich die meisten Lastwagenhersteller dieser Zeit orientierten.

Oben: *Die Laster verkauften sich auch in Zukunft gut. Dieser REO ist ein Zweitonner mit Kipperaufbau aus den späten 1930er-Jahren.*

Der erste REO Speed Wagon war ein 0,76-Tonner, der laut Werbung selbst bei voller Ladung eine Spitzengeschwindigkeit von 35,4 km/h erreichte. Ohne Last schaffte er problemlos die doppelte Geschwindigkeit. Der Speed Wagon hatte einen elektrischen Anlasser und einen Vierzylindermotor mit 45 PS (33,5 kW). Außerdem war er mit einer 13-Scheibenkupplung, Dreigang-Schieberadgetriebe und Kegelradantrieb ausgestattet.

Beliebtes Design

Ende der 1920er-Jahre war der Speed Wagon in verschiedenen Modellen erhältlich. Dazu gehörten der Junior 0,5-Tonner, der Standard-1,5-Tonner mit zwei unterschiedlichen Radständen, der Master-Zweitonner und der Heavy Duty-Dreitonner.

Der Speed Wagon von 1929 hatte einen Sechszylinder-L-Motor. Er verfügte über eine Vierpunktaufhängung, eine siebenfach gelagerte Kurbelwelle und Kolben aus Aluminiumlegierung. Außerdem hatte er eine thermostatgesteuerte Temperaturüberwachung, eine halbautomatische Zündungskontrolle und eine Einscheiben-Trockenkupplung. Wie damals üblich, konnte das Fahrgestell optional mit einem Coupé-Fahrerhaus ausgestattet werden.

Drei Standardaufbauten wurden angeboten: ein Pritschenwagen, ein Leiterwagen und ein Transporteraufbau mit optionalem Verdeck. Das Fahrzeug fuhr auf eisernen Speichenrädern mit Luftreifen und hatte eine Aufhängung mit extralangen, halbelliptischen Federn. Außerdem besaß der damalige Speed Wagon hydraulische Vierrad-Innenbackenbremsen, einen großen Radstand und eine selbsthemmende Lenkung, ganz zu schweigen von der automatischen Schmierung.

Mehr noch als die Technik machte das Design und der berühmte Name die Speed Wagon von Olds populär. In seiner besten Zeit in den 1920er-Jahren beschäftigte das Werk in Lansing in Michigan über 6000 Arbeiter.

Die Meinung der Kunden

Um 1930 ließ sich der Wagen schon mit Kundenmeinungen bewerben: „Es wird Sie interessieren, dass mein zweiter REO-Speed-Wagon-Zweitonner bereits über 100 000 km gelaufen ist, bei Reparaturkosten von nur 201 Dollar. Und ich erwarte, dass er noch einmal so weit fährt", lautet ein solches Bekenntnis, das 1930 veröffentlicht wurde.

1936 gab REO die Herstellung von Autos auf, und seit den 1950er-Jahren wechselte das Unternehmen mehrmals den Besitzer, um schließlich mit der Diamond-T-Abteilung der White Motor Company in Cleveland zu verschmelzen.

Technische Daten

Land: USA
Gebaut seit: 1929
Motor: 4-Zylinder
Getriebe: 3-Gang-Schieberadgetriebe
Nutzlast: 0,76 Tonnen
Verwendungszweck: Lieferwagen
Besonderheit: elektrischer Anlasser

Unten: *Der Speed Wagon war von Anfang an robust gebaut und warb mit seiner kraftvollen Leistung.*

VOLVO
1929 Schweden

VOLVO LV-SERIE

Volvo begann 1929 mit der Produktion seiner LV-Modelle. Zunächst waren es leichte bis mittlere Wagen mit Zweiradbremsen und Holzspeichenrädern. Aber die Schweden modernisierten die Laster schnell.

Der LV71 und der LV73 wurden für unterschiedliche Anwendungen entwickelt. Der LV71 war hauptsächlich für den Lieferverkehr auf normalen Straßen gebaut, während sich der belastbarere LV73 besonders für Bauarbeiten in unwegsamerem Gelände eignete. Die mechanischen Komponenten der beiden Laster waren konventionell. Sie hatten seitengesteuerte Motoren, Vierganggetriebe und eine einfache Hinterachsübersetzung.

Sie waren jedoch nicht so stark wie die folgenden Modelle von Volvo – der LV66 und der LV68 –, die mit leistungsfähigeren OHV-Benzin- oder Hesselmann-Motoren fuhren. Dann kam 1933 der LV75. Seine Konstruktion war eine Reaktion auf die bislang begrenzte Belastung der Achsen. Um die Last gleichmäßiger auf die beiden Achsen zu verteilen, versetzten die Ingenieure von Volvo das Fahrerhaus hinter den Motor und die Vorderachse. Der Wagen, der einen seitengesteuerten Benzinmotor mit 65 PS (48,8 kW) hatte, wurde bald gerne als Fahrgestell für leichte bis mittlere Busse in ländlichen Gegenden genutzt. Dann kamen die Modelle LV76 bis LV78, leichte Fahrzeuge, die ebenfalls für den Lieferverkehr gedacht waren. Ihre Vorderseite ähnelte den anderen Volvos, aber die Kotflügel waren breiter.

Laster für schwere Einsätze

1936 wurde der LV79 vorgestellt, der mit stabileren Fahrgestellkomponenten und doppelten Hinterrädern für schwerere Einsätze ausgelegt war. Was aber in der Produktpalette von Volvo immer noch fehlte, war ein wirklich starker Motor, zum Beispiel für einen Transporter, der stark genug für einen Schneepflug war. Das gelang dem Modell LV29, das wegen der langen Front auch Langnase hieß. Mit seinem Benzin- oder Hesselmann-Motor wurde er 1937 vorgestellt.

Ganz oben: *Die Baureihe LV60, hier als Krankenwagen, war der erste Volvo mit einem Sechszylindermotor.*

Oben: *Die ersten LVs waren Haubenlaster mit geschlossenem Fahrerhaus.*

Technische Daten

Land: Schweden
Gebaut seit: 1929
Motor: seitengesteuert
Getriebe: 4 Gänge, einfache Hinterachsübersetzung
Nutzlast: unterschiedlich
Verwendungszweck: verschiedene
Besonderheit: Haubenlastwagen

SINGER
1929 **Großbritannien**

SINGER ZWEITONNENLASTER

Wie viele Unternehmen seiner Zeit baute das britische Unternehmen Singer zunächst Fahrräder und dann PKWs. Zwischendurch versuchte sich das Unternehmen auch an der Herstellung von Nutzfahrzeugen.

Oben: *Singer versuchte sich 1929 mit diesem 2,03-Tonner vorübergehend als LKW-Hersteller.*

Technische Daten

Land: Großbritannien
Gebaut seit: 1929
Motor: Benzinantrieb
Getriebe: nicht bekannt
Nutzlast: 2,03 Tonnen
Verwendungszweck: Lieferwagen, verschiedene
Besonderheit: Das Fahrgestell wurde auch für Busse verwendet.

George Singer hatte seit 1874 in Coventry Fahrradmodelle hergestellt. Er ging schon bald zum Bau von Motorrädern über, und im Jahr 1904 produzierte er in einer Fabrik in der Canterbury Street sein erstes Automobil.

Der erste Laster

1929 baute Singer seinen ersten Transporter. Die neu gegründete Abteilung Industrial Motors stellte einen 2,03-Tonnen-Laster und einen Bus mit 20 Sitzen vor. Aber 1932 wurde die Abteilung wieder geschlossen. Der Versuch, in die Produktion von Nutzfahrzeugen einzusteigen, war aus finanziellen Gründen ein sehr kurzer.

1929 war Singer in der Liste der stärksten britischen Autohersteller knapp hinter Austin und Morris gewesen, aber bis zur Mitte der 1930er-Jahre brach der Marktanteil ein. Die Firma wurde langsam von der Konkurrenz verdrängt, unter anderem von erfolgreichen amerikanischen Herstellern wie Ford.

1935 verzeichnete Singer schließlich einen gewaltigen Verlust. Dass der Generaldirektor William E. Bullock 1927 ein Gebäude gekauft hatte, das für den Fahrzeugbau völlig ungeeignet war, wirkte sich negativ aus.

THE FIRST VEHICLE
BUILT BY ERF LTD.
AND SOLD TO
W.F. GILBERT
LEIGHTON BUZZARD
1st SEPTEMBER 1933
ERF LTD.
SUN WORKS
SANDBACH
E.R. FODEN & SON DIESEL
MJ 2711

Kapitel 4

1930 bis 1945

Schon im Ersten Weltkrieg hatten die Hersteller von Lastkraftwagen große Aufträge, doch auf die vollen Auftragsbücher folgte schnell auch eine gehörige Materialknappheit. Auch vor und im Zweiten Weltkrieg fehlte es an Materialien, vor allem an Stahl und Kraftstoff. Das forderte die Fantasie der Ingenieure heraus. Der günstigere Diesel machte inzwischen das Rennen gegenüber dem Benziner.

Oben: *Die Volvo-LV80-Baureihe hatte eine hohe Ladekapazität.*

Links: *Der C14 war 1930 der erste Lastwagen, den das britische Unternehmen ERF produzierte.*

Nach dem Ersten Weltkrieg waren viele LKWs für den Wiederaufbau in Europa und Asien benötigt worden. Manche Unternehmen gingen später bankrott, doch einige konnten überleben. Besonders gefragt waren clevere Techniker, die an den Betriebskosten der Lastwagen arbeiteten. Sie überzeugten die Hersteller, Dieselmotoren anstelle von Benzinmotoren anzubieten, und versuchten, leichtere Lastwagen zu bauen, die weniger Kraftstoff verbrauchten. Stahllegierungen wurden entwickelt, um Metalle zu ersetzen, die entweder zu schwer oder schwer erhältlich waren.

Auch mit der Instandhaltung der Fahrzeuge konnten Lastwagenhersteller sich ein Auskommen sichern. Einige bauten und montierten Ersatzteile für die Lastwagen. Andere Hersteller überlebten, indem sie fusionierten.

Schließlich führte der Zweite Weltkrieg ab 1939 wieder zu einem Boom in der Lastwagenindustrie, wie es ihn schon im Krieg zuvor gegeben hatte.

BEDFORD

🛠 **1930er-Jahre Großbritannien**

BEDFORD W-SERIE

In der Typbezeichnung von Bedford zeigt der erste Buchstabe das Modell an. Einige Historiker meinen, das W bezeichne Fahrgestelle für den Krieg. Allerdings gab es die W-Baureihe schon in den frühen 1930er-Jahren.

Oben: *Die ersten Bedford-Laster der W-Serie waren Zweiachser.*

Bedford war eine Tochtergesellschaft von Vauxhall Motors. Das Unternehmen wurde 1857 von Alexander Wilson als Vauxhall Iron Works gegründet und baute damals noch Pumpen und Motoren für die Schifffahrtindustrie. Der Name Vauxhall stammte von seinem ersten Standort, in der Wandsworth Road in Vauxhall in London. Zur Jahrhundertwende hatte Wilson das Unternehmen verlassen, und der verbleibende Vorstand entwickelte Interesse an der Produktion von motorisierten Kutschen. Vauxhall hatte bereits mit der Herstellung einer der ersten mit Benzin angetriebenen Barkassen für die Schifffahrt begonnen. 1903 baute das Unternehmen bereits einen Einzylinder-PKW mit 5 PS (3,7 kW).

Da der Wagen sich gut verkaufte, entschied der Vorstand, die Produktion von Benzinern auszuweiten. Dafür musste das Werk aber aus

London fortziehen. Das Unternehmen erwarb ein Gelände in Luton in Bedfordshire und zog 1905 um. Zunächst ging die Produktion unter dem Namen Vauxhall Iron Works weiter, dann ab 1907 unter dem Namen Vauxhall Motors Ltd.

Das Unternehmen führte die Produktion von Kleinwagen fort. Im November 1925 wurde Vauxhall dann von General Motors gekauft. Seit 1923 waren Chevrolet-Laster in Großbritannien verkauft worden, allerdings puschten die Einfuhrsteuern den Preis in die Höhe. 1925 richtete GMC einen Betrieb in Hendon ein, in dem importierte Fahrzeuge für den Verkauf montiert wurden, und führte PKWs von Buick, Cadillac, Chevrolet, La Salle, Marquette, Oakland, Oldsmobile und Pontiac ein sowie Lastwagen von Chevrolet und GMC.

Inmitten der weltweiten Wirtschaftskrise gab es allerdings in der Öffentlichkeit erhebliche Vorbehalte gegen importierte Waren. Allein in Großbritannien waren damals über zwei Millionen Menschen arbeitslos. Also entschied General Motors, seine ausländischen Wurzeln zu verschleiern und in dem Vauxhall-Werk in Luton einen „britischen" Lastwagen zu bauen.

Britische Laster

In den frühen 1930er-Jahren waren die letzten Chevrolet- und GMC-Laster in Großbritannien montiert worden, und die Herstellung von Bedford-Lastwagen hatte begonnen. Der erste wirkliche Bedford war 1930 auf der Straße.

Die Lastwagen der W-Serie waren zunächst Zweiachser: eine 1,524-Tonnen-Version und ein 2,03-Tonnen-Lastwagen. Die Transporter waren mit den Vier- oder Sechszylinder-Benzinmotoren von Bedford ausgestattet, die bis zu 27 PS (20,1 kW) leisteten.

Diese frühen W-Modelle hatten sehr wahrscheinlich Vierganggetriebe und einen Kegelradantrieb auf die Hinterachse. Mit großer Wahrscheinlichkeit hatten sie Servobremsen, da die Bedford-Fahrzeuge für den öffentlichen Personenverkehr auch damit ausgestattet waren. Die Lastwagen waren so erfolgreich, dass bis 1937 bereits 30000 Stück der W-Serie verkauft waren.

Krieg stoppt W-Serie

Während des Zweiten Weltkriegs wurde die W-Serie vorübergehend eingestellt. Die Herstellung von zivilen Personenwagen und Nutzfahrzeugen in Großbritannien wurde zu Gunsten der Rüstungsproduktion zurückgestellt. Zu den im Zweiten Weltkrieg gebauten Bedford-Lastwagen gehörten die Typen MW und OY, mit modifizierten Zugmaschinen. Bedford fertigte auch den QL 4x4 für die militärische Nutzung. Nach dem Krieg wurde die zivile Produktion wieder aufgenommen, und Bedford griff viele Elemente der ursprünglichen W-Serie auf.

Technische Daten

Land: Großbritannien
Gebaut seit: 1930
Motor: 4- oder 6-Zylinder
Getriebe: 4 Gänge, Kegelradantrieb
Nutzlast: bis zu 2,03 Tonnen
Verwendungszweck: Lieferwagen, Militärlaster
Besonderheit: Servobremsen

Unten: *Die Bedford-Laster dominierten in den 1930er-Jahren den britischen Markt für mittelschwere Lastwagen.*

MACK

1930er bis 1940er-Jahre USA

MACK E-SERIE

Mack begann in den 1930er-Jahren mit dem Bau seiner E-Serie. Die Baureihe bestand aus einer Vielzahl unterschiedlicher Modelle, die noch bis in die frühen 1940er-Jahre und im Zweiten Weltkrieg gebaut wurden.

Oben: *Frontlenker der E-Serie mit dem typischen, verchromten Kühlergrill.*

Die Haubenmodelle der E-Serie hatten alle das gleiche Fahrerhaus, mit einer einteiligen Windschutzscheibe und hohen Kotflügeln. Außerdem hatten sie hydraulische Bremsen, verwendeten ein archimedisches Lenksystem und waren mit einem fünf- oder zehngängigen Getriebe ausgestattet.

Frontlenker

Es gab auch Frontlenker in der E-Serie, mit dem typischen Kühlergrill und der inzwischen berühmten Bulldogge auf dem Kühler. Insgesamt gab es sechs Frontlenker, den EEU und den EHU mit 5,542 Tonnen, den EFU und den EMU mit 6,349 Tonnen und den EGU und EQU mit 7,256 Tonnen. In den frühen 1940er-Jahren stellte Mack noch einen EQ-Frontlenker mit einem Gesamtgewicht von 10,431 Tonnen vor. Die Frontlenker der E-Serie hatten größere Motoren als die der Haubenmodelle (die meisten Laster waren mit Dieselmotoren von Buda oder Cummins ausgestattet).

Die ersten Transporter der E-Serie waren schwere bis mittlere Zweiachser, aber es folgten bald leichtere Modelle, darunter der ED mit einem Continental-Sechszylinder-L-Motor mit 67 PS (49,9 kW). Die leichteren Laster der Reihe waren nach dem Vorbild der schwereren E-Modelle entworfen, aber oft ohne Chrom ausgestattet.

Mack produzierte die ED-Baureihe bis 1944 weiter und baute auch einige Fahrzeuge für militärische Zwecke.

Technische Daten

Land: USA
Gebaut seit: 1930
Motor: Diesel oder Benziner
Getriebe: 5- oder 10-gängig
Nutzlast: unterschiedlich
Verwendungszweck: verschiedene
Besonderheit: hydraulische Bremsen

ERF

1930er-Jahre Großbritannien

ERF C-14

Anfang der 1930er-Jahre sah der Unternehmer Edwin Foden in Dieselmotoren die treibende Kraft für den Lastverkehr. Seine neuen Lastwagen fuhren schon bald mit Gardner-Motoren.

Technische Daten

Land: Großbritannien
Gebaut seit: 1930er-Jahre
Motor: Dieselantrieb
Getriebe: 4 Vorwärtsgänge
Nutzlast: 6,1 Tonnen
Verwendungszweck: Gelände, Schwertransport
Besonderheit: Aufbau direkt auf den Rahmen montiert

Oben: *Der ERF C-14 wurde aus Bauteilen verschiedener Firmen hergestellt. Dieses Modell aus dem Zweiten Weltkrieg hat ein Fahrerhaus von Jennings.*

Ende 1933 brachte Edwin Foden den ersten Diesellastwagen seines neuen Unternehmens E. R. Foden and Son Diesel auf den Markt, den zweiachsigen Sechstonner C-14.

Der Eschenholzrahmen sorgte für Stabilität, und die Aluminiumverkleidung war leicht und unempfindlich gegen Rost. Die Kotflügel waren aus Stahl, der Innenraum lackiert und die Sitze hatten einen Drahtrahmen. Das Dach war mit Leder bespannt und der Boden aus schlichtem Sperrholz. Der Aufbau war direkt auf den Rahmen montiert.

Gekaufte Bauteile

Das Zusammenfügen eines Fahrzeuges aus gekauften Bauteilen bedeutete eine Abkehr von der Arbeitsweise, die andere britische Unternehmen verfolgten. Leyland und Foden bauten ihre Teile nach wie vor selbst.

Für E. R. Foden and Son Diesel zahlte sich die neue Philosophie aus. Ihre robusten, vielseitigen Laster waren schnell beliebt. Bis 1937 waren zu dem C-14 (heute auch als No. 63 bekannt) ein 6x4, ein 8x4 und ein 6x2 mit zusätzlicher, gelenkter Vorlaufachse hinzugekommen. Das Unternehmen lieferte schon bald Fahrzeuge für Kunden, die ganze Fuhrparks kauften. Die Firma hatte so gute Bilanzen, dass sie 1935 den Namen in ERF ändern musste, um Verwechslungen mit Foden zu vermeiden, dem Unternehmen, das Edwin Foden einst gegründet hatte.

DIAMOND T

1929 USA

DIAMOND T 200

Anfangs baute die Diamond T Company lediglich PKWs, bis 1911 einer der markentreuen Kunden nach einem größeren Transporter fragte. Das war der Startschuss für die Herstellung von LKWs.

Links: *Der T 200 war ein moderner Lastwagen mit Gummireifen, Speichenrädern und voller elektrischer Ausstattung.*

Für die nächsten beiden Jahrzehnte war Diamond T (T steht für Tilt, deutsch: Plane) eine unangefochtene Größe in der amerikanischen Lastwagenindustrie. Zwischen 1925 und 1930 gab es einige Varianten, vom kleinen 1,02-Tonnen-Modell bis zum Schwerlaster mit 12,19 Tonnen. Die meisten dieser Laster hatten Motoren von Hercules oder Hinckley, und 1926 gehörten Stahlspeichen und elektrische Scheinwerfer schon zur Grundausstattung.

Modell 200 und 215

Mit einem neuen Sechszylindermotor, hydraulischen Bremsen und einem Design aus verchromten Teilen waren die Fahrzeuge von Diamond T 1928 sehr erfolgreich. 1929 kam das Modell T 200 mit 1,02 Tonnen. Der neue Lieferwagen wurde in zwei Variationen angeboten. Der 200, mit einem Radstand von 3,25 m, hatte einen Vierzylindermotor mit 50 PS (37 kW), der 215 wiederum einen Radstand von bis zu 4,01 m und einen größeren Sechszylindermotor mit 61 PS (45 kW). Der Buda-Vierzylindermotor war sehr attraktiv und äußerst modern, mit einer fünffach gelagerten 7,6-cm-Kurbelwelle, die Laufruhe und Zuverlässigkeit gewährte. Der Motor war eine vollkommen geschlossene Maschine mit Wassermantel.

Technische Daten

Land: USA
Gebaut seit: 1929
Motor: 4- oder 6-Zylinder
Getriebe: 4 Gänge
Nutzlast: 1,02 Tonnen
Verwendungszweck: Leiterwagen, Lieferwagen
Besonderheit: verchromter Kühlergrill

BERLIET
1930 **Frankreich**

BERLIET DIESEL-LASTWAGEN

Marius Berliet begann 1894, mit Automobilen zu experimentieren. Sein erstes Gefährt baute er in einem Schuppen. Damit er es aus dem Garten herausbekam, durfte es nicht breiter als die Gartenpforte sein.

Oben: *1930 stellte Berliet seine ersten Dieselmotoren vor. Sie hatten eine Vorkammereinspritzung.*

Technische Daten

Land: Frankreich
Gebaut seit: 1930
Motor: Dieselantrieb
Getriebe: Kettenantrieb
Nutzlast: nicht bekannt
Verwendungszweck: ideal für Ferntransport
Besonderheit: erster Diesellaster Frankreichs

Den ersten Lastwagen baute Berliet 1897 für einen Seidenfabrikanten. Er war noch auf das Fahrgestell eines PKWs aufgebaut, aber die Motoren der Frontlenker gehörten mit 80 PS (59,6 kW) zu den größten ihrer Zeit. Die entgültige Anerkennung als Lastwagenhersteller erlangte Berliet, als es 1916 während der Schlacht von Verdun 40 CBA-Laster täglich baute. Im Jahr 1917 produzierten Berliet und Renault im Auftrag der französischen Regierung den FT-17, den ersten modernen Panzer. Berliet produzierte während des Ersten Weltkrieges in seinem Werk in Venisseux täglich bis zu 16 Panzer.

Frankreichs erster Diesellaster

1930 stellte Berliet den ersten Diesellastwagen Frankreichs vor. Er hatte einen Motor von Martin, einem französischen Hersteller, der 1928 seinen ersten Dieselmotor produziert hatte. Die neue Maschine beflügelte den Verkauf, da Diesel erheblich preiswerter war als Benzin und sich der Motor leichter pflegen ließ. Auch war er leistungsfähiger und daher gut für Ferntransporte geeignet.

GMC
1930er-Jahre USA

GMC SCHWERLASTWAGEN

Anfang der 1930er-Jahre waren Lastwagen von GMC mit Nutzlasten von bis zu 15 Tonnen erhältlich. Anders als die Kollegen bei Chevrolet konzentrierten sich die Ingenieure bei GMC auf die Konstruktion von Schwerlastern.

Technische Daten

Land: USA
Gebaut seit: 1930er-Jahre
Motor: 6-Zylinder
Getriebe: 5 Gänge, Overdrive und Kriechgang
Nutzlast: bis zu 15,2 Tonnen
Verwendungszweck: verschiedene
Besonderheit: erste Schlafkabine

Oben: *Die Schwerlaster der frühen 1930er-Jahre wirkten noch sehr gesetzt, aber ab 1936 bekamen die Fahrzeuge ein stromlinienförmigeres Design mit schickem Kühlergrill und geneigter Windschutzscheibe.*

Schon vor 1933 waren an Lastern wie dem Zehntonner T0-956 zweifache Hinterachsen verfügbar. 1933 hatte General Motors seinen ersten Schwerlaster mit einer Schlafkabine ausgestattet, was zeigt, dass das Unternehmen das richtige Gespür für die Rolle hatte, die Lastwagen im Fernlastverkehr einnehmen sollten. Im selben Jahr wurden für die Zweitonner-Baureihe des Unternehmens Fallstromvergaser und OHV-Motoren eingeführt.

Die Schwerlastwagen von GMC waren zu dieser Zeit standardmäßig mit 11,6-Liter-Sechszylindermotoren ausgestattet. Der Motor arbeitete mit einer Zweischeibenkupplung und einem Fünfganggetriebe mit Overdrive und Kriechgang. Ketten- oder Schneckenantrieb war Standard für die Tandemachsen. Bei den schwereren Lastwagen gehörten auch Druckluftbremsen von Westinghouse zum Standard. Für Lastwagen mit Nutzlasten über 1,52 Tonnen wurde 1934 ein seitengesteuerter Sechszylindermotor mit 70 PS (52,2 kW) oder ein größerer OHV-Sechszylindermotor mit 120 PS (89,5 kW) angeboten.

Stromlinienförmiges Design

1935 bekamen die Fahrerhäuser von GMC ein neues Design, das selbst die schwersten Lastwagen stromlinienförmiger machte. Auch hydraulische Bremsen kamen hinzu, mit reiner Luftbetätigung für die schweren Transporter.

1937 hatte das Unternehmen zwölf Haubenmodelle und elf Frontlenker in seiner Schwerlasterbaureihe.

HANSA-LLOYD

1930er-Jahre Deutschland

HANSA-LLOYD MERKUR TYP IIID

Die Merkur-Lastwagen von Hansa-Lloyd wurden hauptsächlich von der Wehrmacht zum Bau von Telefon- und Telegraphenleitungen eingesetzt. Das Fahrgestell war aber auch als ziviles Nutzfahrzeug erhältlich.

Oben: *Der Merkur war ein effizienter Viertonner, der vor allem von der Wehrmacht eingesetzt wurde.*

Technische Daten

Land: Deutschland
Gebaut seit: 1930er-Jahre
Motor: 6-Zylinder
Getriebe: 4 Vorwärtsgänge, 1 Rückwärtsgang
Nutzlast: unterschiedlich
Verwendungszweck: militärisches Baufahrzeug
Besonderheit: niedriger Kraftstoffverbrauch

Der Hansa-Lloyd Merkur Typ IIID hatte einen Sechszylinder-Dieselmotor von Klöckner-Humboldt-Deutz, mit einer Leistung von 75 PS (55,9 kW). Das Fahrgestell war 6,8 m lang, 2,25 m breit und 2,6 m hoch und hatte einen Radstand von 4,5 m. Der Lastwagen verfügte über vier Vorwärtsgänge und einen Rückwärtsgang, hydraulische Bremsen und eine Blattfederaufhängung. Voll beladen wog er 4,1 Tonnen.

Als die Hansa-Lloyd-Merkur-Lastwagen gebaut wurden, trug das Unternehmen, nach dem sie benannt wurden, bereits einen anderen Namen. Carl Borgward, ab 1921 alleiniger Besitzer, hatte das Unternehmen in diesem Jahr in Bremer Kühlerfabrik Borgward & Co. umbenannt.

Erste Nutzfahrzeuge

1924 brachte das Unternehmen einen dreirädrigen Transporter heraus, mit einem 120-cm³-DKW-Motor und einem Riemenantrieb auf die Hinterachse. Er wurde erst in Borgwards eigenem Werk eingesetzt und dann hauptsächlich an kleinere Händler verkauft. 1925 brachte Borgward den Goliath Rapid heraus, ein dreirädriges Nutzfahrzeug, das sehr erfolgreich war.

LEMOON
⚒ **1938 USA**

LEMOON 6x4-TRAKTOR

Das Unternehmen Lemoon begann 1910 unter dem Namen Nelson-Lemoon in Chicago mit dem Fahrzeugbau. A. R. LeMoon, einer der Gründer, gewann mit dem ersten Lastwagen des Unternehmens 1911 einen Wettbewerb.

Das Fahrzeug wog 1,016 Tonnen und hatte einen Vierzylinder-Benzinmotor und einen doppelten Kettenantrieb. Ermutigt von dem Erfolg, brachte Nelson-Lemoon 1912 einen 1,52-Tonner heraus. Im nächsten Jahr folgten 2,03- und 3,04-Tonnen-Modelle, die auf derselben Konstruktion basierten. An den Lastern änderte sich eine Weile nicht viel. Sie wurden von Continental-Motoren angetrieben, und das sollte auch bis in die 1930er-Jahre so bleiben.

1927 wurde der Name des Unternehmens in Lemoon geändert, und in den frühen 1930er-Jahren bot man Achtzylinder-Reihenmotoren sowie Dieselmotoren an. 1936 reichten die Modelle von Lemoon von 2,03 bis 12,2 Tonnen, und man war zur Frontlenkerbauweise übergegangen. Auch eine Sattelschlepper-Zugmaschine wurde vorgestellt. 1937 wechselte Lemoon zu Sechszylindermotoren mit 73 bis 127 PS (54,4 bis 94,7 kW), die den Antrieb für alle acht Modelle lieferten, die in diesem Jahr produziert wurden. Das änderte sich 1938, als Lemoon Motoren von Caterpillar, Cummins, Waukesha und Continental anbot. Das Fahrerhaus der Zugmaschine hatte inzwischen ein stromlinienförmigeres Design bekommen.

Oben: *Die 6x4-Zugmaschine von Lemoon aus dem Jahr 1938 war das schwerste Modell des Unternehmens. Hier transportiert sie einen Bagger.*

Technische Daten

Land: USA
Gebaut seit: 1938
Motor: 6-Zylinder
Getriebe: doppelter Kettenantrieb
Nutzlast: bis zu 12,2 Tonnen
Verwendungszweck: verschiedene
Besonderheit: Frontlenkerbauweise

DAIMLER-BENZ

1930er-Jahre Deutschland

MERCEDES-BENZ L-SERIE

1924 vertrieben Benz & Cie und die Daimler-Motoren-Gesellschaft die Marken Mercedes und Benz noch gemeinsam. Diese Zusammenarbeit führte 1926 zum Zusammenschluss der beiden Unternehmen zur Daimler-Benz AG.

Oben: *Laster von Mercedes-Benz.*

Technische Daten

Land: Deutschland
Gebaut seit: 1930er-Jahre
Motor: 4-Zylinder-Benziner oder 6-Zylinder-Diesel mit Vorkammerprinzip
Getriebe: 4 Gänge
Nutzlast: bis zu 5,08 Tonnen
Verwendungszweck: verschiedene
Besonderheit: Vierradantrieb verfügbar

Die beiden Unternehmen stimmten ihre Produktlinien ab. Das Benz-Werk in Gaggenau wurde zum Lastwagenwerk des neuen Unternehmens. Das Daimler-Werk in Berlin-Marienfelde übernahm die Reparatur und die Produktion von Ersatzteilen und baute nur noch für eine kurze Zeit in den 1930er-Jahren einige geländegängige Spezialfahrzeuge mit Vierradantrieb.

Die ersten Laster

Bei einer internationalen Automobilausstellung in Köln stellt das neu fusionierte Unternehmen 1927 seine ersten Lastwagen vor. Die Mercedes-Benz L 1 bis L 5 und N 1 und N 2 hatten Nutzlasten von 1,5 bis 5 Tonnen.

Der L 1 war mit 3,5 Tonnen Gesamtgewicht der leichteste. Er hatte einen 3,7-Liter-Vierzylinder-Benzinmotor, mit einer Leistung von bis zu 45 PS (35,5 kW). Der L 5 wog ungefähr zehn Tonnen und wurde von einem 8,1-Liter-Vierzylinder-Benzinmotor mit einer Leistung von bis zu 70 PS (52,1 kW) angetrieben. Der L 5 war mit dem ersten Sechszylinder-Dieselmotor für Fahrzeuge ausgestattet.

MERCEDES-BENZ
⚒ **1930er-Jahre Deutschland**

MERCEDES-BENZ DIESELLASTER

Der Dieselmotor OM5 mit sechs Zylindern wurde bis zur Mitte der 1930er-Jahre nur in ein Fahrzeug eingebaut: in den dreiachsigen Schwerlaster N 56. Doch das änderte sich bald, denn Diesel wurde immer beliebter.

Der Trend zum Diesel kam, als Bosch die Serienproduktion von Einspritzpumpen aufnahm. Bis dahin hatte Mercedes-Benz die Einspritzpumpen in sehr viel kleineren Stückzahlen selbst produziert. Diese Pumpen sind ein wichtiger Bestandteil von Dieselmotoren. Sie befördern eine genau bestimmte Menge Kraftstoff zum richtigen Zeitpunkt unter hohem Druck zum Einspritzventil. Anders als beim Benzinmotor wird bei der Dieseleinspritzung der Kraftstoff direkt in den Zylinder oder in eine Vorkammer eingespritzt. Das Aufkommen der Serienproduktion von Einspritzpumpen befeuerte also im wahrsten Sinne des Wortes die Produktion von Dieselmotoren bei Daimler-Benz.

Der LO 2000 von 1932 war der erste leichte Lastwagen von Daimler-Benz mit einem solchen Motor. Er hatte ein Gesamtgewicht von fast 5 Tonnen und eine Nutzlast von 2 Tonnen und brachte den Durchbruch für den Dieselmotor. Unter der kurzen Haube des LO 2000 befand sich der OM59-Vierzylindermotor mit 3,8 Liter Hubraum und einer Leistung von 55 PS (41 kW).

Die neue Serie reichte zunächst bis zum L 5000 mit einer Nutzlast von 5,08 Tonnen. Auch Sattelzugmaschinen gehören zu der Baureihe. Alle Fahrzeuge waren mit Benzin- oder Dieselmotoren erhältlich, aber die Dieselmotoren waren inzwischen deutlich attraktiver. Mercedes-Benz machte daraus kein Geheimnis – die Lastwagen, die mit den Dieselmotoren mit Kompressionszündung ausgestattet waren, trugen das Wort Diesel auf dem Kühlergrill.

Oben: *Diesel wurde in den 1930er-Jahren immer populärer.*

Ganz oben: *Die meisten Diesellaster von Mercedes-Benz hatten lange Hauben und nach hinten versetzte Vorderachsen.*

Technische Daten

Land: Deutschland
Gebaut seit: 1930er-Jahre
Motor: 4-Zylinder, Dieselantrieb
Getriebe: Ketten- oder Schneckenantrieb
Nutzlast: bis zu 5 Tonnen
Verwendungszweck: verschiedene
Besonderheit: Vorkammereinspritzung

SCANIA

1930er-Jahre Schweden

SCANIA-VABIS TYP 1544 UND 1561

In den 1930er-Jahren hatte Scania-Vabis einige Motoren vorgestellt, die mit Diesel und Benzin liefen. Der erste Motor dieser Art war der Hesselmann aus dem Jahr 1926, der aber noch nicht ausgereift war.

Oben: *In den 1930er-Jahren bot Scania-Vabis Motoren mit Vorkammereinspritzung an, die auch mit Benzin und Benthyl betrieben werden konnten.*

Technische Daten

Land: Schweden
Gebaut seit: 1930er-Jahre
Motor: bis zu 8 Zylinder
Getriebe: 4 Gänge
Nutzlast: unterschiedlich
Verwendungszweck: verschiedene
Besonderheit: Motoren konnten verschiedene Kraftstoffe verbrennen.

So erreichte der Hesselmann-Motor nur unter hoher Belastung eine adäquate Arbeitstemperatur und verbrauchte zu viele Zündkerzen. Außerdem stanken die Abgase, die er beim Kaltstart absonderte.

Scania-Vabis löste das Problem durch die Entwicklung einer eigenen Motorbaureihe. Der erste Sechszylinder-Vorkammer-Dieselmotor des Unternehmens, mit 120 PS (89,4 kW) und mit siebenfach gelagerter Kurbelwelle, wurde 1936 vorgestellt. Denselben Motor gab es mit Benzinantrieb und in einer Version, die Leichtbenthyl verbrannte (75 % Benzin, 25 % Ethylalkohol). In beiden Fällen leistete der Motor 140 PS (104,4 kW).

Drei Jahre später brachte Scania-Vabis eine weitere Motorenreihe mit Vier-, Sechs- und Achtzylindermodellen heraus, die als Vergaser- oder Dieselmotoren erhältlich waren. Zu den vielen gemeinsamen Bauteilen gehörten Zylinderköpfe, Kolben und Auspuffsystem. Diese neuen Motoren eröffneten den Kunden viele Möglichkeiten. Durch den Austausch der Kolben zum Beispiel konnte die Kompression des Motors verändert werden.

Krisensichere Motoren

Auch Wartung und Reparatur des Motors wurde durch die modulare Bauweise deutlich erleichtert. Die vorausschauende Technologie und das Augenmerk des Unternehmens auf die Betriebskosten halfen Scania-Vabis, die nächste Hürde zu nehmen: die Wirtschaftskrise.

GENERAL MOTORS
1936 Deutschland

OPEL BLITZ

Mitten in der Wirtschaftskrise 1929 kaufte General Motors das deutsche Automobilunternehmen Opel AG. Der Opel Blitz, dessen Name aus einem Preisausschreiben hervorging, lief auch in schlechten Zeiten gut.

Technische Daten

Land: Deutschland
Gebaut seit: 1936
Motor: 4-Zylinder
Getriebe: nicht bekannt
Nutzlast: 3 Tonnen
Verwendungszweck: Militärlastwagen
Besonderheit: 4x2 Typ S, 4x4 Typ A, Halbkettenfahrzeug

Oben: *Während des Zweiten Weltkriegs wurden der Opel Blitz als Militärlaster eingesetzt.*

Im Jahre 1935 konnte das Unternehmen bereits 100 000 Wagen verkaufen, darunter rund 20 000 Blitz-Laster. Ursprünglich war der Blitz ein ziviles Nutzfahrzeug. Der leichte Transporter hatte 1931 einen 3,6-Liter-Motor von Buick (Buick gehörte zu General Motors). Die erste Baureihe hatte eine Nutzlast von 1,75 Tonnen, die dann auf 2,5 Tonnen und bei dem berühmtesten Blitz, dem Typ S, schließlich auf 3 Tonnen wuchs. Dieses Modell wurde 1936 erstmals getestet. Es sah mit seinem Fahrerhaus aus Stahl sehr modern aus. Der Benzinmotor war den Dieselmotoren weit überlegen. Der Wagen konnte mehr als die angegebene Nutzlast befördern und seine Geländegängigkeit war legendär: Er fuhr auf Wegen, wo andere Laster längst stecken geblieben wären.

Kodename Maultier

1940 baute Opel eine zweite Version, einen 4x4-Lastwagen mit der Bezeichnung A. Von diesem geländegängigen Blitz wurden ungefähr 25 000 Stück gebaut. Aus dem ursprünglichen Rahmen wurde auch ein Halbkettenfahrzeug mit dem Kodenamen Maultier entwickelt. 1942 verließen 4000 Stück die Produktionshallen. Sie wurden zum größten Teil an die Ostfront geschickt. Der Blitz konnte für verschiedene Zwecke verwendet werden, darunter als Sanitäts-, Tank- und Funkwagen.

VOLVO

1931 Schweden

VOLVO LV66

Mit dem LV66 stieg die schwedische Firma Volvo entgültig in den Lastwagenmarkt ein. Dieses völlig neue Nutzfahrzeug sollte dem anderen schwedischen Unternehmen, Scania-Vabis, Konkurrenz machen.

Oben: *Der LV66 führte Volvo 1931 in eine höhere Gewichtsklasse.*

Technische Daten

Land: Schweden
Gebaut seit: 1931
Motor: 6-Zylinder-Benzinmotor
Getriebe: nicht bekannt
Nutzlast: 3,5 Tonnen
Verwendungszweck: Lieferwagen, Tankwagen, Kipper
Besonderheit: neuer Motor DC 75

Bis Anfang der 1930er-Jahre verwendete Volvo einige Teile von PKWs für die Konstruktion seiner Laster. Um die Nutzlast ihrer Fahrzeuge zu erhöhen, beschlossen die Volvo-Manager Assar Gabrielsson und Gustaf Larson, einen größeren Transporter mit stabileren Bauteilen zu entwickeln.

Gute Verkaufszahlen

Bei den ersten Entwürfen für den neuen Laster standen mehrere Motoren mit sechs oder acht Zylindern zur Wahl. Schließlich wurde ein Sechszylinder-OHV-Reihenmotor gewählt. Der Benzinmotor lieferte 75 PS (56 kW) und lief in Kombination mit einem Vierganggetriebe. Die neuen LV66- und LV68-Modelle wurden ab 1931 verkauft. Unterschiedliche Radstände waren erhältlich, Zweiachser und ab 1933 auch Dreiachser. Zum ersten Mal bot Volvo auch eine einfache oder doppelte Übersetzung an. 1933 konnten diese Baureihen mit einem neuartigen Hesselmann-Motor angetrieben werden, der auf einem Benzinmotor basierte, durch ein mechanisches Einspritzsystem aber auch mit Diesel lief. Die LV66- und LV68-Modelle waren beliebt und erreichten ordentliche Verkaufszahlen, aber für Dreiachser oder Schwerlastwagen waren die Motoren noch nicht stark genug.

GUY

1931 Großbritannien

GUY 40/50-ZENTNER

Das Fahrgestell wurde von Guy Motors in England hergestellt. Die 1914 von Sydney Guy gegründete britische Firma begann schnell mit dem Bau von 30-Zentner-Lastern und produzierte auch bald ein offenes Postauto.

Neben einer Limousine stellte Guy 1919 den Charabanc vor, ein Fahrzeug für den öffentlichen Personenverkehr. Da die 1920er-Jahre relativ schlechte Zeiten für den Verkauf von PKWs waren, beschloss Guy, sich auf die Herstellung schwererer Autos zu konzentrieren. 1924 entwickelte das Unternehmen den ersten Fahrzeugrahmen in Großbritannien, der das Beladen bzw. Besteigen von Lastwagen und Bussen erleichterte. Zwei Jahre später verkaufte Guy 170 dieser Fahrgestelle für Busse und Laster an die brasilianische Companhia de Carris, Luz e Força do Rio de Janeiro.

Es folgten mehrere Busse und Oberleitungsbusse, aber Guy entwickelte auch weiter Fahrgestelle für Laster, darunter auch Tiefladefahrgestelle und Frontlenker. Sie waren optional mit Luftreifen ausgestattet und hatten Benzin- oder Dieselmotoren.

Fahrgestell für Laster und Busse

Das Guy-40/50-Zentner-Lastwagenfahrgestell von 1931 wurde für Lieferwagen und für den Personentransport verwendet. Zu der Serie gehörten 0,76- bis 11,2-Tonner. Die Nutzfahrzeuge hatten eine Garantie von einem Jahr, in Verbindung mit regelmäßigen Inspektionen über zwei Jahre. Das Fahrgestell wurde als das preiswerteste britische 40/50-Zentner-Fahrgestell vermarktet. Guy stand in direkter Konkurrenz mit amerikanischen Herstellern, die begannen, den britischen Käufern günstige, moderne LKWs anzubieten. Ende der 1930er-Jahre wurde das Unternehmen sogar vom Busmarkt verdrängt.

Oben: *Das Guy-40/50-Zentner-Lastwagenfahrgestell von 1931 eignete sich für den Personen- wie für den Warentransport.*

Technische Daten

Land: Großbritannien
Gebaut seit: 1931
Motor: optional Benzin oder Diesel
Getriebe: 4 und 5 Gänge
Nutzlast: bis zu 11,2 Tonnen
Verwendungszweck: verschiedene
Besonderheit: preiswertester britischer Laster seiner Zeit

SISU
1931 Finnland

SISU DREITONNER

Finnland hat immer schon den größten Teil seiner Motorfahrzeuge importiert. Wie in vielen anderen kleinen europäischen Ländern war das billiger, als eigene Fahrzeuge zu bauen.

Technische Daten

Land: Finnland
Gebaut seit: 1931
Motor: nicht bekannt
Getriebe: 4 Gänge
Nutzlast: 3,04 Tonnen
Verwendungszweck: verschiedene
Besonderheit: geeignet für das unwirtliche und kalte finnische Klima

Oben: *Die Laster fuhren sicher auf vereisten Straßen und holprigen Waldwegen.*

Bis zum Zweiten Weltkrieg stammten die meisten Lastwagen in Finnland aus den USA. Es gab aber Ausnahmen: Sisu war der erste finnische Lastwagenhersteller und produzierte 1931 seinen ersten Dreitonner. Die Laster waren geeignet für unwirtliche Waldgebiete, vereiste Straßen und die extreme Kälte. Dadurch konnte das Unternehmen lange überleben und wurde während der sowjetischen Invasion 1939 mit der Produktion von Militärfahrzeugen für die finnische Armee beauftragt.

Fusion mit Vanaja

1943 schloss Sisu sich mit dem finnischen Hersteller Vanaja zusammen. Zu dieser Zeit konzentrierte Sisu sich auf die Produktion von Militärfahrzeugen und Lastwagen. Das hatte Priorität in dem kleinen Land, das zwischen dem Krieg in Europa und der allgegenwärtigen Bedrohung durch die Sowjetunion gefangen war. Das Unternehmen wurde in Yhteissisu umbenannt.

Yhteissisu erlebte schwierige Zeiten. Transporter sind in Kriegszeiten sehr anfällig, und die LKWs, die den Krieg überstanden, wurden bis zum Zusammenbruch genutzt und dann verschrottet. Durch strikte Importbeschränkungen und die Regulierung von Fremdwährungen wurden Fahrzeuge aus der Sowjetunion und den osteuropäischen Staaten bevorzugt. Dennoch vergrößerte Sisu sich. 1948 wurde Yhteissisu aufgelöst, und Sisu und Vanaja wurden wieder unabhängige Unternehmen.

FAGEOL

1929 USA

FAGEOL ZEHNTONNER

Die Laster des amerikanischen Unternehmens Fageol gab es 1929 bereits standardmäßig mit voller Elektrizität und Luftreifen. Im selben Jahr wurden hydraulische Vierradbremsen eingeführt.

Oben: *Dies ist einer von nur zehn Lastwagen aus Aluminium, die Fageol 1929 baute.*

Zu den Modellen von 1929 gehörte ein dreiachsiger 10,1-Tonner, der optional mit einem Sechszylindermotor von Hall-Scott ausgestattet war. Er eignete sich für Ferntransporte über das äußerst unwegsame Gelände und die steilen Anstiege des Nordwestens der USA, wo sich die Lastwagen von Fageol am besten verkauften. Andere Modelle, mit Nutzlasten von 2,03 bis 6,1 Tonnen, wurden von Waukesha-Vierzylindermotoren angetrieben. Getriebe und Motoren wurden von Fageol hergestellt.

Das Fahrerhaus des Modells 135 von 1930 ließ Fahrkomfort vermissen. Es bot Schutz in Form einer Stahlkabine mit Stahldach, Windschutzscheibe und Fenster aus Glas waren vorhanden und das Lenkrad war links, aber der einzige Luxus war ein Ledersitz.

Die Laster waren sehr teuer, aber sie waren ihr Geld wert, wenn man einen starken, robusten Transporter brauchte. Besonders für Holzlieferungen in der Region waren die Lastwagen beliebt. Das änderte sich mit dem Beginn der Weltwirtschaftskrise. Fageol versuchte, mit Moreland aus Kalifornien zu fusionieren, aber der Zusammenschluss scheiterte unter anderem an den großen Verlusten von Fageol. 1932 war das Unternehmen pleite. Es wurde im selben Jahr zur Fageol Truck and Coach Company umstrukturiert.

Technische Daten

Land: USA

Gebaut seit: 1929

Motor: 4- oder 6-Zylinder

Getriebe: 4 Gänge und Schneckenantrieb

Nutzlast: 10 Tonnen

Verwendungszweck: schwerer Fernlastverkehr

Besonderheit: hydraulische Vierradbremsen

KENWORTH
1933 USA

KENWORTHS ERSTER DIESELLASTER

Auf die Wirtschaftskrise reagierte Kenworth mit der Entwicklung neuer Produkte. Seine Ingenieure arbeiteten an einem besseren Auspuffsystem und an einer Schlafkabine, da die Strecken immer länger wurden und es schon einige Unfälle wegen Übermüdung gegeben hatte.

Technische Daten

Land: USA
Gebaut seit: 1933
Motor: 4-Zylinder
Getriebe: 4 Gänge und Schneckenantrieb
Nutzlast: unterschiedlich
Verwendungszweck: Ferntransport
Besonderheit: Schlafkabine

Oben: *Obwohl Benzinmotoren in den USA beliebter waren, weil Kraftstoff dort nicht so teuer war, stellte Kenworth bereits 1933 einen Diesel als Alternative vor.*

Kenworth war 1933 der erste amerikanische Lastwagenhersteller, der einen Dieselmotor als Standardausstattung in einen Lastwagen einbaute. Der erste Diesellastwagen war ein ehemals mit Benzin angetriebenes Modell, das nachträglich mit einem Cummins-HA-4-Dieselmotor mit 100 PS (74,5 kW) ausgestattet worden war. Mit der Umrüstung auf Diesel wurde auch das Auspuffsystem verändert. Die Abgase wurden nach oben über das Fahrerhaus geführt. Der Kenworth-Ingenieur John Holstrom kam auf die Idee, den Auspuff so zu verlegen, weil ihm aufgefallen war, dass die Abgase schwarz waren, wenn die Einspritzventile des Dieselmotors nur minimal falsch eingestellt waren. Das führte zu einer starken Sichtbehinderung beim Spurwechsel. Bei den Käufern war der umgerüstete Diesel dennoch sehr beliebt, vor allem weil dieser Kraftstoff billiger war.

Schlafkabine für den Fahrer

1933 brachte das Unternehmen auch seine erste Schlafkabine heraus. Die Transportwege wurden länger und Kenworth erkannte, dass es sinnvoll war, den Fahrern einen Platz zum Schlafen zu bieten, und wenn es nur für ein paar Stunden war. Damit hatte Kenworth sich wieder einmal erfolgreich auf einen neu entstehenden Markt eingestellt.

STUDEBAKER
1933 USA

STUDEBAKER S-SERIE

Studebaker baute seit 1852 als Familienbetrieb Pferdewagen. Kurze Zeit später begann das Unternehmen mit der Herstellung von Lastwagen. Die ersten Laster waren elektrisch und wurden von Thomas Edison entwickelt.

Die ersten elektrischen Nutzfahrzeuge von Studebaker mit großer Ladefläche verkauften sich gut für damalige Verhältnisse. 1902, im Jahr ihrer Einführung, wurden 29 Stück verkauft. Später im selben Jahr brachte das Unternehmen größere Modelle mit Nutzlasten von 0,5 bis 4 Tonnen heraus. Bis 1913 produzierte Studebaker elektrische Lastwagen und Fahrgestelle.

Einführung von Benzinmotoren

Im Jahr 1913 stellte das Unternehmen einen 0,76-Tonnen-Laster mit einem Benzinmotor vor. Der Wagen hatte volle elektrische Ausstattung. Studebaker kaufte 1928 Pierce Arrow und begann, Zweitonner zu bauen. 1929 endete die Lastwagenproduktion jedoch, weil der Börsencrash Studebaker zwang, seine Pierce-Arrow-Anteile zu verkaufen. Anschließend scheiterte Studebaker mit dem Versuch, die White Motor Company zu kaufen. Nach einer Reihe ähnlich unglücklicher Zwischenfälle geriet das Unternehmen 1933 unter Konkursverwaltung. Präsident Albert Erskine beging Selbstmord.

Neue Lastwagen-Baureihe

Dennoch konnte das Unternehmen mit dem Verkauf seiner Pierce-Arrow-Anteile einen Teil seiner Verluste wettmachen. Seine neuen Manager Harold Vance und Paul Hoffman hatten aus den Anteilsverkäufen eine Million Dollar zur Verfügung, um das Unternehmen zu sanieren. Hoffman startete 1933 eine kostenaufwändige Anzeigenkampagne, nur um die Käufer wissen zu lassen, dass Studebaker noch immer im Nutzfahrzeuggeschäft war. Im selben Jahr wurde die neue Lastwagenbaureihe S vorgestellt.

Oben: *Die Front der S-Baureihe von Studebaker ähnelte einem PKW, was in den USA der 1930er-Jahre nicht unüblich war.*

Technische Daten

Land: USA
Gebaut seit: 1933
Motor: 6-Zylinder
Getriebe: 4 Gänge
Nutzlast: bis zu 4 Tonnen
Verwendungszweck: verschiedene
Besonderheit: 10 Jahre alter eigener Motor

ZIS-5

1933 Sowjetunion

ZIS-5 DREITONNENLASTER

Von 1933 bis 1948 wurden ungefähr eine Million Laster vom Modell ZIS-5 produziert. Sie gehörten zu den Lastern, die in der gesamten Sowjetunion am meisten zum Einsatz kamen.

Oben: *Der ZIS-5 hatte einen Sechszylinder-Benzinmotor.*

Technische Daten

Land: Sowjetunion	
Gebaut seit: 1933	
Motor: 6-Zylinder 4-Takter	
Getriebe: 4 Gänge, doppelte Übersetzung mit Kegel- und Stirnrad	
Nutzlast: 3,04 Tonnen	
Verwendungszweck: Transporter	
Besonderheit: Backenbremsen an allen 4 Rädern	

Der ZIS-5 hatte einen Vergasermotor mit Benzinantrieb und Wasserkühlung. Der Sechszylinder-Viertaktmotor leistete bis zu 75 PS (55,9 kW). Der Lastwagen war mit Stoßstange 6,06 m lang und 2,35 m breit. Unbeladen war er 2,16 m hoch und hatte an der Hinterachse eine Bodenfreiheit von 25 cm. Der Radstand betrug 3,81 m. Er hatte eine Zweischeibenkupplung, ein Viergang-getriebe und ein doppelt übersetztes Differenzial mit Kegelrad und Stirnrad, eine Schraubenlenkung und eine Blattfederaufhängung. Die frühen ZIS-5 hatten Backenbremsen an allen vier Rädern, die dann aber 1949 gegen hydraulische Bremsen ausgetauscht wurden.

Der ZIS-5 fuhr bis zu 60 km/h schnell. Unbeladen wog er 3,1 Tonnen. Der Kraftstofftank fasste 60 Liter. Der Wagen fuhr mit einer Tankfüllung fast 200 km und brauchte alle 1200 km einen Ölwechsel.

Der ZIS-5 war nach dem Vorbild eines amerikanischen Autocar gebaut. Er wurde im selben Werk gebaut wie der AMO F-15. Das Werk war 1929 saniert und erweitert worden. Bei der Modernisierung des AMO wurde er nach dem Namen des neuen Werks in ZIS (Zavod imeni Stalina, deutsch: Stalin-Werk) umbenannt. Die Rote Armee hatte im Sommer 1941 über 100000 ZIS-5-Laster. 1942 wurde der Transporter in drei Werken in Uljanowsk, im Ural und in Moskau produziert.

Engpässe in Kriegszeiten

Ab Ende 1941 hatten alle Lastwagen der Reihe flache Kotflügel. Türen und Sitze waren aus Holz. Stoßstangen gab es keine mehr. Auch das rechte Vorderlicht wurde eliminiert, um in Kriegszeiten Kosten zu sparen. Wegen seiner Nutzlast von 3,04 Tonnen war er lange Zeit unersetzlich.

DAIMLER-BENZ
1935 **Deutschland**

DAIMLER-BENZ L 6500 BIS L 10 000

Vor dem Zweiten Weltkrieg boomte in Deutschland die Lastwagen-industrie. In dieser Zeit entstanden auch die leistungsstarken Modelle L 6500, L 8500 und L 10 000 von Daimler-Benz.

Daimler-Benz produzierte in den 1930er-Jahren nicht nur erheblich mehr Laster, sondern trieb auch die technische Entwicklung voran und erweiterte sein Angebot. Modelle mit höheren Nutzlasten und größere Lastwagen mit stärkeren Motoren kamen hinzu.

Über 18 Tonnen Gewicht

Der L 6500, L 8500 und L 10 000 von Daimler-Benz waren die bislang schwersten Lastwagen. Die Dreiachser mit ihren charakteristischen, sehr langen Motorhauben verstärkten das Lastwagenangebot von Daimler-Benz. Der riesige L 10 000 brachte es schon ohne Anhänger auf ein zulässiges Gesamtgewicht von 18,5 Tonnen. Die Laster fuhren nicht mehr mit Benzinmotoren, sondern mit Sechszylinder-Dieselmotoren, die mit einem Hubraum von 12,5 Litern bis zu 150 PS (111,8 kW) stark waren.

Sie kamen gerade zur rechten Zeit, da sich die Entfernungen im Transportverkehr Mitte der 1930er-Jahre beträchtlich erhöht hatten. Die Weiterentwicklung beschränkte sich jedoch nicht auf größere und stärkere Motoren, auch am Design arbeitete man. 1938 löste ein abgerundetes Fahrerhaus mit einer

Oben: *Der Mercedes Benz L 10 000 hatte ein Gesamtgewicht von 18,5 Tonnen. Sein Sechszylinder-Dieselmotor war vor der Vorderachse angebracht.*

einteiligen Windschutzscheibe die klassischen eckigen Kabinen ab. Dieses neue Design war zukunftsweisend. Bis weit in die 1960er-Jahre trugen Fahrzeuge von Daimler-Benz noch diese Kabinen.

Die Produktionsmethoden änderten sich wegen der großen Nachfrage. Ab 1936 rollte eine neue Generation von leichten Lastern vom Band, die Modelle L 1100 bis L 2000. Die kurzhaubigen Transporter sind, abgesehen von der Haubenbauweise, Vorläufer der heutigen Lieferwagen und waren mit dem Dieselmotor des PKWs 260 D ausgestattet. Sie waren beide sehr beliebt, obwohl sie nicht den neuen staatlichen Vorgaben entsprachen.

Militärs regeln die Produktion

Ende der 1930er-Jahre übernahm die Diktatur in Deutschland auch das Regiment über die Fahrzeugproduktion. Der vom Deutschen Reich eingesetzte Generalbevollmächtigte für das Kraftfahrzeugwesen, Oberst von Schell, beschränkte in seinem so genannten Schell-Plan die Produktion auf vier Lastwagen-Grundtypen. Den Herstellern wurde genau vorgeschrieben, was sie bauen mussten. Daimler-Benz bekam Lastwagen mit Nutzlasten von drei bis sechs Tonnen zugewiesen. Außerdem verlangte der Schell-Plan von dem Unternehmen die Entwicklung und Produktion von Spezialfahrzeugen wie Geländewagen oder Zugmaschinen. Die Anweisungen zwangen die deutschen Fahrzeughersteller, ihre Produktion völlig auf die Bedürfnisse der Deutschen Wehrmacht abzustimmen.

Daimler baut Laster von Opel

Die militärischen Fahrzeuge konnten die Bedürfnisse der zivilen Nutzer nicht erfüllen. Benzinmotoren wurden verlangt. Also liefen die leichten Lastwagen von Daimler-Benz und auch der L 701 wieder mit Benzin. Es wurden überwiegend leichte Laster und geländegängige Spezialfahrzeuge für den Einsatz auf und abseits der Straße hergestellt.

Der Einfluss des Militärs führte zu einigen Absonderlichkeiten. Anfang der 1940er-Jahre wurde Daimler-Benz gegen seinen Willen gezwungen, seinen eigenen Dreitonner aufzugeben und stattdessen den Dreitonner von Opel Blitz zu produzieren.

1944 begann in dem Mannheimer Werk die Produktion des Opel Blitz. Das Fahrzeug erhielt die Bezeichnung L 701. Mit seinem behelfsmäßigen, eckigen Fahrerhaus aus Holz spiegelte es nicht das elegante Design wieder, das Daimler-Benz bisher kultiviert hatte.

LKWs nach dem Krieg

Dennoch wurde die Produktion des Opel Blitz in den Werken von Daimler-Benz nach dem Zweiten Weltkrieg noch einige Jahre fortgesetzt. Nach den Verwüstungen des Krieges lagen die meisten Werke von Daimler-Benz in Trümmern. Mannheim, Stuttgart und Gaggenau hatten überlebt und lagen in den amerikanischen und französischen Besatzungszonen. Die Besatzer erlaubten deutschen Herstellern nur den Bau von zweiachsigen Fahrzeugen und von Motoren bis maximal 150 PS (111,8 kW). Außerdem mangelte es an Zulieferteilen, Arbeitskräften und Rohstoffen.

Technische Daten

Land: Deutschland
Gebaut seit: 1935
Motor: 6-Zylinder-Reihenmotor
Getriebe: nicht bekannt
Nutzlast: bis zu 18,2 Tonnen Gesamtgewicht
Verwendungszweck: Ferntransport
Besonderheit: lange Haube

Unten: *Alleine beförderte der L 6500 bis zu 7,1 Tonnen, im Gespann konnte er fast das doppelte Gewicht bewältigen.*

ERF

1935 Großbritannien

ERF DREIACHSER

Seit der Gründung 1933 lief es bei ERF gut. Entwicklung und Verkaufszahlen waren erfreulich. Eines der ersten Dreiachserfahrgestelle des englischen Unternehmens hieß No. 315, das ab 1935 ausgeliefert wurde.

Oben: *ERF wurde schnell zum Markennamen.*

Links: *Dieser C-1562-Dreiachser fuhr mit einem Gardner-Dieselmotor.*

Nach dem C-14 mit einem Gardner-Motor im Jahr 1933 hatte das Unternehmen den C-15 herausgebracht. Diesen Lastwagen lieferte es im November 1934 mit einem Aufbau für einen Dreifachkipper aus. 1935 wurden dann Dreiachser von ERF vorgestellt, mit zwei Lenkachsen und dem Antrieb an der Hinterachse. Die ersten Dreiachser hatten ein zulässiges Gesamtgewicht von 16,2 Tonnen.

Bei ERF ging es steil bergauf, obwohl 1934 Ted Foden, der Neffe von Edwin Foden, das Unternehmen verlassen hatte. ERF plante und baute weiter Modelle seiner wachsenden Fahrzeugpalette, darunter den C-1561 mit Gardner-Motor und den C-1661. Auch ein Dreiachserfahrgestell mit einer Lenkachse und zwei Antriebsachsen sowie einem Gesamtgewicht von 18,2 Tonnen war erhältlich. Schließlich gab es noch den C-1562, der ebenfalls mit einem Gardner-Motor ausgestattet war.

Erster Vierachser

Ein Kunde, der ursprünglich einen 6x4-Dreiachser mit 18,2 Tonnen bestellt hatte, fragte nach, ob es auch möglich sei, einen Vierachser mit 22,3 Tonnen zu bekommen. Die Ingenieure machten sich an die Arbeit, und es entstand der erste Vierachser, den ERF je gebaut hatte. Später folgten noch weitere Vierachser, der C-1662 und der C-1681.

Technische Daten

Land: Großbritannien

Gebaut seit: 1935

Motor: Dieselantrieb

Getriebe: 4 Vorwärtsgänge

Nutzlast: 16,2 Tonnen

Verwendungszweck: Ferntransport

Besonderheit: Dreiachser

VOLVO
🛠 **1935 Schweden**

VOLVO LV82

Die neue Reihe LV80 war nicht nur eine Verbesserung gegenüber den älteren LV71 und LV73, sondern stellte mit ihrem neuen Design auch ein neues Lastwagenkonzept dar. Immer wichtiger wurde eine hohe Ladekapazität.

Oben: *Viel Platz für Lasten: der LV82.*

Technische Daten

Land: Schweden
Gebaut seit: 1935
Motor: 6-Zylinder
Getriebe: 4 Gänge
Nutzlast: 2,5 Tonnen
Verwendungszweck: Leiterwagen, Lieferwagen
Besonderheit: Motor weit vorne, aerodynamische Karosserie, Heizung im Fahrerhaus

Bemerkenswert am LV80 (und dem größeren LV90) war die Positionierung des Motors. Der Sechszylinder-Benzinmotor war nach vorne über die Frontachse verlagert worden, um eine bessere Lastverteilung auf die Achsen zu erreichen. Auch das BBC-Maß (Bumper to Back of Cab), der Abstand von Stoßstange bis Fahrerhausrückwand, war reduziert worden, um Platz für längere Aufbauten zu schaffen. Diese Konstruktion machte den Lastwagen profitabler, aber auch das Fahrerhaus war sehr komfortabel. Die geräumige und ergonomische Stahlkabine hatte sogar eine Heizung, was damals ein großer Luxus war. Die Karosserie mit ihren abgerundeten Formen war aerodynamischer als bisher.

Der Verwandlungskünstler

Die neue LV-Baureihe war in einer Vielzahl unterschiedlicher Ausführungen erhältlich, mit verschiedenen Motoren, Aufhängungen, Radständen, Achsen, Rädern und Reifengrößen. Die Komponenten konnten frei kombiniert werden, um den optimalen Lastwagen für den jeweiligen Käufer zu erhalten. Der LV82 war zum Beispiel ein 4x2-Lastwagen mit einem Radstand von 4,10 m und einem Gesamtgewicht von 5,5 Tonnen, der von einem Volvo EC75-L-Motor angetrieben wurde. Mit diesem Konzept eröffnete die LV80-Modellreihe eine neue Ära im Lastwagenbau. Die neuen Laster waren so beliebt, dass sie schnell die noch gar nicht so alten Vorgänger LV71 und LV73 ersetzten.

VOLVO
1935 **Schweden**

VOLVO LV93

Als 1935 die erste LV80-Baureihe vorgestellt wurde, gab es genau genommen drei neue Reihen: LV81, LV83 und LV90. Die LV90-Modelle waren mit einem größeren Motor ausgestattet und hatten höhere Ladekapazitäten.

Die LV80- und LV90-Modelle mit ihren abgerundeten, aerodynamischen Karosserien und den kürzeren Hauben waren in der Vorkriegszeit beliebt für mittlere Lasten. Der LV90 war für schwerere Gewichte konstruiert. Das Gesamtgewicht war von 5,4 Tonnen auf bis zu 6,95 Tonnen erhöht worden, je nach Radstand.

Motortypen

Der wesentliche Unterschied zur LV80-Reihe war der Motor. Die PS-Leistung war gleich, aber der OHV DC75 war ein etwas kraftvollerer Motor. Außerdem konnten Käufer auch einen sparsamen Hesselmann-Motor wählen. 1936 kam ein Lastwagen mit einem stärkeren FC90-Motor (90 PS/67 kW) heraus. Er war ein zuverlässiges Fahrzeug, aber genau wie alle andern Modelle seiner Baureihe wurde er nur für relativ kurze Zeit produziert.

Die LV80-Baureihe wurde 1939 eingestellt. Volvo hat es immer vorgezogen, einen neuen Lastwagen vorzustellen, anstatt bestehende Modelle zu modifizieren.

Oben: *Von 1935 bis 1939 wurden fast 3000 LV90 gebaut.*

Technische Daten

Land: Schweden
Gebaut seit: 1935
Motor: 6-Zylinder
Getriebe: 4 Gänge
Nutzlast: 3,5 Tonnen
Verwendungszweck: Leiterwagen, Lieferwagen, Tankwagen, Pritsche
Besonderheit: lange Motorhaube

KENWORTH
1936 USA

KENWORTH 516 BUBBLENOSE

1936 stellte Kenworth seinen ersten Frontlenker vor, den Bubblenose (Stupsnase). Der Laster hatte eine verkürzte Motorhaube, um trotz der Längenbegrenzungen für LKWs große Ladungen transportieren zu können.

Oben: Wegen der Längenbeschränkungen für LKWs wurden Frontlenker wie der Kenworth 516 immer beliebter.

Technische Daten

Land: USA
Gebaut seit: 1936
Motor: 4- oder 6-Zylinder (Benziner), 6-Zylinder (Diesel)
Getriebe: 5 Gänge
Nutzlast: bis zu 4 Tonnen
Verwendungszweck: verschiedene
Besonderheit: verchromter Kühlergrill

Auch Gewichtsbegrenzungen waren mit dem Motor Carrier Act von 1935 erlassen worden, sodass Kenworth dazu überging, Fahrerhäuser aus Blech herzustellen. Chrom war ein wesentliches Element im Erscheinungsbild der Laster. Sie waren an ihrem verchromten Kühlergrill sofort zu erkennen.

Der Kenworth-Teilhaber Harry Kent erlebte den Erfolg des neuen Designs nicht mehr. Er starb 1937 an einem Herzinfarkt. Kents Vermächtnis einer kostengünstigen, effizienten Produktion sollte jedoch fortbestehen und zu dem wachsenden Erfolg des Unternehmens in den nächsten drei Jahren beitragen.

Zehn Lastwagenmodelle

Zu den zehn Lastwagenmodellen gehörte das 2,03-Tonnen-Modell 88, mit einem Hercules-Motor mit 83 PS (61,9 kW), und das Siebentonnenmodell 241C, mit einem Sechszylinder-Dieselmotor von Cummins mit 125 PS (93,2 kW). Für das Viertonnenmodell 146B und das 7,1-Tonnen-Modell 241A waren auch Benzinmotoren von Buda und Herschell-Spillman erhältlich. Alle Benzinmotoren hatten ab 1937 sechs Zylinder. Die Modelle 505, 506 und 507 wurden von Vierzylinder-Dieselmotoren angetrieben.

Ende der 1930er-Jahre begann Kenworth auch mit der Herstellung von Bussen. Für die Rainier National Park Company baute das Unternehmen einen offenen Bus für 18 Passagiere mit einem Aufbau von Tricoach. 1938 wurden fünf dieser Busse ausgeliefert. Kenworth baute auch Kleinbusse, aber sein Schwerpunkt blieb die Produktion von Lastern. 1940 hatte das Unternehmen mindestens 17 Dreiachsermodelle im Angebot.

ERF

1937 **Großbritannien**

ERF OE4

Der ERF OE4 wog unbeladen nur 3 Tonnen, konnte aber eine Nutzlast von 6 Tonnen transportieren. Das Design des englischen Lasters kam so gut an, dass es über Jahre kaum verändert wurde.

Oben: *Der Kühlergrill war das Markenzeichen des OE4.*

Technische Daten

Land: Großbritannien
Gebaut seit: 1937
Motor: 4-Zylinder, Dieselantrieb
Getriebe: 5 Gänge
Nutzlast: 6,1 Tonnen
Verwendungszweck: verschiedene
Besonderheit: Konnte das Doppelte seines Eigengewichts transportieren.

Der erfahrene Konstrukteur Ernest Sherratt hatte den OE4 auch noch mit einigen anderen eigenwilligen Merkmalen versehen. Ein schicker Kühlergrill war vor dem Kühler angebracht, um ihn zu verbergen. Das sah für damalige Verhältnisse sehr modern aus und wurde über Jahre für viele ERF-Lastwagen beibehalten.

Der OE4 wurde von einem Dieselmotor von Gardner angetrieben. In den späten 1930er-Jahren brachte Gardner seinen 4LK-3,8-Liter-Vierzylinder-Dieselmotor heraus, der bei 2100 Umdrehungen 57 PS (42,5 kW) leistete. Dieser leichte Motor mit passendem Getriebe war ideal für den ERF OE4.

Anfang 1939 wurden täglich ungefähr 40 ERF-Laster produziert. Aber schon sechs Monate später sollte der Zweite Weltkrieg seine Auswirkung auf die industrielle Produktion in Großbritannien haben.

Weiter innovativ

Dennoch stellte das Unternehmen am Anfang des Krieges noch einige neue Fahrzeuge vor, wie den 7,5-Tonnen-Kipper. Der Ingenieur Ernest Sherratt hatte bei der Entwicklung zwei Ziele: niedriges Gewicht und geringe Ladehöhe. Das Gewicht wurde durch eine sorgfältige Auswahl der Teile reduziert.

FODEN

1937 Großbritannien

FODEN DG-SERIE

Die konservativen Mitglieder des Aufsichtsrats von Foden hatten Zweifel, dass Diesel die Dampfkraft ablösen könnte. Große Teile der Unternehmensführung, darunter Edwin Foden, waren jedoch davon überzeugt.

Oben: *1937 brachte Foden seinen ersten Diesellaster heraus.*

Technische Daten

Land: Großbritannien
Gebaut seit: 1937
Motor: 4 bis 6 Zylinder, Dieselantrieb
Getriebe: 5 Gänge, Schneckenantrieb
Nutzlast: unterschiedlich
Verwendungszweck: Lieferwagen, dann auch Schwertransport
Besonderheit: erster Diesellaster von Foden

Edwin Foden wurde schließlich zum Rücktritt gedrängt. Zum Nachteil von Foden gründete er ERF und brachte im Juni 1933 den C-14 mit Dieselantrieb heraus, der dem jungen Unternehmen zu unmittelbarem Erfolg verhalf.

Der Erfolg von ERF und die zunehmende Unwilligkeit der Versicherungen, Dampffahrzeuge zu versichern, überzeugten den Aufsichtsrat von Foden schließlich, dass der Verbrennungsmotor für das Überleben der Nutzfahrzeugproduktion unumgänglich war. Dank einiger fortschrittlicherer Denker hatte Foden bereits begonnen, mit Benzinern zu experimentieren. Das Unternehmen baute zunächst einige Benzinmotoren, bevor es sich auf Diesellastwagen wie die R- und S-Typen konzentrierte.

Schwere Zugmaschinen

Das Unternehmen überredete schließlich William Foden zur Rückkehr aus Australien. Sein Neueinstieg leitete die Produktion des ersten Dieselmotors von Foden ein und wendete das Schicksal des Unternehmens. 1937 brachte Foden seine DG-Baureihe heraus, die von Dieselmotoren der Gardner-LW-Serie mit vier, fünf oder sechs Zylindern und einem Hubraum von 1,4 Litern angetrieben wurden.

FWD
⚒ **1937 USA**

FWD FRONTLENKER

FWD soll der erste nordamerikanische Lastwagenhersteller gewesen sein, der seine Nutzfahrzeuge als Frontlenker konstruierte. Die Laster wurden auch von den Militärs geordert.

Links: *1937 brachte FWD einen solchen Frontlenker heraus.*

Otto Zachow, ein Maschinist in Clintonville in Wisconsin, patentierte 1910 ein doppeltes Kreuzgelenk, mit dem die Räder eines Fahrzeugs gleichzeitig angetrieben und gelenkt werden konnten. Danach baute Zachow mit seinem Schwager William Besserdich, der auch Maschinist war, ein Passagierfahrzeug mit Dampfantrieb, an dessen Achsen sie die neuen Kreuzgelenke verwendeten.

Da der Dampfwagen nicht sehr erfolgreich war, wandten sich die Schwäger Wagen mit Benzinantrieb zu. Das erste trug den Spitznamen „Schlachtschiff" und wog 1,723 Tonnen. Die Männer hatten immer noch nicht vor, in die Automobilproduktion einzusteigen. Sie verwendeten das Fahrzeug nur, um ihre Kreuzgelenke vorzuführen. Schließlich gelang es einer Gruppe von Investoren, die beiden Schwäger zur Gründung ihres eigenen Unternehmens zur Herstellung von Fahrzeugen mit Vierradantrieb zu ermuntern. 1909 wurde die Four Wheel Drive Automotive Company (FWD) gegründet.

Anfragen des Militärs

Der Erste Weltkrieg war sehr profitabel für FWD. Das amerikanische Militär bestellte so viele FWD-Lastwagen, dass andere Hersteller sie in Lizenz bauen mussten. In der Nachkriegszeit war der Markt überschwemmt von den Lastern. Das Unternehmen überlebte, indem es Ersatzteile für ihre Instandhaltung verkaufte. Während der 1920er-Jahre verbesserte das Unternehmen seine Fahrzeuge weiter. So wurden Luftreifen für Laster des Modells B seit 1918 Standard. Außerdem begann das Unternehmen, Spezialfahrzeuge für die Feuerwehr und den Öltransport herzustellen.

Mitte der 1930er-Jahre hatte FWD sein Angebot an Ladekapazitäten und Motoren weiter ausgebaut. 1937 brachte das Unternehmen einen Frontlenker mit einer zweiteiligen, V-förmigen Windschutzscheibe heraus, gefolgt von einem Frontlenker mit viertüriger Doppelkabine. Schon bald gab es Frontlenker in allen möglichen Größen und Bauweisen.

Motor ragte ins Fahrerhaus

FWD führte neue Dieselmotoren von Cummins und doppelte Achsübersetzungen oder mehrgängige Achsen ein. Mit einem kurzen Radstand und einem kürzeren Rahmen, als konventionelle Lastwagen ihn haben, hatte die Frontlenker-Serie größere Ladekapazitäten durch längere Aufbauten oder längere Anhänger. Der Nachteil dieser Bauweise war, dass der Motor in das engere Fahrerhaus ragte. Die Hitze, der Lärm und der Geruch von verbranntem Öl waren vor allem im Sommer unangenehm. Entgegen dem Trend zu stromlinienförmigem Design behielt FWD die Form seiner Fahrerhäuser während der 1930er-Jahre bei. Die Laster wurden hauptsächlich im Schwerlastbereich eingesetzt, wo das aerodynamische Design zweitrangig war. Im Zweiten Weltkrieg versorgte FWD die US-Streitkräfte mit Militärlastern. Das schwere Modell SU wurde als Frontlenker und Haubenfahrzeug für das US-Marinekorps gebaut und für den Einsatz als Artillerie-Zugmaschine für die Rote Armee und die britischen Streitkräfte. Es wurde von einem Benzinmotor mit 115 PS (86 kW) angetrieben und konnte 5,08 bis 6,1 Tonnen transportieren.

Technik für Löschfahrzeuge

Nach dem Krieg verwendete das Unternehmen ein neues Fahrerhaus von International. Die neue Tractioneer-Baureihe wurde dann 1958 mit einem Fahrerhaus von Dodge versehen. Außerdem entwickelte FWD spezielle Fahrgestelle für Seagrave-Löschfahrzeuge.

Technische Daten

Land: USA
Gebaut seit: 1937
Motor: unterschiedlich
Getriebe: 5 Gänge und Schneckenantrieb
Nutzlast: unterschiedlich
Verwendungszweck: verschiedene
Besonderheit: zweigeteilte Windschutzscheibe

Links: *Die SU-Frontlenker mit Allradantrieb dienten auch als Militärfahrzeuge.*

VOLVO

1937 Schweden

VOLVO TVA

Als der Zweite Weltkrieg näher rückte, waren Militärfahrzeuge gefragter denn je. Auch die schwedischen Ingenieure bei Volvo tüftelten an belastbaren LKWs für schwere Einsätze.

Oben: *Die unabhängig vom Rohrrahmen angebrachten Achsen sorgten für gute Bodenhaftung.*

Im Jahr 1937 stellte Volvo den Entwurf für ein geländegängiges Militärfahrzeug vor. Der neue TVA unterschied sich radikal von allen Lastwagen, die Volvo bisher gebaut hatte. Das robuste 6x4-Fahrzeug war für das Schleppen von Artillerie- und Flugabwehrgeschützen entwickelt worden. Zusätzlich zu den sechs großen Rädern hatte es noch zwei kleinere zwischen den beiden vorderen Achsen. Bei weicherem Untergrund sollten sie das Einsinken des Fahrzeuges verhindern. Der kraftvolle TVA hatte einen Vierradantrieb und solide Reifen aus dickem Gummi mit Geländeprofilen.

Der große Benzinmotor hatte eine zusätzliche Ölwannenpumpe, die auch bei steilen Anstiegen die Schmierung sicherstellen sollte. Der TVA hatte einen Rohrrahmen mit unabhängig angebrachten Achsen. Dadurch hatte das Fahrzeug eine bessere Bodenhaftung, obwohl die Vorderachse keine Antriebsachse war.

Wenig Export

Bei dem Versuch, den TVA auch an andere europäische Länder zu verkaufen, stieß Volvo auf wenig Interesse. Das lag vermutlich daran, dass diese Länder bereits eine eigene Lastwagenindustrie hatten. Bei den schwedischen Streitkräften war das Fahrzeug aber so beliebt, dass es erst 1940 von einer leicht verbesserten Version, dem TVB, abgelöst wurde. In einigen Teilen Schwedens ist der TVA heute noch im Einsatz.

Technische Daten

Land: Schweden
Gebaut seit: 1937
Motor: Benzinantrieb
Getriebe: 5 Gänge
Nutzlast: nicht bekannt
Verwendungszweck: Schleppen von Militärgeschützen
Besonderheit: unabhängige Achsaufhängung

FORD
⚒ **1932 USA**

FORD V-8 MODELL BB

Der Ford V8 war 1932 eine Sensation. Er lief zuverlässig, ruhig und kraftvoll. Der preiswerte L-Motor trieb das neue Nutzfahrzeugfahrgestell BB an, das die AA-Typen ersetzte.

Oben: *Das V8-Logo verwies auf den Motor.*

Technische Daten

Land: USA
Gebaut seit: 1932
Motor: 8-V-Zylinder, Benzinantrieb
Getriebe: 3 Gänge
Nutzlast: 1,5 Tonnen
Verwendungszweck: Lieferwagen, Tankwagen, Pritsche, Kipper
Besonderheit: neuer V8-Motor

Der V8-L-Motor von Ford war sofort erfolgreich, obwohl er anfangs zur Überhitzung neigte. Der V8-Motorblock war in einem Stück gegossen und leistete bei einem Hubraum von 3,6 Litern 65 PS (48 kW). Der Motor war einfach, aber Ford konnte zu einem konkurrenzlosen Preis acht Zylinder anbieten. Der neue Laster des Modells BB wurde mit einem Radstand von 334 oder 398 cm angeboten und hatte einem neuen, kräftigeren Stahlrahmen, eine solide Federung und einen verbesserten Wellenantrieb. Der Tank war unter dem Sitz angebracht. Trotz des guten Motors musste Ford während der Weltwirtschaftskrise Millionenverluste hinnehmen. Bei Transportunternehmern waren die Laster mit ihren V8-Logos auf dem Kühlergrill jedoch sehr beliebt. 1934 wurde der Motor mit einer neuen, synchronisierten Kurbelwelle aus Stahllegierung verbessert, die die Vibrationen reduzierte und so für eine höhere Laufruhe sorgte. Auch ein neuer doppelter Stromberg-Fallstromvergaser wurde eingebaut. 1935 wurde eine neue Karosserie vorgestellt, und mit dem überarbeiteten Rahmen änderte sich der Name des Lastwagens. Das Modell BB lief aus und wurde zum Modell 51.

VOLVO

1938 Schweden

VOLVO LV101 SHARPNOSE

Die ersten Sharpnose-Laster wurden 1938 vorgestellt. Die leichten bis mittleren Lastwagen der Serie hatten eine spitz zulaufende Front, die ihnen den Spitznamen verlieh.

Oben: *Volvo LV101, der kleinste schwedische Laster seiner Zeit.*

Das erste Fahrzeug der Baureihe, der LV101, war der kleinste Lastwagen, der je von einem schwedischen Hersteller gebaut worden war. Technisch ähnelte er stark den Volvo-Taxis. Die Fahrgestelle waren nahezu identisch. Wie spätere Modelle der ersten Sharpnose-Generation auch, hatte er einen seitengesteuerten 3,67-Liter-EC-Motor mit 86 PS (64,1 kW). Er fuhr mit einem mechanischen, unsynchronisierten drei- bis viergängigen Getriebe, und das Fahrgestell war einfach und robust. Die Rahmen der LV101 und LV102 waren über die Hinterachse geschwungen, um die Ladehöhe zu senken. Später wurde auch ein mittlerer Lastwagen angeboten, der mehr Nutzlast bot und auch als kleiner Kipper ausgestattet werden konnte. Der größte Sharpnose, der LV110 von 1949, wurde mit unterschiedlichen Radständen angeboten, konnte aber keine größeren Entfernungen zurücklegen.

„Attraktiv und elegant"

Volvo zählte damals nicht zu den führenden Herstellern von Schwerlastwagen. Es lag in Produktionsumfang und modernem Design weit hinter den Unternehmen aus den USA, Großbritannien, Deutschland und Frankreich zurück. Das erklärt vermutlich, warum die Volvo-Lastwagen der mittleren bis späten

1930er-Jahre so stark von den Designtrends der großen Lastwagennationen beeinflusst waren. Es überrascht kaum, dass die meisten Ingenieure, die bei Volvo die Fahrzeuge entwickelten, bei amerikanischen Automobilunternehmen gelernt und gearbeitet hatten. Sie alle legten Wert auf das Design der Fahrgestelle, und das ganz im Sinne des damaligen Managements. In Zeitschriften wie dem Volvo-Kundenmagazin *Ratten* wurde das Sharpnose-Design dann auch sehr gelobt: „attraktiv und elegant“.

Holzgasgeneratoren

Die frühen Sharpnose-Laster waren in technischer Hinsicht einfach. Sie fuhren mit seitengesteuerten Benzinmotoren mit 75 bis 86 PS (55,9 bis 64,1 kW). Für den Kriegseinsatz baute Volvo dann auch Lastwagen mit einem patentierten Holzgasgenerator, der 50 PS (37,2 kW) leistete. Volvo hatte den selbst entwickelten Generator im September 1939 herausgebracht, weil die Kraftstoffressourcen im Land drastisch abnahmen. Diese Generatoren waren viel leichter zu befeuern als solche mit Kohlegasbrennern, die für andere Laster und Busse entwickelt worden waren. Das machte Volvo noch populärer und führte dazu, dass die Produktionskapazitäten des Unternehmens bald ausgeschöpft waren. Volvo konnte den Bestellungen für Lastwagen, Busse, Taxis und PKWs kaum noch nachkommen.

1943 gab das schwedische Militär den LV103 in Auftrag, den ersten Volvo-Laster mit einem Anhänger. Bisher hatte sich das Unternehmen auf die Herstellung der reinen Fahrgestelle konzentriert und es den Karosseriebauern überlassen, das Fahrzeug nach Bedarf mit einer Ladefläche oder einem Anhänger zu vervollständigen. Die LV103-Zugmaschine hatte einen langen Auflieger. Die Fahrzeuge waren allerdings langsam, da der Motor schon bei geringen Geschwindigkeiten hohe Drehzahlen entwickelte. Deshalb eigneten sie sich nicht für den Ferntransport.

Einige Element des populären Sharpnose-Designs überlebten und fanden sich im Lauf der Jahre in späteren Modellen wieder. Auch die Baureihe selbst gab es noch bis 1945.

Der schwerere LV110 wurde bis 1946 gebaut und der LV102 bis weit in die 1950er-Jahre. Er war so beliebt bei den Kunden, dass Volvo den LV105 herausbrachte. Das war im Wesentlichen ein LV102 mit modernisiertem Motor und neuem Armaturenbrett.

Mitte der 1950er-Jahre entwickelte sich Volvo zu einem großen, internationalen Hersteller von Schwerlastwagen. Das Sharpnose-Design war leider inzwischen völlig überholt.

Technische Daten

Land: Schweden
Gebaut seit: 1938
Motor: seitengesteuert, Benzinantrieb
Getriebe: 4 Gänge
Nutzlast: unterschiedlich
Verwendungszweck: verschiedene
Besonderheit: optional mit Holzgasgenerator

Unten: *Volvo war zunächst mehr auf PKWs eingestellt, doch der Sharpnose hatte Erfolg.*

GMC

1939 USA

AFD COE

Die General Motors Company war in den 1930er-Jahren nicht nur ein Pionier bei der Herstellung von PKWs. Sie war auch eine Größe im amerikanischen Truck-Geschäft. Ein begehrtes Modell war der Tanklaster AFD COE.

Technische Daten

Land: USA
Gebaut seit: 1939
Motor: 3-Zylinder-Diesel
Getriebe: nicht bekannt
Nutzlast: 5,08 Tonnen
Verwendungszweck: Tankwagen, Pritsche, Leiterwagen
Besonderheit: 3-Zylinder-Zweitaktmotor von Detroit-Diesel

GMC erwarb 1925 eine Mehrheitsbeteiligung an der Yellow Cab Company, einem Bushersteller, der schon vor der kompletten Übernahme 1943 alle Lastwagen von GMC herstellte. Diese Transporter konkurrierten mit einer anderen Abteilung von GMC, der Chevrolet Company. Doch der interne Wettbewerb wirkte sich innovationsfördernd und profitsteigernd aus. Letztendlich wurde Chevrolet angewiesen, leichte Lastwagen zu bauen, während sich die General Motors Company auf die schwereren Modelle konzentrierte. Entsprechend wurden 1931 Lastwagen mit Nutzlasten von bis zu 15,2 Tonnen angeboten.

Frontlenker waren populär, und 1937 bot das Unternehmen elf Frontlenkermodelle mit Benzinmotoren von 85 bis 110 PS (63 bis 82 kW) an.

Dieselmotoren

1939 stellte GMC seine ersten Dieselmotoren vor, die von einer neuen Unterabteilung (Detroit-Diesel) gebaut wurden. Die Zweitaktmotoren mit drei oder vier Zylindern konnten nur in Lastwagen bis zu 6,09 Tonnen verwendet werden. Das größere Haubenmodell, der T-61H, hatte eine Nutzlast von 10,16 Tonnen. Die Frontlenkervariante F-61H erreichte wegen der kleineren Kabine eine höhere Nutzlast von 12,2 Tonnen. Sie war bei Transportunternehmern sehr beliebt, obwohl der Motor erheblich schlechter zugänglich war.

Oben: *Dieser Tankwagen von 1939 war eines der letzten Vorkriegsmodelle von General Motors. Er hatte noch den verchromten Kühlergrill.*

AUSTIN
1939 **Großbritannien**

AUSTIN K2

Das Unternehmen Austin aus Birmingham stieg 1939 mit Fahrzeugen bis 5,08 Tonnen Nutzlast in die Lastwagenproduktion ein. Der K2 war besonders verbreitet.

Oben: *Die neue K-Serie von Austin mit leichten bis mittleren Lastwagen wurde 1939 erstmals vorgestellt.*

Rechts: *Die K-Modelle sahen den Bedfords aus Luton so ähnlich, dass sie im Volksmund „Birmingham Bedfords" hießen.*

Technische Daten

Land: Großbritannien
Gebaut seit: 1939
Motor: 6-Zylinder
Getriebe: 4 Gänge, Kegelradantrieb
Nutzlast: 2,03 Tonnen
Verwendungszweck: Leiterwagen, Paketlieferwagen, Pritsche
Besonderheit: V-förmige Windschutzscheibe

Das Design der K2 ähnelte stark den Fahrzeugen von Bedford, sodass Austin als die „Birmingham Bedford Company" bezeichnet wurde. Der 2,03-Tonner wurde vor dem Krieg entwickelt, aber das zivile Modell mit Stahlfahrerhaus gab es erst 1945. Während des Zweiten Weltkriegs wurden in dem Austin-Werk in Longbridge 13 000 K2/Y als Sanitätswagen für das Militär gebaut.

Nach dem Krieg

Nach dem Krieg wurde der K2 als Lieferwagen, Viehtransporter oder Pritschenwagen genutzt. Er hatte einen erprobten Sechszylinder-Benzinmotor mit 27 PS (20 kW) und ein Vierganggetriebe. Der Austin K2 und der größere K4-5,08-Tonner waren in Großbritannien sehr beliebt. Mit ihrem Stahldach und der V-förmigen Windschutzscheibe sahen sie modern aus. 1947 kam ein neues Nutzfahrzeug hinzu, der leichte Lieferwagen K8. Auch dieser Frontlenker mit Stahlkarosserie war erfolgreich. Anfang der 1950er-Jahre bekamen die Haubenmodelle der K-Serie ein neues Design, mit moderneren Hauben und Kotflügeln. Nachdem Austin 1951 mit der British Motor Corporation fusioniert hatte, lief das Modell jedoch aus.

VULCAN
1938 Großbritannien

VULCAN ZWEITONNER

Die Anfänge der Vulcan Motor and Engineering Company liegen im Jahr 1901. Bei der Liverpool Cycle and Motor Show im folgenden Jahr stellte das Unternehmen sein erstes Fahrzeug mit Benzinantrieb vor.

Technische Daten

Land: Großbritannien
Gebaut seit: 1938
Motor: 6-Zylinder
Getriebe: 4 Gänge, Kegelradantrieb
Nutzlast: 2,03 Tonnen
Verwendungszweck: Nutzfahrzeug, öffentlicher Verkehr
Besonderheit: Niederflurfahrgestell für leichteres Be- und Entladen

Oben: *Die 2,03-Tonnen-Frontlenker der späten 1930er-Jahre von Vulcan waren sehr wendig.*

Im Jahr 1906 produzierte das Unternehmen in Lancashire bereits über 100 Fahrzeuge pro Jahr. Vulcans wurden außerhalb von Lancashire und sogar außerhalb der Britischen Inseln verkauft – in Neuseeland, Australien, Indien, Kanada, Afrika, Malaysia, Indonesien, Neufundland, Spanien und den Westindischen Inseln.

Mit dem Ausbruch des Ersten Weltkriegs wurde die Produktion von PKWs vorübergehend eingestellt. Von 1914 bis 1918 baute Vulcan Motors Rahmen und Motoren für Flugzeuge. Das Unternehmen fand aber noch Zeit, weitere Lastwagen zu produzieren, größtenteils für militärische Zwecke. Das erleichterte ihm nach dem Krieg den Wiedereinstieg in die Produktion von zivilen Nutzfahrzeugen.

Sechszylinder-Benzinmotor

Nach dem Ersten Weltkrieg baute das britische Unternehmen wieder PKWs und Nutzfahrzeuge. 1926 entwickelte Vulcan sogar einen neuen Sechszylinder-Benzinmotor, der auch einzeln verkauft wurde.

1927 verlegte Vulcan seinen Schwerpunkt auf Nutzfahrzeuge und produzierte mit einem Niederflurfahrgestell auch Transporter für den öffentlichen Verkehr. Es waren harte Zeiten, und während der 1930er-Jahre geriet das ehemals internationale Unternehmen unter Konkursverwaltung.

SCAMMELL
1939 **Großbritannien**

SCAMMELL PIONEER MILITÄRSERIE

Der erste Sattelschlepper von Scammell war ein 7,5-Tonner aus dem Jahr 1921. Von da an baute die britische Firma hauptsächlich Sattelschlepper und normale Lastwagen mit vier Achsen.

Oben: *Die Stärke des Pioneer war seine gute Geländegängigkeit.*

Technische Daten

Land: Großbritannien
Gebaut seit: 1939
Motor: 6-Zylinder, Dieselantrieb
Getriebe: 5 Gänge
Nutzlast: nicht bekannt
Verwendungszweck: schwerer Geländeeinsatz
Besonderheit: „Breakdown"-Zugmaschinen mit zusammenklappbarem Ausleger

Scammell brachte 1927 erstmals den Pioneer heraus, eine dreiachsige, schwere Geländezugmaschine, mit einer pendelnden Vorderachse und 60 cm vertikaler Bewegungsfreiheit an den Hinterrädern. Das sorgte für eine sichere Fahrt im Gelände. Damit war der Pioneer ideal für den Einsatz in Ölfeldern oder bei der Holzgewinnung. Mit dem Ausbruch des Zweiten Weltkriegs nutzte die Armee den Pioneer. Der Lastwagen wurde zuerst für den Transport von Panzern eingesetzt, fand aber schnell auch andere Verwendungen. Während des Krieges waren die Scammells mit Gardner Sechszylinder-Dieselmotoren ausgerüstet, die ihnen bei niedrigen Geschwindigkeiten das hohe Drehmoment gaben, das sie für die Bergung von Panzern und Lastwagen brauchten. Sie waren auch ideal, um die schweren Geschütze der damaligen Zeit zu schleppen.

Für die Bergung von liegen gebliebenen Lastwagen und das Bewegen von Geschützen wurde die Artilleriezugmaschine 1939 zusätzlich mit einer Winde ausgestattet, die 8,1 Tonnen ziehen konnte. Die ersten 43 „Breakdown"-Zugmaschinen mit den Bezeichnungen SV1S und SV1T hatten auch einen zusammenklappbaren Ausleger.

CHEVROLET
1939 USA

CHEVROLET 0,75-TONNEN-MODELL JD

Chevrolet war ein unabhängiges Unternehmen, bis es 1918 Teil von General Motors wurde. William Crapo Durant hatte es 1912 gegründet. 1918 hatte Chevrolet mit der Herstellung von Lastwagen begonnen.

Die ersten Laster des Unternehmens mit Nutzlasten von 0,75 bis zu 1 Tonne waren gewöhnliche Fahrzeuge mit Vollgummireifen und Schneckenantrieb. Sie wurden von einem 3,7-Liter-Vierzylinder-OHV-Motor mit Tauchschmierung aus eigener Herstellung angetrieben. Die Lastwagen hatten außerdem volle Elektrizität, Zündspulen und ein Dreiganggetriebe.

Sie verkauften sich außergewöhnlich gut. Chevrolet konnte bereits im ersten Jahr 879 Stück absetzen, und bis Ende 1919 wurden weitere 7300 Stück gebaut. In den frühen 1920er-Jahren brachte das Unternehmen seine ersten luftgekühlten Vier- und Sechszylindermotoren heraus. Mit der Einführung der Eintonner-Chevys mit Kegelradantrieb folgten 1923 wassergekühlte Motoren.

Elektrischer Benzinanzeiger

In den 1930er-Jahren verwendete der Hersteller Vier- und Sechszylindermotoren und hatte einige Verbesserungen vorgenommen. Dazu gehörten optionale doppelte Hinterräder, stärkere Hinterachsen und Innenbackenbremsen an allen Rädern. Außerdem waren die Lastwagen mit einem elektrischen Benzinanzeiger ausgerüstet.

Oben: *Das Modell JD hatte eine zweiteilige Windschutzscheibe und einen schwereren Kühlergrill.*

Technische Daten

Land: USA
Gebaut seit: 1939
Motor: 4- oder 6-Zylinder
Getriebe: 4 Gänge, Kegelradantrieb
Nutzlast: 0,75 Tonnen
Verwendungszweck: Lieferwagen, Fernlastverkehr
Besonderheit: verbesserte Hinterachse, Benzinanzeiger

PETERBILT
🛠 **1939 USA**

PETERBILT 260GD

Peterbilt verdankt seine Gründung der kalifornischen Fageol Truck Company, einem Lastwagenhersteller, der sich auf den Bau von Transportern für den Westen der USA spezialisiert hatte.

Oben: *Peterbilt baute vorübergehend einen Kühlergrill aus Aluminium.*

Technische Daten

Land: USA
Gebaut seit: 1939
Motor: Dieselantrieb
Getriebe: Kettenantrieb, 4 Gänge Hauptgetriebe, 3 Gänge Gruppengetriebe, doppelte Hinterachsübersetzung
Nutzlast: nicht bekannt
Verwendungszweck: variabel
Besonderheit: Druckluftbremsen

Wegen finanzieller Schwierigkeiten sank der Absatz von Fageol. Das Unternehmen ging 1932 in Konkurs. Zu dieser Zeit suchte ein Holzhändler aus Washington, T. A. Peterman, gute Laster für seine Firma. Peterman hatte bisher ausrangierte Militärlaster und alte Holztransporter für den Einsatz auf Waldwegen umgebaut. 1938 hatte sich sein Holzgeschäft aber so ausgeweitet, dass er mehr Fahrzeuge brauchte. Er kaufte das alte Fageol-Werk und begann 1939 mit dem Bau von Holztransportern mit Kettenantrieb. Es dauerte natürlich seine Zeit, bis Peterman wusste, worauf es beim Lastwagenbau wirklich ankam.

Experimente mit Aluminium

Das Modell 260GD von 1939 hatte zum Beispiel einen Kühlergrill aus Aluminium, der zwar das Gewicht reduzierte, aber nicht stabil war. Also wurde er nach nur einem Jahr wieder aufgegeben.

Der Motor war erfolgreicher. Der Cummins-HB6-Dieselmotor lieferte bis zu 150 PS (111,8 kW), mit einem viergängigen Hauptgetriebe von Brown-Lipe und einem dreistufigen Gruppengetriebe. Der 260GD war außerdem mit einer doppelt übersetzten Hinterachse von Timken und Druckluftbremsen ausgestattet.

Der Erfolg von Peterbilt hing entscheidend von der Entwicklung des Straßennetzes und den Bedürfnissen von Industrie und Militär während des Zweiten Weltkriegs ab. Während Henry Ford hunderte von Lastwagen täglich produzierte, konzentrierte Peterman sich auf die Qualität und baute 1939 nur 14 Stück.

STUDEBAKER
1942 USA

STUDEBAKERS PANZER WIESEL M29

Studebaker gab 1941 seine Frontlenkerbaureihe auf, um leichte Laster zu bauen. Der M3 war einer von vielen Versuchen, in den Pick-up-Markt vorzustoßen. Es entstand auch ein wendiger Panzer.

Technische Daten

Land: USA
Gebaut seit: 1942
Motor: wassergekühlter 6-Zylinder-Diesel
Getriebe: Kettenantrieb auf Hinterachse, 3 Gänge vorwärts, 1 rückwärts
Nutzlast: nicht bekannt
Verwendungszweck: militärisch
Besonderheit: schwimmtauglich

Oben: *Der Panzer Wiesel wurde von 1942 bis 1943 gebaut.*

Während zuvor auch Waukesha-Motoren eingebaut worden waren, verwendete Studebaker mit der Einführung der M-Serie wieder ausschließlich eigene Motoren. Die Sechszylinder-Dieselmotoren von Studebaker leisteten 94 PS (70 kW).

Der Wiesel konnte schwimmen

Der Studebaker Wiesel, ein Kettenfahrzeug zum Personen- und Lastentransport, wurde von 1942 bis 1943 speziell für den Kriegseinsatz gebaut. Das Vollkettenfahrzeug mit bis zu 50 cm breiten Ketten hatte einen vorne liegenden Motor und einen zweistufigen Hinterachsantrieb. Der wassergekühlte Sechszylindermotor von Champion leistete bis zu 65 PS (48,4 kW) und erreichte eine Spitzengeschwindigkeit von 58 km/h. Das Fahrzeug war 3,2 m lang, 1,67 m breit und 1,8 m hoch und hatte eine Bodenfreiheit von 28 cm. Es war speziell für arktische Aufklärungs- und Stoßtruppunternehmen entwickelt worden, wurde vom amerikanischen Militär aber viel breiter eingesetzt, da es auch schwimmen konnte. Die Streitkräfte hatten offensichtlich sehr gute Verwendung für den M29, denn Studebaker produzierte in nur zwei Jahren ungefähr 15 000 Stück.

VOLVO
1939 **Schweden**

VOLVO ROUNDNOSE

Ende der 1930er-Jahre war das schwedische Unternehmen Volvo bereits der größte Lastwagenhersteller in Nordeuropa. Zu seiner Produktpalette gehörten moderne Fahrzeuge mit effizienten Motoren, die viel Nutzlast befördern konnten.

Oben: *Wie beim früheren Sharpnose war das Design des Roundnose von Lastern aus den USA, Großbritannien und Deutschland inspiriert.*

Rechts: *1939 gab Volvo dem Kühlergrill dieses LV142 ein runderes Aussehen.*

Technische Daten

Land: Schweden
Gebaut seit: 1939
Motor: Benzin- oder Gasgenerator
Getriebe: 4 Gänge, Kegelradantrieb
Nutzlast: unterschiedlich
Verwendungszweck: größtenteils militärisch
Besonderheit: Roundnose-Design

Das neue Roundnose-Design wurde 1939 vorgestellt. Volvo brachte damit einen seiner erfolgreichsten Laster heraus. Die Roundnose-Reihe umfasste Lastwagen mit ähnlichem Aussehen, die aber sehr variabel zum Einsatz kamen. Es gab allerdings auch Unterschiede im Design. So gab es zum Beispiel drei verschiedene Längen für die Front der Roundnose-Laster. Zwei von ihnen wurden mit Benzin- oder Gasgeneratormotoren angeboten. Das Design der Laster war von Vorbildern aus den USA, Großbritannien und Deutschland inspiriert.

Da die Reihe zu Beginn des Zweiten Weltkriegs vorgestellt wurde, gab es kaum zivile Abnehmer. Allerdings orderte das Militär in großem Stil.

Beliebt nach dem Krieg

Die Popularität des Volvo Roundnose hielt nach dem Krieg an. Erfolgreich war vor allem die LV125-Baureihe, von der über 10000 Stück verkauft wurden. Auch dieses Modell kam sehr unterschiedlich zum Einsatz. Die meisten Fahrzeuge trieb ein einfacher Motor mit bis zu 90 PS (67,1 kW) an. Es waren aber auch Benzinmotoren mit bis zu 105 PS (78,2 kW) verfügbar. Hesselmann-Motoren, die mit billigerem Öl liefen, waren eine weitere Option. Im Zweiten Weltkrieg wurden Gasgeneratormotoren eingesetzt.

WHITE
1939 USA

WHITE HORSE

Ende der 1930er-Jahre produzierte die White Motor Truck Company eine große Palette von Nutzfahrzeugen für den Transport von Personen oder Waren. Sie stellte ihre eigenen Motoren her.

Technische Daten

Land: USA
Gebaut seit: 1939
Motor: luftgekühlter 4-Zylinder-Benzinmotor
Getriebe: 3 Vorwärtsgänge
Nutzlast: 2,03 Tonnen
Verwendungszweck: Stadtlieferwagen
Besonderheit: Der abnehmbare Motor war hinten angebracht.

Oben: *Der Heckmotor des White Horse ließ sich leicht ausbauen, was die Wartung erleichterte.*

White begann 1938 mit der Produktion eines Kastenlieferwagens, genannt Merchandor. Der Motor war bei dem Fahrzeug unter dem Boden angebracht, um die Ladekapazität zu optimieren. 1939 baute White 6x6-Lastwagen für die US-Streitkräfte. Aber auch bei der Entwicklung von zivilen LKWs schaltete White mit dem White Horse wirtschaftlich einen Gang höher.

Hinten liegender Motor

Der White Horse war speziell für den städtischen Lieferverkehr konstruiert. In einigen Bereichen unterschied er sich jedoch deutlich vom Merchandor. Der abnehmbare Motor war zum Beispiel am hinteren Ende des Lieferwagens angebracht. Es handelte sich um einen von Franklin entwickelten, luftgekühlten Vierzylindermotor mit 40 PS (29,8 kW), mit Dreiganggetriebe und Spiralfederaufhängung. Ansonsten war der White Horse ein normaler, alltäglicher Stadtlieferwagen. Der praktische Kastenwagen hatte eine Nutzlast von 2,03 Tonnen. Diese Kombination aus Vertrautheit und Innovation kam gut an. Im ersten Jahr seiner Produktion wurden über 2000 Stück verkauft. Der White Horse wurde bis 1942 gebaut. Dann kam die Produktion zum Erliegen, weil White im Zweiten Weltkrieg Fahrzeuge für die US-Armee herstellen musste.

Während dieser Zeit wurden die Lastwagen umgebaut und hießen nun Modell 99 und Modell S-99 mit einem Radstand von 2,51 m sowie Modell 116, Modell S-116 und Modell H-116 mit einem Radstand von 2,94 m.

CHEVROLET

1940 USA

CHEVROLET KD/KE

1933 überflügelte Chevrolet erstmals seinen Rivalen Ford. Fünf Jahre später konnte die wichtigste Abteilung von General Motors eine vollständig neue Lastwagenbaureihe anbieten.

Rechts: *Der Chevy von 1940 war einer der attraktivsten Leichttransporter seiner Zeit.*

Technische Daten

- **Land:** USA
- **Gebaut seit:** 1940
- **Motor:** 6-Zylinder, Benzinantrieb
- **Getriebe:** 4 Gänge
- **Nutzlast:** 0,76 bis 1,02 Tonnen
- **Verwendungszweck:** Leiterwagen, Pritsche, Viehtransporter
- **Besonderheit:** verchromter Kühlergrill mit Chevrolet-Schriftzug

Die Typbezeichnungen bei Chevrolet änderten sich oft. Der 0,76-Tonnen-Laster, das Modell GD, wurde 1937 entwickelt. 1938 nannte man ihn HD, 1939 JD und 1940 KD. Der 1,02-Tonner hieß zunächst GE, dann HE, 1939 VA und 1940 WA.

Neues Design

Die Chevys präsentierten 1937 ein neues Design. Die zwei neuen Lastwagen ähnelten sich, aber die hydraulischen Bremsen des 1,02-Tonnen-Fahrzeuges waren größer (36 cm), es hatte größere Reifen und eine stärkere Hinterachsfederung. Im selben Jahr wurde auch ein neuer Sechszylindermotor angeboten. Sein Hubraum war auf 3,5 Liter erhöht worden, und er hatte eine Leistung von 85 PS (62 kW). 1939 bekam die Baureihe ein neues Fahrerhaus mit einer zweiteiligen, V-förmigen Windschutzscheibe, und alle Modelle hatten einen größeren Radstand. Kurz vor Kriegseintritt der USA sah der leichte Chevy immer luxuriöser aus. 1940 war der charakteristische Kühlergrill verchromt und hatte einen roten Chevrolet-Schriftzug. Danach wurden alle Lastwagen mit neuen Hauben, Kotflügeln und Scheinwerfern sowie mit auffälligem Kühlergrill versehen.

FREIGHTLINER

1940er-Jahre USA

FREIGHTLINER CF100

Außergewöhnlich an dem LKW-Hersteller Freightliner ist, dass er seinen Ursprung nicht in der Motor- oder Fahrradherstellung hat, sondern im Transportwesen. Der Besitzer des Unternehmens fand seine Laster zu schwer, zu lang und zu teuer. Also wies er seine Monteure an, einen leichteren LKW aus vorhandenen Materialien zu konstruieren.

Oben: *Als Transportunternehmer wusste Leyland James genau, welche Leistung ein Laster erbringen musste. Also entwickelte sein Team den CF100.*

Leyland James gründete 1929 in Portland in Oregon das Transportunternehmen Consolidated Freightlines. Er suchte nach Möglichkeiten, Nutzlast und Profit zu steigern. Dies führte zur Entwicklung des ersten Lasters von Freightliner.

Dabei machte die Not erfinderisch. Die Hersteller, bei denen er kaufte, ignorierten das Anliegen von James. Er wollte leichtere Nutzfahrzeuge, die höhere Lasten transportierten und dennoch innerhalb der Längenbeschränkung von 18,3 m blieben, die viele Staaten im Westen der USA erlassen hatten.

Gewichtseinsparung

James begann mithilfe der Mechaniker, die bei ihm angestellt waren, selbst Lastwagen umzubauen. Mitte der 1930er-Jahre hatten sie bereits einige seiner Lastwagen mit leichteren Teilen aus Aluminium ausgestattet, wie Bremsbacken, Radaufhängungen und Anhängerkupplungen. Der nächste logische Schritt waren Aufbauten aus Aluminium für die Laster selbst und ihre Anhänger. Dann folgte das Frontlenker-Design. Durch das Verkürzen der Zugmaschine konnte James den Anhänger verlängern und so die Nutzlast erhöhen.

Der erste Consolidated Freightliners Frontlenker wurde von den Mechanikern aus Ersatzteilen und zusammengeschweißten Kabinen montiert. Er bestand aus einem Laster von Fageol, mit einem Fahrgestell von der Truck and Coach Company und einem selbst konstruierten Aluminium-Fahrerhaus. Der Laster hatte einen Dieselmotor von Cummins und war eine ganze Tonne leichter als jeder andere Laster mit einer vergleichbaren Nutzlast.

Das Frontlenker-Design von James war so erfolgreich, dass das Unternehmen allein in den nächsten drei Jahren 20 weitere Fahrzeuge baute. Die Idee von James, Lastwagen leichter und Anhänger leichter und länger zu machen, kam offensichtlich an.

Expansion in den 1940er-Jahren

Bis 1940 hatte James mehrere andere Transportunternehmer von den Vorzügen von leichteren, kürzeren Lastwagenbauweisen zur Erhöhung von Nutzlast und Profit überzeugt. Consolidated Freightways (James hatte das Unternehmen umbenannt) und fünf weitere Transportunternehmer aus dem Westen der Vereinigten Staaten gründeten 1940 die Freightways Manufacturing Company, um Laster für ihre eigenen Flotten zu bauen. In Salt Lake City in Utah wurde das erste Werk des Unternehmens eröffnet.

Der erste Lastwagen war der leichte Frontlenker von James, der inzwischen weiter verbessert worden war. Er hatte jetzt einen stabilen Rahmen aus hitzebehandelter Stahllegierung. Das Fahrerhaus und der Aufbau aus Aluminium blieben natürlich sein charakteristischstes und profitabelstes Merkmal.

Selbst nach der Eröffnung des Werkes in Salt Lake City hatte James noch nicht vor, langfristig in die Lastwagenproduktion einzusteigen. Er wollte lediglich genug Laster für sich und die Teilhaber bauen, mit denen er sich zusammengeschlossen hatte. Das änderte sich erst, als die Freightways Manufacturing Company versuchte, die Montage ihrer Lastwagen auszulagern. James und seine Partner kamen schnell zu dem Schluss, dass die außerhalb ihres Werkes zusammengebauten Fahrzeuge erheblich schlechter waren als die selbst montierten. So stieg Freightways schließlich doch in die Lastwagenproduktion ein. Eine erfolgreiche Lastwagenmarke war geboren.

Technische Daten

Land: USA
Gebaut seit: 1940er-Jahre
Motor: Dieselantrieb
Getriebe: nicht bekannt
Nutzlast: nicht bekannt
Verwendungszweck: Ferntransport
Besonderheit: Aufbauten, Fahrerhaus aus Aluminium

Unten: *Leyland James gründete 1940 mit fünf weiteren Unternehmen die Freightways Manufacturing Company.*

BEDFORD
1939–1945 **Großbritannien**

BEDFORD OY DREITONNER

Die britische Armee griff im Zweiten Weltkrieg auf Zivilfahrzeuge von Bedford zurück, die leicht umgerüstet wurden, um den Transport für Infanterie und Nachschub an die Front zu ermöglichen.

Oben: *Der OY-4x2-Bedford-Militärlastwagen war vielseitig.*

Links: *Der Bedford-OY-Militär-Dreitonner wurde aus Zivilfahrzeugen entwickelt.*

Der zweiachsige Bedford-OY-Lastwagen mit Zweiradantrieb wurde von den britischen Streitkräften während des gesamten Zweiten Weltkriegs eingesetzt. Er konnte bis zu 3,8 Tonnen transportieren, auch wenn seine offizielle Nutzlast nur 3 Tonnen betrug.

Kriegsproduktion

Bei Kriegsausbruch 1939 waren die Bedford-OY-Dreitonner bereits als Nutzfahrzeuge produziert worden. Das britische Kriegsministerium benötigte mehr Fahrzeuge, auch wenn es bereits 85000 Stück zur Verfügung hatte (26000 davon waren aus zivilen Ressourcen „geliehen"). An den zivilen OYs waren nur geringe Veränderungen notwendig, um sie kriegstauglich zu machen. Bedford vereinfachte den Aufbau (die frühen Kriegsaufbauten waren aus Holz) und ersetzte die doppelten Hinterräder des Lastwagens durch einfache. Von den OYs wurden während des Krieges mehr produziert als von jedem anderen britischen Dreitonner. Über ein Viertel der Lastwagen, die Bedford während des Krieges produzierte, waren OYs: rund 72000 der insgesamt 250000 Fahrzeuge.

OY-Lastwagen wurden für die unterschiedlichsten Zwecke eingesetzt, als mobile Werkstatt, als Büro oder zum Transport von Truppen, Maschinengewehren und Vorräten. Der Bedford-Tanklaster OYC konnte 3637 Liter Kraftstoff transportieren.

Technische Daten

Land: Großbritannien
Gebaut seit: 1939
Motor: Diesel- und Benzinantrieb
Getriebe: 4 Gänge, Kegelradantrieb
Nutzlast: 3,04 Tonnen
Verwendungszweck: militärisch
Besonderheit: Aufbau mit kiesgefüllten Wänden

ALBION
1940er-Jahre Großbritannien

ALBION 6x4-REPARATURLASTER

Gegen Ende des Zweiten Weltkriegs war ein Großteil der britischen Militärlastwagen in schlechtem Zustand. Viele von ihnen wurden vor Kriegsausbruch oder zu Beginn des Krieges konstruiert und waren mehrfach überholt worden.

Oben: *Der Albion-FT103N-Reparaturlaster war ein modifiziertes 6x4-Fahrzeug.*

Technische Daten

Land: Großbritannien
Gebaut seit: 1940er-Jahre
Motor: 4-Zylinder, Dieselantrieb
Getriebe: Ketten- oder Schneckenantrieb
Nutzlast: 3,04 Tonnen
Verwendungszweck: militärisch
Besonderheit: Die Bordwand konnte zur Werkbank heruntergeklappt werden.

Die Armee brauchte einen Lastwagen für Reparaturen und Ersatzteilbeschaffung an der Front. Weil es einen Engpass bei der Versorgung mit neuen Fahrzeugen gab, entschied man, zur Überbrückung eine begrenzte Anzahl von Albion-Dreitonnenlastwagen zu kaufen.

Geländeeinsatz

Die Albion-Lastwagen hatten ein einfaches Nutzfahrzeug-Fahrgestell mit drei Achsen und Vierradantrieb. Sie hatten keine geländetaugliche Federung, aber die britische Armee wollte sie trotzdem.

Auf dem Reparaturlastwagen befanden sich eine Drehbank, ein Bohrständer, ein Schleifbock, eine Gasschweißausrüstung, Batterieladegeräte und Werkzeug. Es wurden normale Fahrerhäuser von Albion Clansman verwendet. Die Aufbauten hatten eine Segeltuchplane und Bordwände aus Holz, die zu Werkbänken heruntergeklappt werden konnten. Auch an der Seite des Fahrzeugs konnten Segeltuchplanen angebracht werden, um einen größeren Arbeitsplatz am Boden zu schützen. Der Reparaturlastwagen FT war 6,32 m lang, 2,28 m breit und 3,35 m hoch und hatte einen Radstand von 3,58 m.

OM

1939 **Italien**

OM TAURUS

Das 1899 gegründete Unternehmen Officine Meccaniche aus Brescia in Italien begann 1925, Lastwagen herzustellen. Der Taurus, das populärste Vorkriegsmodell von OM, kam in den späten 1930er-Jahren heraus.

Oben: *Der Taurus war vor dem Krieg sehr beliebt.*

Vor den 1930er-Jahren hatte das italienische Unternehmen die Saurer-Lizenz erworben und unter eigenem Namen Laster gebaut. 1933 kam es unter die Kontrolle von FIAT, aber seine Lastwagen trugen weiter den Namen OM.

Sand im Getriebe

Der 1CRD war einer der modernsten italienischen Lastwagen seiner Zeit. Der Dreitonner wurde mit einem Dieselmotor von Saurer mit 60 PS (45 kW), einem Fünfganggetriebe und hydraulischen Bremsen angeboten. Kurz vor dem Zweiten Weltkrieg kam der Taurus heraus. Der 3,14-Tonnen-Lastwagen hatte einen robusten, leistungsstarken 5,3-Liter-Dieselmotor. Es gab auch eine Busausführung und den größeren Ursus, eine 6,5-Tonnen-Version, die von einem größeren Sechszylinder-Reihendieselmotor angetrieben wurde.

Während des Krieges setzten die italienischen Truppen in Nordafrika viele Taurus-Laster ein. Die Fahrzeuge hatten im Wüstenklima Probleme mit Überhitzungen und Sand im Getriebe. Nach dem Krieg ging ein neuer Taurus in Produktion, ein veränderter Laster als Frontlenker mit modernerem Design.

Technische Daten

Land: Italien

Gebaut seit: 1939

Motor: 4-Zylinder, Dieselantrieb

Getriebe: 5 Gänge

Nutzlast: 3,04 Tonnen

Verwendungszweck: Pritsche, Leiterwagen

Besonderheit: von Saurer lizenzierter 4-Zylinder-Reihendieselmotor

AUSTIN

1939 Großbritannien

AUSTIN K2Y

Der Austin K2Y war ein Sanitätswagen auf der Basis des Austin K2, einem 0,67-Tonnen-Laster. Während des Zweiten Weltkriegs wurden über 13000 Stück für die Alliierten Streitkräfte gebaut.

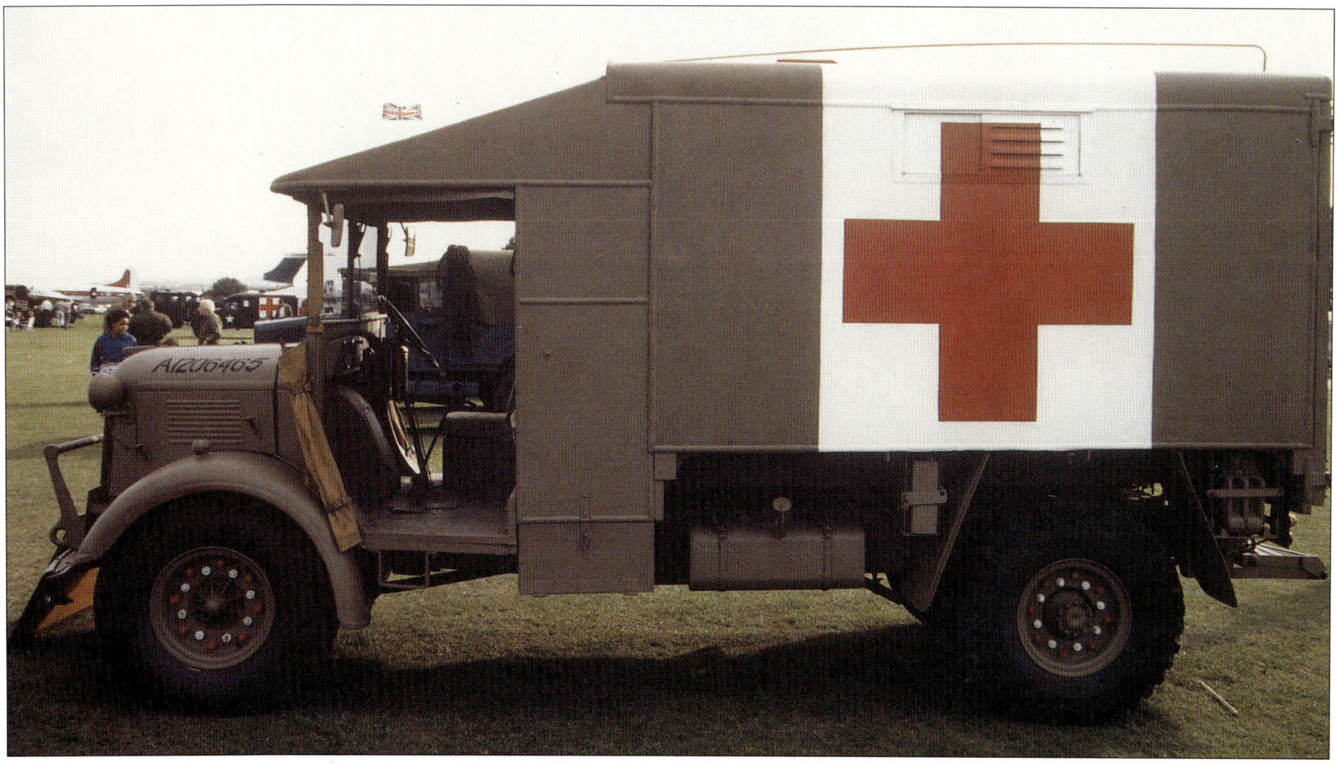

Oben: *„Katy" nannten die Briten ihren Krankentransporter.*

Technische Daten

Land: Großbritannien
Gebaut seit: 1939
Motor: 6-Zylinder, Benzinantrieb
Getriebe: 4 Gänge
Nutzlast: 2,03 Tonnen
Verwendungszweck: Sanitätswagen
Besonderheit: Krankenwagenaufbau mit vier Liegen

Der Austin K2Y wurde als „Lastwagen, 2 Tonnen, 4x2, Sanitätswagen" geführt. Er war ein beliebter Sanitätswagen und wurde von der britischen Armee genutzt. Im Rahmen des Leih- und Pachtgesetzes wurden der US Air Force einige Exemplare zur Verfügung gestellt. Auch die Sowjetische Armee verwendete einige K2Ys, aber diese Sanitätswagen waren zurückeroberte Modelle. Die Wehrmacht hatte 1940 während des Frankreichfeldzuges einige Fahrzeuge erobert und an der Ostfront eingesetzt, wo sie wiederum der Roten Armee in die Hände fielen.

Das offene Fahrerhaus bot dem Fahrer und einem Sanitäter Platz. Das Fahrgestell war mit einem Holzrahmen versehen, der mit wasserdichtem und isoliertem Leder bespannt war. Diesen Aufbau hatte das Royal Army Medical Corps kurz vor dem Krieg bestellt.

Vier Tragen oder acht sitzende Patienten fanden im Innern Platz. Es gab eine Kommunikationsluke zwischen Fahrerhaus und Aufbau und eine zweiflüglige Tür hinten am Fahrzeug. Zusätzlich waren eine Heizung und zwei Ventilatoren an den Seiten der Karosserie angebracht sowie zwei Abzugsgebläse auf dem Dach. Der Auspuff wurde oben an der Karosserie entlanggeführt, um die giftigen Abgase von den Verwundeten fernzuhalten. Der Sanitätswagen hatte einen Benzinmotor mit Vierganggetriebe.

PACIFIC CAR AND FOUNDRY
1942 USA

PACIFIC M26

Mit dem Modell Pacific M26 baute die amerikanische Firma damals die stärkste Zugmaschine der US-Streitkräfte. Heute ist das Unternehmen dafür bekannt, dass es unter verschiedenen großen Markennamen Schwerlaster verkauft, darunter Kenworth, Peterbilt, DAF, Leyland und Foden.

Technische Daten

Land: USA
Gebaut seit: 1942
Motor: Dieselantrieb
Getriebe: 4 Vorwärtsgänge und 3-stufiges zentrales Verteilergetriebe
Nutzlast: 12,2 Tonnen
Verwendungszweck: Panzertransport
Besonderheit: Dreiachser

Oben: *Der Pacific M26 war die beste Zugmaschine der US-Streitkräfte.*

Bevor Pacific Car and Foundry (Paccar) 1942 mit dem Bau von Fahrzeugen für die amerikanischen Streitkräfte beauftragt wurde, hatte es noch nie Laster hergestellt. Die US-Armee brauchte ein Fahrzeug, das stark genug war, um Panzer auf einem Auflieger zu schleppen. Mit dem M26 lieferte Pacific Car and Foundry genau das.

Der M26 war einer der stärksten Lastwagen, die während des Zweiten Weltkrieges gebaut wurden. Die 6x6-Frontlenker-Zugmaschine konnte 12,2 Tonnen ziehen. Sie hatte drei Achsen und einen Dieselmotor von Hall-Scott, der 240 PS (178,9 kW) leistete. Sie verfügte über ein Vierganggetriebe mit einem dreistufigen zentralen Verteilergetriebe, das über eine Welle mit den hinteren Tandemtriebachsen und der vorderen Lenkachse verbunden war.

Bergung von Panzern und Anhängern

Das Fahrzeug hatte an der Vorderseite eine Winde, die vom Fahrerhaus aus gesteuert wurde und 15,876 Tonnen ziehen konnte, um Panzer oder Anhänger zu bergen. Am Ende des Fahrerhauses befanden sich zwei weitere Winden.

DODGE

1942–1945 **Kanada**

DODGE T MILITÄR-LASTWAGEN

Die meisten kanadischen Betriebe von Dodge wurden 1940 auf Rüstungsproduktion umgestellt. Zwischen 1943 und 1945 baute das Unternehmen insgesamt über eine Million Militärlastwagen.

Rechts: *Dodge-Laster von 1942 mit der kanadischen Flagge an Tür und Stoßstange.*

Technische Daten

Land: Kanada
Gebaut seit: 1942
Motor: wassergekühlter 6-Zylinder-SV-Reihenmotor
Getriebe: 4 Vorwärtsgänge, 1 Rückwärtsgang
Nutzlast: unterschiedlich
Verwendungszweck: militärisch
Besonderheit: starre Achsen mit halbelliptischen Blattfedern

Es gab verschiedene T-Modelle, darunter den 4x4-0,5-Tonner T207-WC3, den T223-WC62 und den T223-WC63. Die Buchstaben WC standen für Waffentransporter (weapons carrier), aber das war nicht alles, was die Laster konnten. Einige von ihnen waren mit Winden ausgestattet, die Gewichte bis zu 2,54 Tonnen zogen.

Mit und ohne Winde

Einige, wie der WC52, waren Pick-ups mit offenem Fahrerhaus, andere, wie der WC53, waren PKWs. Von letzterem wurden ungefähr 8420 gebaut. Einige davon waren Viertürer, für den Einsatz als Kommandofahrzeug. Der WC54, von dem zwischen 1942 und 1944 29932 Stück gebaut wurden, wurde als Sanitätswagen eingesetzt und hatte daher keine Winde. Der WC55 war ein Geschütztransporter mit einer Winde. 5380 Stück wurden während des Krieges gebaut.

Motoren von Ford

Die LKWs waren alle mit dem wassergekühlten Sechszylinder-Reihenmotor T214 von Ford mit 92 PS (68,8 kW) und einem Vierganggetriebe mit einem Rückwärtsgang ausgestattet. Sie hatten ein einstufiges Verteilergetriebe mit Frontachsen-Differenzialsperre und eine Trockenscheibenkupplung.

FARGO

1940er-Jahre USA

FARGO T-137 MODELL FM6-W300M

In den 1940er-Jahren vermarktete Chrysler den Fargo nicht mehr in den USA, aber in Kanada und in Übersee war er weiterhin verbreitet. In Kanada wurden mittlere und schwere Fargos gebaut.

Technische Daten

Land: USA
Gebaut seit: 1940er-Jahre
Motor: DeSoto-6-Zylinder
Getriebe: 4 Gänge, Kegelradantrieb
Nutzlast: bis zu 4 Tonnen
Verwendungszweck: variabel
Besonderheit: Teile von Chrysler

Oben: *Amerikanische Fargos wie dieses Modell wurden in Kanada hergestellt.*

Bei seiner Einführung 1936 war der kanadische Fargo in Versionen von 0,5 bis 3 Tonnen erhältlich. 1939 kam noch ein in den USA produziertes Viertonnenmodell auf den kanadischen Markt. Lastwagen, die schwerer als 3 Tonnen waren, wurden aus Detroit nach Kanada exportiert.

Der Markenname Fargo entstand durch die Fargo Motor Car Company aus Chicago, die von 1913 bis 1922 Lastwagen verkaufte. 1928, als das Unternehmen längst nicht mehr existierte, übernahm die Chrysler Corporation den Namen und gründete die Fargo Motor Corporation, um Nutzfahrzeuge zu bauen. Sie begann sofort mit dem Bau von zwei vollständigen Nutzfahrzeugreihen, einem leichteren Lastwagen, dem Packet, und einem größeren, der auf dem Chrysler-65-Fahrgestell gebaut war. Beide wurden mit Bauteilen von Plymouth, DeSoto und Chrysler gebaut. 1930 ersetzte das Unternehmen den Plymouth-Vierzylindermotor des Packet durch einen Sechszylindermotor von DeSoto. Unter dem Namen Freighter kam die Eintonnenbaureihe auf den Markt. Auch für diese Modelle verwendete man Teile unterschiedlicher Chrysler-Fahrzeuge.

Das Fargo-Emblem

Die Transporter vom leichten Lieferwagen bis zum schweren Kipper und Sattelschlepper trugen schließlich das Fargo-Emblem: einen Globus. Die Produktion in den USA wurde Ende der 1930er-Jahre eingestellt, nachdem seit 1928 immerhin 7680 Stück produziert worden waren.

OSHKOSH

1940er-Jahre USA

OSHKOSH W-SERIE

Anders als viele andere Hersteller überstand Oshkosh den Ersten Weltkrieg und die Weltwirtschaftskrise, auch wenn das Unternehmen unter Umsatzeinbußen litt, weil ausrangierte Militärlaster den Markt überschwemmten.

Oben: *Das Modell W-2200 kam 1947 heraus. Das Fahrzeug war auch als Schneepflug im Einsatz.*

Rechts: *Oshkosh produzierte die W-Baureihe während des gesamten Zweiten Weltkriegs.*

Technische Daten

Land: USA
Gebaut seit: 1940er-Jahre
Motor: 6-Zylinder
Getriebe: 4 Gänge, Schneckenantrieb
Nutzlast: nicht bekannt
Verwendungszweck: Schneeräumung
Besonderheit: V-förmige Windschutzscheibe

In den 1920er- und 1930er-Jahre hatten die Laster diverse Funktionen. Sie waren Löschfahrzeuge, Schneepflüge, Baufahrzeuge, Bagger und Kipplaster. Bei Werbeaktionen in den frühen 1920er-Jahren ließ das Unternehmen seine Laster schon mal die Treppen von Schulen und öffentlichen Bibliotheken hinauffahren – ein damals unter LKW-Herstellern beliebtes Kunststück. Die Laster der G-Baureihe waren die ersten Oshkosh mit einem Dieselmotor, einem Cummins. Mit der Produktion der W-Baureihe begann Oshkosh zu Beginn des Zweiten Weltkriegs. Die Baureihe hatte 1940 ein neu gestaltetes Fahrerhaus mit einer V-förmigen Windschutzscheibe. Die ersten Lastwagen der W-Baureihe hatten einen Sechszylinder-Benzinmotor mit 112 PS (83,5 kW). Sie wurden zunächst von der US-Armee eingesetzt, um Landebahnen vom Schnee zu befreien. Sie waren mit rotierenden Schneefräsen versehen, die von den Motoren angetrieben wurden.

Verbesserte Schneepflüge

Oshkosh produzierte die W-Baureihe während des gesamten Zweiten Weltkriegs weiter und nahm immer wieder Verbesserungen vor. Im letzten Kriegsjahr stellte das Unternehmen das Modell W-1600 vor, ein großes, geländegängiges 6x6-Fahrzeug zum Schleppen von Anhängern mit schwerer Ausrüstung. Es war ideal für den Einsatz in Ölfeldern. 1947 folgte das Modell W-2200. Dieser Lastwagen wurde mit Benzin- oder Dieselmotoren von Buda oder Hall-Scott angeboten. Das Fahrzeug setzte die Schneepflugtradition von Oshkosh fort. Es konnte mit Schaufeln oder hydraulischen Winden zur einfachen Einmannbedienung ausgestattet werden.

CHEVROLET

1940er-Jahre USA

CHEVROLET MILITÄRLASTWAGEN

Von 1940 bis 1945 lag der Schwerpunkt bei Chevrolet auf der Produktion von Militärlastern. General Motors machte während des Krieges sehr hohe Gewinne mit solchen Fahrzeugen.

Oben: *Dieser leichte, 20 PS starke Jeep von Chevrolet fiel bei Tests durch und wurde abgesetzt.*

Links: *Die meisten Chevys wurden zwischen 1942 und 1945 speziell für militärische Zwecke entwickelt.*

Technische Daten

Land: USA
Gebaut seit: 1940
Motor: 4- oder 6-Zylinder, Benzinantrieb
Getriebe: verschiedene Optionen
Nutzlast: bis zu 1,016 Tonnen
Verwendungszweck: militärisch
Besonderheit: Getriebe für Fahrzeuge über 50 Tonnen

Der Krieg gab Anlass für viele technische Neuerungen bei Chevrolet und General Motors. Die Getriebekonstrukteure entwickelten ein spezielles Antriebs- und Lenkungssystem für Panzer und andere Fahrzeuge mit einem Gewicht von über 50 Tonnen. Die neue Technologie war ein Erfolg, und Chevrolet produzierte 1943 über 60 000 Lastwagen. Ein Jahr später waren es bereits 71 000 Stück. Dies zeigte, dass das Unternehmen auch unter harten Bedingungen wirtschaftlich erfolgreich war.

Fehlschläge

Manche Experimente schlugen auch fehl. Ein solches war ein extraleichter Jeep, mit einem luftgekühlten, seitengesteuerten V-Motor von Indian mit 20 PS (15,2 kW). Er hatte einen Rohrrahmen, unabhängige Vierradaufhängung und querliegende Blattfedern, Innenbackenbremsen hinten, ein integriertes Differenzial und ein Verteilergetriebe für seinen Vierradantrieb. Er schnitt jedoch bei Tests nicht gut ab und wurde fallen gelassen. Auch das gepanzerte Fahrzeug M38 lief schlecht. Es wurde 1945 eingestellt.

SCANIA
1945 Schweden

SCANIA L-SERIE

Scania-Vabis hatte im Krieg die hohen Anforderungen der schwedischen Armee zu erfüllen. Das machte sich ab 1945 bezahlt. Denn in den Folgejahren wurden die Motoren technisch verbessert und Produktion und Wartung rationalisiert.

Oben: *Scania setzte nach dem Krieg die Entwicklung seiner L-Baureihe fort. So entstand auch dieser L21.*

Technische Daten

Land: Schweden
Gebaut seit: 1945
Motor: 4-, 6- oder 8-Zylinder
Getriebe: 4 Gänge plus optionales Gruppengetriebe
Nutzlast: unterschiedlich
Verwendungszweck: variabel
Besonderheit: Schrägstirnradgetriebe

Die Armee wollte variabel einsetzbare Lastwagen, also produzierte Scania sie. Durch diese Erfahrungen waren die Ingenieure bald in der Lage, sich immer besser auf spezielle Wünsche von Käufern einzustellen. Gleichzeitig sorgten sie dafür, durch einheitliche Bauteile die Wartung und Ersatzteilbeschaffung zu erleichtern.

Erweitertes LKW-Programm

Scania dehnte die Entwicklung seiner L-Serie 1945 mit der Einführung der Linien L/F10 und L20/LS20 weiter aus. Der L/F10 war ein 4x2-, der L20/LS20er ein 6x2-Fahrzeug. Die Lastwagen gab es mit vier verschiedenen Radständen. Angetrieben waren die Transporter von Vier- oder Sechszylindermotoren. Scania hatte 1936 seinen ersten Dieselmotor entwickelt, aber auch Gasgeneratoren waren noch im Einsatz. In den späten 1940er-Jahren brachte das Unternehmen regelmäßig technische Neuerungen auf den Markt. Dazu gehörten vakuumunterstützte Hydraulikbremsen, ein optionales Gruppengetriebe, das die Zahl der Gänge auf acht verdoppelte, und ein Schrägstirnrad (Zahnrad).

Auch an den Motoren wurde gearbeitet. So gab es bald Vier-, Sechs- und Achtzylindermotoren, die in Vergaser- oder Dieselversionen erhältlich waren. Auch hier achteten die Ingenieure auf Einheitlichkeit, indem sie jeweils die gleichen Zylinderköpfe, Kolben, Pleuel, Lager und Auspuffsysteme einbauten.

Während der späten 1940er- und frühen 1950er-Jahre machte Scania-Vabis sich international einen Namen als führender Motorenhersteller.

WILLYS-OVERLAND

1940er-Jahre USA

WILLYS-OVERLAND GELÄNDE-JEEP

Die Standard Wheel Company aus Indiana begann mit der Produktion von Fahrrädern. 1903 entschied sich das Unternehmen, sein Betätigungsfeld auszuweiten und die Overland Automotive Division anzuschließen. Später entstand daraus die Willys-Overland Company.

Das erste Fahrzeug war der Overland Runabout. 1908 kaufte John North Willys die Abteilung. Die Produktion des Runabout wurde zwar fortgesetzt, allerdings im neuen Werk in Ohio. 1912 entstand die Willys-Overland Company und erweiterte die Produktpalette um die Willys-Knight Automobile und den populären Whippet.

Während der Wirtschaftskrise bekam das Unternehmen Schwierigkeiten und ging 1936 Bankrott, was zur Neuformierung des Unternehmens als Willys-Overland Motors Inc. führte.

Im Jahr 1940 begann die Firma, Laster für das amerikanische Militär zu bauen. Die erste Entwicklung des Unternehmens war ein

Oben: *Der Jeep war um 1940 das bekannteste Fahrzeug mit Vierradantrieb.*

Ganz oben: *Urahn der heutigen Jeeps.*

Prototyp für den 0,25-Tonnen-Utility Truck mit Vierradantrieb für die amerikanischen Streitkräfte. Nach einem harten Wettstreit bekam Willys-Overland den Auftrag und begann 1941 mit der Produktion der Jeeps, die wohl die ersten ihrer Art waren. Im Laufe der 1940er-Jahre produzierte das Unternehmen ungefähr 350000 dieser Fahrzeuge. Nach dem Krieg waren sie, durchweg mit Vierradantrieb ausgestattet, häufig zu sehen. Gleichzeitig baute Willys-Overland seine Nutzfahrzeuglinien und ein internationales Vertriebsnetz aus.

Große Nachfrage

Bei Ausbruch des Koreakriegs hatte Willys-Overland den Jeep M38 und die spätere Version M38A1 entwickelt, beides Verbesserungen des ursprünglichen Jeeps. Außerdem entwickelte das Unternehmen den Sanitätswagen M170 für den Fronteinsatz. Dabei wurde das Fahrgestell und der Aufbau des M38A1 verlängert, um Platz für Patienten auf Bahren zu schaffen. Über 150000 M170 wurden produziert.

1953 kaufte Henry J. Kaiser Willys-Overland und nannte es Willys Motors Inc. Das Unternehmen baute weiter Militär- und Zivillastwagen für die US-Regierung. Das nächste Fahrzeug war der M274-Waffentransporter, und 1960 erhielt das Unternehmen den Zuschlag für die Produktion eines 0,25-Tonnen-Lieferwagens für die US-Post.

Unten: *Der Name Jeep entstand aus „GP" für „General Purpose" (Mehrzweck).*

Technische Daten

Land: USA
Gebaut seit: 1940
Motor: Diesel-/Benzinantrieb
Getriebe: 3 oder 4 Gänge
Nutzlast: nicht bekannt
Verwendungszweck: militärisch
Besonderheit: Urversion des heutigen Jeeps

GMC

⚒ **1940er-Jahre USA**

JIMMY, DUCK UND ANDERE KRIEGS-LKWS

General Motors' Militärlastwagen der CCKW-Baureihe wurden im Zweiten Weltkrieg von 1941 bis 1945 speziell für die US-Streitkräfte gebaut. In nur vier Jahren liefen 600000 Stück des Modells 353 vom Band sowie 25000 des Modells 352.

Die CCKW-Serie gab es in vielen Varianten. Der CCKW-353 hatte zum Beispiel einen Radstand von 4,1 m und war ein 6x6, während der CCKW-352 ein 6x4 mit einem Radstand von 3,7 m war. Beide Laster wogen rund 2,5 Tonnen. Sie hatten einen Sechszylinder-Dieselmotor, der bis zu 90 PS (67,1 kW) leistete und eine Spitzengeschwindigkeit von 72 km/h erreichte. Der 352 und der 353 hatten ein Fünfganggetriebe und ein zweistufiges Verteilergetriebe. Sie verbrauchten ungefähr 45 Liter auf 100 km. Beide Laster waren mit geschlossenem Fahrerhaus oder mit Verdeck erhältlich und konnten mit einer Winde ausgestattet werden.

GMC verliert die Opel-Werke

Mit Beginn des Zweiten Weltkriegs wurden die deutschen Opel-Werke von General Motors verstaatlicht. Von nun an entstanden Lastwagen für die Achsenmächte.

GMC war zu diesem Zeitpunkt schon seit einiger Zeit in Europa etabliert. 1923 war in Kopenhagen unter dem Namen General

Oben und ganz oben: *Der Jimmy war das meistgefahrene Militärfahrzeug der Amerikaner.*

Motors International A/S das erste europäische Montagewerk eröffnet worden. Dort sollten Chevys für den Verkauf in Skandinavien, den baltischen Staaten, Deutschland, Polen, der Tschechoslowakei, Österreich, Ungarn und der Sowjetunion montiert werden. Das erste Fahrzeug, das 1924 von der Fertigungsstraße in Kopenhagen rollte, war ein Mehrzwecklaster. Er war auch das erste Fahrzeug von GMC, das außerhalb von Nordamerika gebaut wurde. 1924 eröffnete GMC einen weiteren Betrieb im belgischen Antwerpen.

Ein Jahr später kaufte General Motors Vauxhall Motors Ltd. aus Luton in England. Gleichzeitig eröffnete das amerikanische Unternehmen im spanischen Málaga seine erste Handelsniederlassung, dann Verkaufsbüros in Paris, Le Havre und Berlin.

1927 entstand ein Montagewerk in Berlin, und zwei Jahre später kaufte GMC die Adam Opel AG in Rüsselsheim. 1940 wurde Opel dann von der deutschen Regierung übernommen.

Gigantische Produktion

Ab 1942 widmete General Motors seine gesamte Kapazität der Rüstungsproduktion. GMC lieferte während des Zweiten Weltkriegs Materialien für die alliierten Streitkräfte, Flugzeugmotoren, Flugzeugteile, Laster, Panzer, Marine-Diesel, Waffen und Munition.

Alleine 1942 produzierte das Unternehmen 148111 Fahrzeuge ausschließlich für den militärischen Gebrauch. Das waren 16,9 % der gesamten US-Lastwagenproduktion in diesem Jahr. 1943 baute das Unternehmen 16 verschiedene Transporter für die US-Streitkräfte, darüber hinaus Reparaturfahrzeuge für Handfeuerwaffen, Funklastwagen, Luftdruckkompressor-Fahrzeuge, Artilleriezugmaschinen, Tankwagen, Maschinenfahrzeuge, Last- und Truppentransporter, Kavallerietransporter, Bagger, Rekrutierungslastwagen, Suchscheinwerferfahrzeuge, Waffenlastzüge, Frontlenker-Marine-Kraftstofftankwagen, Flugabwehrfahrzeuge und Truppentransporter. GMC produzierte auch ungefähr 560000 6x6-Mehrzwecklastwagen.

Amphibienfahrzeug „Ente"

Das ungewöhnlichste Fahrzeug, das General Motors im Zweiten Weltkrieg baute, war vermutlich das Amphibienfahrzeug DUKW, bekannt als „Duck" (Ente). Das Gefährt in Form eines Bootes hatte sechs Räder und ein Verdeck. Es war zu Land und zu Wasser unterwegs.

Technische Daten

Land: USA
Gebaut seit: 1941
Motor: 6-Zylinder-OHV
Getriebe: 5 Gänge Overdrive mit 2-stufigem Verteilergetriebe
Nutzlast: unterschiedlich
Verwendungszweck: militärisch
Besonderheit: mit fester Kabine oder Verdeck erhältlich

Unten: *Die Amphibienversion „Ente" konnte 50 voll ausgerüstete Soldaten transportieren.*

FEDERAL
1941 USA

FEDERAL 6x6

Ab 1941 konzentrierte Federal sich auf die Produktion von Militärfahrzeugen, baute aber auch weiter für den zivilen Markt. Der 6x6-Abschleppwagen war eines der wichtigsten Fahrzeuge des Unternehmens.

Oben: *Werbung für den Federal.*

Links: *Der Abschleppwagen hatte einen Sechszylinder-Dieselmotor.*

Im Jahr 1941 stellte Federal den Wagen mit einer Nutzlast von 7,62 Tonnen vor. Das Fahrzeug wurde auch von REO produziert. Die Abschleppwagen hatten Sechszylinder-Dieselmotoren von Hercules, die bis zu 180 PS (132,4 kW) leisteten, und ein Fünfganggetriebe. Vorne wurden Luftfedern verwendet, was damals ungewöhnlich für LKWs war.

Rüstungsproduktion

Im Krieg produzierte Federal auch eine schwere 6x4-Zugmaschine mit einer Nutzlast von 20,3 Tonnen, die mit einem Sechszylinder-Zweitaktmotor von Cummins ausgestattet war, der bis zu 130 PS (96,9 kW) leistete.

Zugleich machte Federal weiter Werbung für seine Laster und pries seine Produktion für das Militär als Beleg für die Haltbarkeit und Zuverlässigkeit seiner Fahrzeuge an.

Die Werbekampagne und die Produktion von Militärlastwagen zahlte sich schließlich aus. Obwohl die US-Regierung die Fahrzeugproduktion während des Krieges wegen Materialknappheit beschränkte, erteilte sie Federal 1944 die Erlaubnis, über 2000 zivile Lastwagen herzustellen. Dadurch war Federal am Ende des Zweiten Weltkriegs in einer besseren Position als die meisten anderen Hersteller in den USA und Übersee. Laster in amerikanischem Besitz waren am Ende des Krieges durchschnittlich siebeneinhalb Jahre alt.

Nach dem Krieg florierte das Unternehmen, nachdem es Anfang 1945 noch einen größeren Auftrag für das US-Militär ausgeführt hatte. Die ersten Nachkriegsfahrzeuge von Federal orientierten sich am Vorkriegsdesign, was die Herstellungskosten niedrig hielt.

Technische Daten

Land: USA
Gebaut seit: 1941
Motor: 6-Zylinder-2-Takter, Dieselantrieb
Getriebe: Ketten- oder Schneckenantrieb, 5 Gänge
Nutzlast: 7,62 Tonnen
Verwendungszweck: Abschleppwagen
Besonderheit: Luftfedern an der Vorderachse

INTERNATIONAL
1941 USA

INTERNATIONAL H-542-11

Die Bandbreite der Fahrzeuge von International hatte sich im Laufe der 1930er-Jahre erweitert und reichte nun von LKWs mit einer Nutzlast von 1,52 Tonnen bis zu Dreiachsern mit 10,16 Tonnen.

Oben: *Der H-542-11.*

Technische Daten

Land: USA
Gebaut seit: 1941
Motor: 4 bis 6 Zylinder, Dieselantrieb
Getriebe: 4 Gänge, Kegelradantrieb
Nutzlast: bis zu 5,08 Tonnen
Verwendungszweck: militärisch
Besonderheit: abgerundete Kanten

International-Lastwagen wurden von verschiedenen Motoren angetrieben, von Vierzylinder-Dieselmotoren der Firma Waukesha bis zu Sechszylindermotoren aus eigener Herstellung.

Moderneres Design

International hatte auch sein Design erneuert. Mit dem C-300 COE hatte das Unternehmen 1935 seinen ersten Frontlenker seit 20 Jahren gebaut. Weitere Veränderungen des Designs folgten, darunter neu gestaltete Fahrerhäuser, Kotflügel, geteilte Windschutzscheiben und das PKW-Design der D-Baureihe. Die Verkaufszahlen der D-2-Modelle waren beachtlich. In den drei Jahren von 1937 bis 1940 wurden 80000 Stück verkauft.

1940 waren bereits Schlafkabinen eingeführt worden, und die K-Reihe ersetzte die D-Baureihe. Allein in diesem Jahr baute International 86000 Lastwagen. Das Unternehmen verkaufte bereits mehr 2,03-Tonnen-Lastwagen als jeder andere amerikanische Lastwagenhersteller und gehörte zu den drei größten Herstellern in den USA.

Kapitel 5

Neue Horizonte

Zwei Weltkriege innerhalb von 20 Jahren konnten die Reihen der LKW-Hersteller nicht lichten. Stattdessen kam es sogar zu weiteren Unternehmensgründungen. Einige von ihnen, wie Paccar, verdankten ihre Entstehung dem Krieg, da insbesondere das Militär Lastwagen benötigte. Viele Hersteller konzentrierten sich nun auf den Bau von Lastwagen und gaben ihre früheren Fertigungszweige auf.

Oben: *Der International Harvester fand in den 1950er-Jahren viele Käufer.*

Links: *Der Peterbilt 351 nutzte die neuen amerikanischen Highways. Der Güterfernverkehr hatte sich erheblich vereinfacht.*

Die Technik hatte sich weiterentwickelt, und die LKW-Hersteller sahen sich in der Nachkriegszeit einmal mehr gezwungen, Nutzfahrzeuge zu entwickeln, die preiswerter zu betreiben und leichter zu warten waren. Darüber hinaus waren zahlreiche Unternehmer der Ansicht, dass Dieselmotoren den Anforderungen der Kunden besser gerecht würden, sofern sie nicht bereits vor dem Krieg von Benzin auf Diesel umgestiegen waren. Diesel war (und ist bis heute) wesentlich billiger als Benzin. Bei Lastwagen und Anhängern wurde immer häufiger Aluminium eingesetzt, da leichtere Anhänger und LKWs eine höhere Nutzlast erlaubten. Das war wichtig, denn die zurückzulegenden Entfernungen wurden immer größer.

Lastwagen für weite Strecken benötigten Übernachtungsmöglichkeiten für die Fahrer. Entsprechend wurden Kabinen mit Schlafkojen, Kühlschränke und Stauräume sowie Kabinenheizungen gegen die Kälte entwickelt. Es dauerte nicht lange, bis die LKWs auch Werbezwecken dienten. Als rollende Reklametafeln priesen sie ihre Waren an, von Coca-Cola bis zum Baumaterial. Darüber hinaus wurden immer mehr LKW-Fahrer benötigt.

FORD
⚒ **1946 USA**

FORD FRONTLENKER

Nach dem Zweiten Weltkrieg durften LKW- und PKW-Hersteller wieder ungehindert Zivilfahrzeuge herstellen. Die Automobilindustrie rüstete ihre Produktionsanlagen entsprechend um.

Ford stand finanziell gut da, weil das Unternehmen während des Krieges nicht nur Militärfahrzeuge hergestellt hatte, sondern auch die Produktion von Linienbussen fortsetzte. Zu diesen Fahrzeugen von Ford zählten die Linienbusmodelle 29B und 49B. Außerdem führte Ford während des Krieges zwei neue LKWs für den zivilen Markt ein: das Modell 498T und das Modell 494T. Beide Lastwagen verfügten über V8-Motoren mit 100 PS (74,5 kW).

Ende 1945 war Ford in der besonderen Lage, 42 verschiedene LKW-Modelle anbieten zu können. Anfangs wurden alle Fahrzeuge mit dem selbst entwickelten V8-Motor Modell 59 ausgerüstet, obgleich Ford noch im gleichen Jahr auch LKWs mit Sechszylindermotor anbot. Einige Lastwagen der Vorkriegsserie wurden trotz ihrer Popularität 1945 nicht mehr hergestellt. Dies schloss auch die bisherigen Frontlenker ein.

Ford bietet erneut Frontlenker an

Während 1945 für viele amerikanische LKW-Hersteller ein äußerst schlechtes Jahr war, lief es für Ford besser. Das Unternehmen produzierte in diesem Jahr 122473 Zivil- und Militärfahrzeuge. Die Verkäufe brachten so viel ein, dass Ford 1946 weitere Frontlenker und Lieferwagen mit ausgefeilterer Technik und neuem Design anbieten konnte.

Oben: *Schon vor 1946 bot Ford leichte und mittelschwere Laster als Frontlenker an.*

Ganz oben: *Das Design der Frontlenker spiegelte den Geschmack der Nachkriegszeit wider.*

Technische Daten

Land: USA
Gebaut seit: 1946
Motor: V8, Dieselantrieb
Getriebe: nicht bekannt
Nutzlast: variabel
Verwendungszweck: variabel
Besonderheit: Frontlenker

AUTOCAR
1946 USA

AUTOCAR CLASS 8

Autocar spielte im Zweiten Weltkrieg bei der Produktion von Militär-LKWs eine wichtige Rolle. Nach dem Krieg ging das Unternehmen jedoch schnell wieder zum Bau von zivilen Lastern über.

Unten: *Die Fahrer von Autocar saßen bereits in relativ komfortablen Kabinen.*

Rechts: *Die zweiteilige, leicht gewölbte Windschutzscheibe von Autocar wurde später von anderen Herstellern kopiert.*

Technische Daten

Land: USA
Gebaut seit: 1946
Motor: Benzin- und Dieselantrieb
Getriebe: nicht bekannt
Nutzlast: nicht bekannt
Verwendungszweck: Langstrecken- und Holztransporte, Bergbau, Straßenbau
Besonderheit: Kabinen aus Aluminium machten die LKWs um 25 Prozent leichter.

Autocar machte sich schnell daran, im heimischen LKW-Markt wieder Fuß zu fassen. Allein 1946 baute das Unternehmen mehr als 5000 Lastwagen.

Beliebte Schwertransporter

Autocar konzentrierte sich teilweise auf den Bau von Class-8-LKWs, die in puncto Optik und Fahrgefühl sowohl bei den Käufern als auch bei den Fahrern sehr gut ankamen. Diese wurden je nach Region für unterschiedliche Zwecke eingesetzt. Im Osten wurden sie vor allem für Schwertransporte genutzt, während sie im Westen alles Mögliche beförderten, von Baumstämmen bis zu Vieh. 1950 entwickelte Autocar eine neue Kabine, die in der Branche sehr gut ankam. Sie verfügte über eine zweiteilige, leicht gewölbte Windschutzscheibe.

Das Unternehmen kam trotz hoher Verkaufszahlen in finanzielle Schwierigkeiten. 1953 wurde es dann von der White Motor Company übernommen und die Produktion nach Exton (Pennsylvania) verlagert. Bereits kurz nach der Übernahme wurde Autocar zur Renommiermarke von White. Die Laster dienten als Spezialfahrzeuge für den Holztransport, im Bergbau, in Steinbrüchen sowie bei der Erschließung von Öl- und Gasfeldern. Nach der Übernahme erhielt Autocar einen neuen Kühlergrill, in dem sich die neue Identität widerspiegeln sollte.

VOLVO
1946 **Schweden**

VOLVO LV15/LV24

Obwohl Volvo mit seinen innovativen Technologien stets zu den führenden LKW-Herstellern zählte, stellte das schwedische Unternehmen erst spät auf Dieselmotoren um.

Oben: *Volvo stellte als einer der letzten LKW-Hersteller auf Dieselmotoren um.*

Technische Daten

Land: Schweden
Gebaut seit: 1946
Motor: Dieselantrieb
Getriebe: 4 Gänge, Kegelradantrieb
Nutzlast: nicht bekannt
Verwendungszweck: Langstreckentransporte, Bau- und Holzindustrie
Besonderheit: direkteinspritzender Dieselmotor

Links: *Der LV15 diente auch als Holzschlepper in den skandinavischen Wäldern.*

Volvo war bereits 1940 in der Lage, Dieselmotoren einzuführen, stellte seine Pläne bei Ausbruch des Krieges aber zurück. Erst 1946 präsentierte Volvo seinen Vorkammer-Dieselmotor. Der LV15 war der erste LKW, der mit dem neuen Dieselmotor von Volvo ausgerüstet war. Er ähnelte mit seiner abgerundeten Front zwar den LKWs von 1939/1940, hatte jedoch wegen des großen Dieselmotors eine größere Motorhaube.

Stärkere Motoren

Die Leistung der Dieselmotoren von Volvo, die ursprünglich nur über 95 PS (70,8 kW) verfügten, wurde in den folgenden Jahren stufenweise erhöht: 1949 erzielten sie eine Leistung von 100 PS (74,5 kW). Trotz der geringen Motorleistung eigneten sich der LV15 und sein Nachfolger, das Modell LV24, für die unterschiedlichsten Transportzwecke unter extremen Bedingungen. Diese Lastwagen wurden von der Bauindustrie für Langstreckentransporte eingesetzt.

1950 führte Volvo einen direkteinspritzenden Dieselmotor ein, der viel weniger Kraftstoff verbrauchte. Alle heute gebauten LKW-Dieselmotoren gehen auf dieses Prinzip zurück.

INTERNATIONAL

1947 USA

INTERNATIONAL KB

Mit der Einführung des KB führte International seine K-Baureihe fort. Der neue KB verfügte über einen verlängerten Kühlergrill, der direkt an die Kotflügel anschloss.

Rechts: *Die Baureihe KB von International war vor allem als Lieferwagen unterwegs. Trotz der geringen Größe überstand der Laster auch schwere Transporte.*

Technische Daten

Land: USA
Gebaut seit: 1947
Motor: Dieselantrieb
Getriebe: 4 Gänge, Kegelradantrieb
Nutzlast: 1,016 Tonnen
Verwendungszweck: Lieferwagen
Besonderheit: nur zwei Jahre lang gebaut

Die Baureihe KB gab es nicht lange, sie wurde nur von 1947 bis 1949 produziert. Doch die Verkaufszahlen waren hoch. So baute das Unternehmen in den zwei Jahren rund 64000 Laster des Modells KB-5, was auf die enorme Nachfrage nach LKWs in der Nachkriegszeit zurückzuführen war.

Seitenwandverkleidung

Die kleineren Modelle hatten eine Seitenwandverkleidung, wodurch sie für Kleintransporte eingesetzt werden konnten. Im Fond der Fahrzeuge befanden sich Holzkisten für den Gütertransport. Diese Lastwagen waren häufig mit einem Kipperaufbau ausgestattet. Darüber hinaus waren Zugmaschinenversionen für Auflieger erhältlich.

Es handelte sich um einen elegant aussehenden LKW mit einer schnittigen Front und großen runden Scheinwerfern. Die lange Kühlerhaube ähnelte dem eines Schwertransporters. Das Fahrzeug trug das relativ neue International-Logo mit einem roten „I" über einem schwarzen „H". Heute ist die Baureihe KB bei LKW-Restauratoren überaus beliebt. Der größte LKW der Baureihe KB, der KB-8, hatte einen 5,9-Liter-Motor mit 126 PS (93,9 kW) von Red Diamond unter der Kühlerhaube.

Zur typischen Ausstattung des KB-1 gehörten eine Hochleistungskupplung, eine Hochleistungsfederung, Bügelspiegel und Doppelräder. Die Baureihe KB war auch außerhalb der USA beliebt.

FREIGHTLINER
1947 USA

MODELL 800 BUBBLENOSE

1947 führte Freightliner seinen Frontlenker Modell 800 ein, der auch Bubblenose (Stupsnase) hieß. In den Nachkriegsjahren wurden die erfolgreichen Laster mit mehr Aluminium gebaut.

Technische Daten

Land: USA

Gebaut seit: 1947

Motor: Dieselmotor von Cummins

Getriebe: 9 Gänge, Kegelradantrieb

Nutzlast: nicht bekannt

Verwendungszweck: Langstreckentransporte

Besonderheit: weniger Eigengewicht durch Bau mit Aluminium

Oben: *Der Laster war so leicht wie belastbar.*

Freightliner verwendete Aluminiumlegierungen bei den Kabinen, Hinterachsgehäusen, Bremstrommeln, Quer- und Längsträgern, Rädern und Motorkühlern. Das Unternehmen arbeitete intensiv daran, ein gleichermaßen leichtes wie leistungsfähiges Fahrzeug zu entwickeln. Entsprechend konnten die LKWs von Freightliner im Gegensatz zu den meisten LKWs anderer Anbieter 1 Tonne mehr Nutzlast mit sich führen.

Nachdem das amerikanische Unternehmen viel dafür getan hatte, die Nutzlast zu erhöhen, wurden die ersten LKWs für Consolidated Freightways gebaut, die der Hersteller schon seit seiner Gründung belieferte. Nun entwickelten die Ingenieure einen Lastwagen, der noch mehr Kunden überzeugen konnte. Der erste LKW wurde 1948 von Vince Graziano gekauft, einem in Oregon (Portland) ansässigen Spediteur von Agrarprodukten. Als Graziano das Modell 800 aus Aluminium in Empfang nahm, war er so beeindruckt, dass er wenig später gleich fünf weitere LKWs bestellte.

1949 bot Freightliner einen LKW mit Schlafkabine an. 1951 übernahm schließlich die White Motor Company den Verkauf, Service und Vertrieb.

GMC

1947 USA

ADVANCED DESIGN

Die ersten Advanced-Design-LKWs des amerikanischen Herstellers General Motors wurden im Jahr 1947 eingeführt. Obwohl sie als Leichtnutzfahrzeuge nicht besonders groß waren, konnten sie schwere Lasten transportieren.

Rechts: *Der LKW von General Motors kam mit dem neuen Kabinendesign gut an.*

Technische Daten

Land: USA
Gebaut seit: 1947
Motor: 6-Zylinder von GMC
Getriebe: 4 Gänge, Kegelradantrieb
Nutzlast: bis zu 1 Tonne
Verwendungszweck: Lieferwagen
Besonderheit: komfortable Fahrerkabine

Das neue Design der Lastwagen kam beim Publikum sofort gut an. Es ging teilweise auf Kundenbefragungen zurück, die GMC durchgeführt hatte. Das Unternehmen fand heraus, dass die Käufer und Fahrer in erster Linie eine geräumige Kabine, bequeme Sitze und bessere Sicht wünschten. GMC erfüllte diese Anforderungen mit dem Advanced-Design-LKW, dessen Kabine 20,3 cm breiter und 17,7 cm länger war als bisher.

Die breitere Kabine ließ die neue Generation der LKWs viel größer erscheinen als ihre Vorgänger. Darüber hinaus sorgten größere Fenster für eine bessere Sicht. Die Laster wurden zwar häufig zu Transportzwecken verwendet, wurden aber auch für den Straßenbau eingesetzt. Fahrer, die lange Zeit im LKW saßen, legten besonderen Wert auf Komfort, sodass die Ingenieure einen Lufterhitzer/Defroster einführten, der Frischluft in die Kabine einleitete und die verbrauchte Luft über die Entlüftung an der Rückseite der Kabine abführte.

Die komplett geschweißte Kabine machte die Advanced-Design-LKWs noch sicherer.

SCANIA
1947 **Schweden**

SCANIA L20

Da das neutrale Schweden nicht unmittelbar in den Zweiten Weltkrieg verwickelt war, konnte die Produktion ziviler Lastwagen trotz Brennstoffmangels fortgesetzt werden. Nach dem Krieg führte Scania die Baureihe L20 ein.

Tatsächlich wurden bereits 1944 neue Modelle gebaut – die Baureihen F10 (mit einem Vierzylinder-Dieselmotor) und L10 (mit einem Vierzylinder-Benzinmotor). Diese Angebotspalette rundete eine Baureihe von Schwerlastern ab: L20 (4x2 Achsen), LS 20 (6x2 Achsen) und LS 23 (6x2 Achsen), der für mehr als 10 Tonnen Nutzlast ausgelegt war. Beim L20 handelte es sich um einen Elftonner und beim LS20 um einen 15-Tonner.

Leistungsfähiger Diesel

Der L20 verfügte über vier Radstände und einen großen leistungsfähigen Dieselmotor. Der auch als „Royal" bezeichnete 8,5-Liter-Motor stellte eine ernsthafte Bedrohung für den schwedischen Konkurrenten Volvo dar.

1949 wurde das Vorkammersystem durch eine Direkteinspritzung ersetzt. Dies diente einer besseren Kraftstoffverbrennung. Darüber hinaus erleichterte das optionale Zusatzgetriebe mit Schrägverzahnung das Fahren, denn dadurch konnte die Anzahl der Gänge auf acht verdoppelt werden. Die vakuumunterstützten Hydraulikbremsen waren ebenfalls ein Fortschritt.

Die schweren modernen Fahrzeuge der Baureihen LS 20 und LS 23 wurden nur zwei Jahre lang gebaut. Der 6x2-Achser war außerdem sehr teuer. Von ihm wurden nur 280 Exemplare hergestellt.

Oben: *Ein zweifarbiger Scania der Baureihe L20 in Aktion. Die Kabine mutete altmodisch an, war jedoch geräumig und komfortabel.*

Technische Daten

Land: Schweden
Gebaut seit: 1947
Motor: 6-Zylinder, Dieselantrieb
Getriebe: 4 Gänge (oder 8 mit optionalem Zusatzgetriebe)
Nutzlast: 10 Tonnen
Verwendungszweck: Holztransporte
Besonderheiten: direkteinspritzender Dieselmotor, Hydraulikbremsen

COMMER

1948 **Großbritannien**

COMMER QX

1948 führte Commercial Cars Limited (Commer) den QX mit Unterflurmotor und reichlich Chrom ein. Das Chrom ließ ihn sehr schnittig aussehen, was das Fahrzeug attraktiv machte.

Technische Daten

Land: Großbritannien
Gebaut seit: 1948
Motor: 6-Zylinder, Benzinantrieb
Getriebe: 5 Gänge
Nutzlast: bis zu 12 Tonnen
Verwendungszweck: Feuerwehr, Langstreckentransporte, Militär
Besonderheit: viel Chrom

Oben: *Der 1948 eingeführte Commer QX verfügte über einen Reihensechszylinder-Benzinmotor.*

Der Commer QX war in verschiedenen Größen und Ausstattungen erhältlich. 1951 wurde das Fahrzeug sowohl als Kleintransporter mit einem Gewicht von 400 kg als auch als 12 Tonnen schwere Zugmaschine angeboten. Darüber hinaus waren zwischen diesen beiden Extremen zahlreiche weitere Modelle erhältlich. Der LKW wurde häufig als Löschfahrzeug eingesetzt.

Firmengeschichte

Commer wurde 1905 in London gegründet und spielte im Ersten Weltkrieg eine wichtige Rolle. Bis 1919 wurden 3000 robuste und zuverlässige Militärfahrzeuge gebaut. Nach dem Krieg hatte Commer finanzielle Schwierigkeiten. Schließlich wurde die Produktion 1926 von Humber und später von der Rootes Group übernommen. Commer war der erste britische LKW-Hersteller, der den Dieselmotor von Perkins anbot.

Der Commer-QX-Unterflurmotor bahnte anderen Herstellern den Weg. Diese Bauweise wurde bald danach von den ähnlichen Karrier-Modellen übernommen. Außerdem war der Commer QX nicht nur als Feuerwehr-, sondern auch als Militärfahrzeug erfolgreich.

DAIMLER-BENZ

1948 Deutschland

UNIMOG

Nach dem Zweiten Weltkrieg entwickelte der Daimler-Benz-Ingenieur Albert Friedrich ein Allzweckfahrzeug, das als Traktor und Schwerlaster Verwendung fand.

Ingenieur Albert Friedrich hatte ein Allradfahrzeug vor Augen, dass viel mehr Zukunft hatte, als er sich jemals erträumt hatte.

Der für die Landwirtschaft geeignete und konzipierte Unimog kam 1948 auf den Markt. Die ersten serienmäßigen Unimogs wurden von Boehringer in Göppingen hergestellt. 1951 übernahm Daimler-Benz in Gaggenau die Produktion. Vor der Übernahme hatte Boehringer immerhin 600 Unimogs gebaut. Trotz der Übernahme wurde das ursprüngliche Firmenzeichen in Form eines Ochsenkopfs erst 1956 durch den Stern von Mercedes-Benz ersetzt.

Unimog S

Obwohl der Unimog als Traktor gebaut wurde, stellte sich schnell heraus, dass sich dieses einzigartige Fahrzeug mit einigen Veränderungen vielseitiger verwenden ließ, so auch als Schwerlaster. 1953 kam die Baureihe 401/402 mit geschlossenem Fahrerhaus auf den Markt. Die Leistungsfähigkeit und Vielfältigkeit des Unimog interessierten auch die Militärs. 1955 entwickelte Daimler-Benz deshalb den Unimog S mit längerem Radstand.

Der Unimog S wurde bis 1980 gebaut und etablierte sich als unentbehrliches Allzweckfahrzeug, das auch von französischen und

Oben: *Das Original des Unimog.*

Ganz oben: *Der Unimog erregte bei seiner Einführung viel Aufsehen. Man wusste nicht genau, ob es sich um einen Traktor oder einen Schwerlaster handelte.*

amerikanischen Militärs geordert wurde. Den Unimog S trieb ursprünglich ein einfacher PKW-Benzinmotor an. 1956 hatte der Unimog 411 mit 30 PS (22,3 kW) bereits einen stärkeren Motor. Außerdem wurde eine Version mit längerem Radstand und Synchrongetriebe eingeführt.

Unimogs erster Diesel

Um den zahlreichen Einsatzmöglichkeiten gerecht zu werden, stellte Daimler-Benz 1963 die Baureihe 406 mit einem Radstand von 238 cm vor. In diesem Jahr erhielt das Fahrzeug einen Dieselmotor mit einer Leistung von 65 PS (48,5 kW). Der Name dieser Baureihe, U 65, entsprach der PS-Zahl. Die Benennung der Unimog-Baureihen nach ihrer PS-Zahl wurde bei späteren Reihen Standard: U 80, U 84, U 100, U 110 usw. Um die Lücke zwischen dem ursprünglichen Unimog und seinen erheblich leistungsstärkeren Nachfolgern zu schließen, führte Daimler-Benz die Leichtbaureihe 421/403 ein.

MB-Trac

Im Mai 1966 lief der 100000. Unimog vom Band. Zu dieser Zeit verkaufte sich der Laster entgegen der ursprünglichen Absicht nur selten an Landwirte. Deshalb brachte Daimler-Benz ein vergleichbares Spezialfahrzeug für die Landwirtschaft auf den Markt: den MB-Trac. Dieser von Unimog-Ingenieuren entwickelte Traktor wurde noch bis 1991 gebaut.

1974 bekam der Unimog einen noch stärkeren Motor. Der U 120 gehörte zur Baureihe 425 und verfügte über ein modernes Fahrerhaus und eine größere Motorhaube. Das war die Geburtsstunde des Designs, das bis heute kaum verändert wurde. Dieser Unimog verfügte über eine Leistung von 125 PS (93,2 kW) und ein zulässiges Gesamtgewicht von neun Tonnen.

Trendsetter

Der Unimog war in Sachen neuer Technologie stets ein Trendsetter. So verfügte er bereits lange vor anderen europäischen Lastern standardmäßig über Scheibenbremsen. Immer darum bemüht, ein Fahrzeug zu bauen, das den Kundenanforderungen entsprach, führte Daimler-Benz in den 1970er-Jahren zahlreiche modernisierte Unimog-Modelle ein. 1977 feierte das Unternehmen einen weiteren Meilenstein: Der 200000. Unimog verließ das Werk.

Technische Daten

Land: Deutschland
Gebaut seit: 1948
Motor: 4-Zylinder, Diesel
Getriebe: 5 Gänge
Nutzlast: 2,54 Tonnen
Verwendungszweck: Landwirtschaft, Militär, Gelände
Besonderheit: sehr vielfältig einsetzbar

Unten: *Der Unimog war technisch seiner Zeit voraus.*

AEC

1948 **Großbritannien**

AEC

Die Associated Equipment Company (AEC) wurde 1948 nach der Übernahme der Maudslay Motor Company und von Crossley Motors als Associated Commercial Vehicles (ACV) bekannt.

Technische Daten

Land: Großbritannien
Gebaut seit: 1948
Motor: AEC 6-Zylinder
Getriebe: nicht bekannt
Nutzlast: nicht bekannt
Verwendungszweck: schwere Lasten
Besonderheit: hohe Verkaufszahlen der Schwerlaster

Oben: *Die AEC war der führende britische Hersteller von Schwerlastern wie diesem vierachsigen Mammoth Major Mk. III aus dem Jahre 1949.*

Die AEC erweiterte 1953 ihre Angebotspalette mit der Einführung des Mercury, einem Leichtnutzfahrzeug mit AV4160 Sechszylinder-Dieselmotor. Dieser Motor wurde später zum AV470 weiterentwickelt.

AEC baute vertikale (AV) und horizontale (AH) Versionen ihrer Sechszylinder-Reihenmotoren. Schließlich begann das Unternehmen, V8-Motoren zu bauen.

Einführung neuer Laster

Der Mercury wurde ebenfalls weiterentwickelt. Auf diesem Modell basierten der Mustang mit zusätzlicher gelenkter Vorlaufachse vor der Antriebsachse (Twin-Steer) aus dem Jahr 1956 und der dreiachsige Marshal aus dem Jahr 1960.

Die Associated Equipment Company baute auch Schwerlaster, darunter die Baureihe Mk. III. Zu ihr zählten der Mandator 4x2, der Mammoth Major 6 6x2 und 6x4 sowie der Mammoth Major 8 8x2 und 8x4. Der Mandator war auch als Zugmaschine erhältlich. Die Fahrzeuge wurden zumeist als Motorhaubenversion angeboten, die vorwiegend für den Export bestimmt war.

FORD
1948 USA

FORD F-SERIE

1948 führte Ford seine Baureihe F ein, zu der die Schwerlastwagen F-3 und F-8 zählten. Diese Baureihe sollte zu einer der meistverkauften der Automobilgeschichte werden.

Oben: *In den 1940er- und 1950er-Jahren war die Baureihe ein Renner.*

Ganz oben: *Zur F-Serie gehörten auch Haubenfahrzeuge.*

Technische Daten

Land: USA
Gebaut seit: 1948
Motor: diverse Ford-Motoren
Getriebe: 4 Gänge, Kegelradantrieb
Nutzlast: bis 9,752 Tonnen
Verwendungszweck: Klein- und Liefertransporte
Besonderheit: einer der Bestseller der Automobilgeschichte

Der Bau der F-Serie begann in den Produktionsstätten in Norfolk und Atlanta. Doch schon bald sollten 14 weitere Produktionsstätten hinzukommen. Allein 1948 wurden 290 000 Fahrzeuge der Baureihe F gebaut, was für Ford den größten Erfolg seit 1929 darstellte. In der Nachkriegszeit wurden in der Landwirtschaft, für den Lieferverkehr und für kommunale Aufgaben mehr und mehr zuverlässige Arbeitsfahrzeuge benötigt.

Die LKWs der Baureihe F aus dem Jahre 1948 galten aufgrund ihrer breiten Kotflügel und dem horizontalen Kühlergrill, der für eine kraftvolle Optik sorgte, als äußerst robust. Die Scheinwerfer waren nicht auf den Kotflügeln angebracht, sondern in die Kotflügel integriert. Ford machte keinen Hehl aus dem robusten Design der F-Serie. In Werbeprospekten verkündete das Unternehmen stolz, dass „das Design einem echten Laster entspricht“. Ford versicherte seinen Kunden außerdem, dass diese LKWs mindestens zehn Jahre hielten. Das Design der Baureihe F wurde bis 1952 kaum verändert.

Der F-1 war mit einer Nutzlast von nur einer halben Tonne das leichteste Fahrzeug der Baureihe F. Dennoch galt das Fahrzeug als wahres „Arbeitstier“ und wurde als „König der Lieferwagen“ beworben. Mit einer Nutzlast von 9,752 Tonnen war der F-8 der schwerste Lastwagen der Baureihe. Die Baureihe F wird von Ford bis heute gebaut.

DAF
1949 Niederlande

DAF A30/A50/A60

Das Unternehmen DAF wurde 1928 von Hubert van Doorne und seinem Bruder Wim in Eindhoven als Hub van Doorne, Machinefabriek en Reparatie-inrichting gegründet.

Das Unternehmen wurde 1932 in Van Doornes Aanhangwagenfabriek (DAF) umbenannt. In der Anfangszeit war die Firma in einer kleinen Werkstatt nahe einer Brauerei ansässig und verfügte über vier Mitarbeiter. Diese konzentrierten sich auf Schweiß- und Schmiedearbeiten für die Binnenschifffahrt in Eindhoven. Ein Jahr später hatte das Unternehmen bereits 32 Mitarbeiter.

Die Weltwirtschaftskrise der späten 1920er- und frühen 1930er-Jahre zwang das Unternehmen, sich auf neue Produktionsbereiche umzustellen, vor allem auf den Bau von Anhängern und Aufliegern. Zu den ersten Errungenschaften von DAF zählte ein Container-Auflieger, der speziell für den Transport von Eisenbahn-Containern per Schiene und Straße entwickelt worden war. DAF sollte damit zu einem der weltweit führenden Anbieter von Container-Aufliegern werden.

Produktionsbeginn des A30

1936 begannen die Brüder mit dem Bau von schweren Militärfahrzeugen für die niederländische Armee. Dies führte auch zur Entwicklung des „Trado-Antriebs“. Dabei handelte es sich um einen Umrüstsatz, mit dem die finanzschwachen niederländischen Streitkräfte neue Fahrzeuge mit Zweiradantrieb zu militärischen Zwecken auf Vierradantrieb umrüsten konnten.

Die kommerzielle LKW-Produktion von DAF begann 1949 mit dem Bau des A30. Die ersten Fahrzeuge vom Typ A30 (von denen es

Oben: *Der DAF A60 wurde nach 1956 gebaut, was sich am Kühlergrill unschwer erkennen lässt. Ursprünglich hatte der Kühlergrill sieben Querleisten, ab 1956 nur noch sechs.*

Ganz oben: *Dieser Lieferwagen von 1948 hatte noch den alten Kühlergrill.*

zunächst nur wenige gab, da die Produktionsstätte noch nicht auf Massenproduktion eingestellt war) wurden aus Fahrzeugteilen anderer Hersteller zusammengebaut. Die Lastwagen waren mit Dieselmotoren von Hercules oder Perkins, Achsen von Timken und Getrieben von Fuller ausgerüstet.

Ausweitung der Baureihe A

Beim A30 handelte es sich um einen Dreitonner, der neben vielen anderen Fahrzeugen fester Bestandteil des LKW-Programms war. Darüber hinaus bot DAF mit dem A50 einen Fünftonner und mit dem A60 einen Sechstonner an. 1950 führte DAF den Eintonner A10 ein, einen Kleintransporter, der die Basis des für den Export entwickelten Lieferwagens A107 darstellte. DAF entwickelte bald spezielle Fahrwerke für Mülllastwagen und Kipper und begann mit dem Bau von Militärlastern.

Kabinen- und Fahrwerkbau

DAF konzentrierte sich schließlich auf den Bau von Fahrwerken und Kabinen und griff auf bewährte Fahrzeugkomponenten anderer Hersteller zurück. Eine Ausnahme waren die Bremsen und Radnaben, die DAF selbst herstellte. Der A30 wurde als Frontlenker gebaut, der zu dieser Zeit noch relativ neu auf dem Markt war und dem LKW im Vergleich zu den herkömmlichen Haubenfahrzeugen eine moderne Optik verlieh. Der Kühlergrill war an den sieben verchromten Querleisten zu erkennen, die 1956 auf sechs reduziert wurden.

1955 lief bei DAF das 10 000. Fahrwerk vom Band. Das Unternehmen expandierte weiter, nachdem es einen Auftrag zum Bau von mehr als 3500 Fahrzeugen erhalten hatte. Im gleichen Jahr wurden die Fahrzeuge nicht mehr mit Benzinmotoren von Hercules, sondern mit dem neuen R6-Dieselmotor von Perkins und dem 0.350-Dieselmotor von Leyland ausgerüstet. DAF erwarb schließlich die Lizenzrechte für den Leyland 0.350 und baute diesen Motor in einem neuen Motorenwerk selbst. Obwohl das Unternehmen damit ursprünglich die Qualität der Motoren gewährleisten wollte, hatte DAF bereits kurz zuvor mit dem Bau eigener Versionen dieses Motors begonnen. DAF war der erste LKW-Hersteller, der seine Fahrzeuge mit Turbomotoren ausstattete.

Mit der Produktion eigener Hinterachsen im Jahre 1957 konnte DAF weiter expandieren. Im gleichen Jahr setzten die Werksmitarbeiter ZF-Getriebe ein, da der Bau eigener Getriebe zu kostspielig geworden war.

Technische Daten

Land: Niederlande
Gebaut seit: 1949
Motor: Benzin- und Dieselantrieb
Getriebe: 5, 6 und 8 Gänge, Kegelradantrieb
Nutzlast: bis zu 6 Tonnen
Verwendungszweck: Kleintransporte, Langstreckenverkehr, Militär
Besonderheit: Entwicklung des „Trado-Antriebs"

Unten: *Zwei Schönheiten als Zierde für die niederländischen LKWs.*

SOMUA
1946 **Frankreich**

SOMUA JL 12

Die Société d'Outillage Mécanique et d'Usinage d'Artillerie (Fabrik für mechanische Werkzeuge und Artillerie) wurde im Ersten Weltkrieg gegründet. Die Lastwagen der 1940er-Jahre waren gut, aber teuer.

Somua war für zwei Fahrzeugarten berühmt: Feuerwehrwagen und Panzer. Nach dem Zweiten Weltkrieg bot Somua auch Busse an und führte einen neuen Laster ein. Bei dem LKW handelte es sich um einen Frontlenker mit 7 Tonnen Nutzlast und einem in Lizenz gebauten Hesselmann-Motor. Der Motor ließ sich mit Benzin, Gas oder Alkohol betreiben. Je nach Kraftstoff bot der Vierzylinder-Motor eine Leistung zwischen 70 und 105 PS (52 und 78 kW). Dieser Motor war jedoch mit den französischen Nutzungsverordnungen der Vorkriegszeit unvereinbar, sodass Somua gezwungen war, mit zwei anderen Herstellern, Willeme und Panhard, zusammenzuarbeiten, um die Produktion zu standardisieren. Beim JL 12 wurde der Hesselmann-Motor durch den traditionelleren Dieselmotor von Panhard ersetzt. Dieser Sechszylindermotor zählte zu den modernsten Dieselmotoren der Welt. Mit der Einführung des Panhard-Motors wurde der JL 12 in JL 15 umbenannt. 1946 stellte man drei Fahrzeuge der Baureihe JL 12 her, 1949 waren es bereits 197. Der LKW war mit druckluftunterstützten Hydraulikbremsen und einer sehr effektiven Lamellenfederung ausgerüstet. Die geräumige und komfortable Kabine bot eine sehr gute Sicht nach vorne. Bei dem 1955 eingeführten JL 19 handelte es sich um eine veränderte Version mit neuer Optik und einem stärkeren 150-PS-Motor (111 kW).

Oben: *Der Somua JL 12 war vielleicht zu modern und zu teuer, um kommerziellen Erfolg zu haben.*

Technische Daten

Land: Frankreich
Gebaut seit: 1946
Motor: 4-Zylinder, Dieselantrieb
Getriebe: 5 Gang
Nutzlast: 7 Tonnen
Verwendungszweck: variabel
Besonderheit: Hesselmann-Reihendieselmotor

VOLVO
1953 **Schweden**

VOLVO VIKING L38

In den frühen 1950er-Jahren stellt Volvo den Viking vor, einen der bekanntesten Laster in der Geschichte des Unternehmens. Der Name lag nahe, da Volvo ebenso wie seinerzeit die Wikinger in Skandinavien ansässig war.

Oben: *Der Viking war einer bekanntesten Laster in der Geschichte von Volvo.*

Technische Daten

Land: Schweden
Gebaut seit: 1953
Motor: Volvo 7 Liter
Getriebe: nicht bekannt
Nutzlast: nicht bekannt
Verwendungszweck: Langstrecken- und Holztransporte
Besonderheit: Der Viking war international gefragt.

Der Viking basierte auf dem Volvo L24 Roundnose. Als er erstmals vorgestellt wurde, wies der Viking lediglich eine neue Motorhaube und neue Kotflügel auf. Er wurde jedoch bis in die frühen 1960er-Jahre kontinuierlich weiterentwickelt. Volvo verbesserte nicht nur die Motorleistung, sondern auch das Fahrwerk. Eine Servolenkung war bei den frühen Modellen auch noch nicht vorhanden.

Internationales Ansehen

Obwohl er kein sonderlich leistungsstarkes Fahrzeug war, genoss der zuverlässige Viking weltweit hohes Ansehen. In den 1950er-Jahren waren in weiten Teilen Europas sehr leistungsstarke Motoren nicht gefragt, da es auf der Straße kaum Schwertransporte gab. Der Viking war mit einem bescheidenen Siebenlitermotor ausgestattet, der zunächst völlig ausreichte. Der ursprüngliche Viking-Motor hatte nur 100 PS (74,5 kW).

Später erhielt das Fahrzeug stärkere Motoren, um den Trends des Straßentransportwesens gerecht zu werden. 1954 wurde der ursprüngliche Sechslitermotor durch einen Siebenlitermotor ersetzt. Dazu kamen breitere Kotflügel, die denen des Volvo L39 Titan ähnelten, der größer und leistungsstärker war.

Die meisten Viking-Modelle wurden zwar als Zweiachser gebaut, ein Dreiachser war jedoch ebenfalls erhältlich. 1965 wurde die Produktion des Viking eingestellt. Das Fahrzeug wurde durch das ähnlich aussehende Modell N86 ersetzt.

INTERNATIONAL HARVESTER
🛠 **1950er-Jahre USA**

INTERNATIONAL HARVESTER

In den 1950er-Jahren wurden die Baureihen L und R von International Harvester vielfältig eingesetzt. Auf Wunsch der Kunden waren die LKWs mit besonders zuverlässigen und leistungsstarken Benzinmotoren ausgerüstet.

Technische Daten

Land: USA
Gebaut seit: 1950er-Jahre
Motor: diverse Benzinmotoren
Getriebe: nicht bekannt
Nutzlast: nicht bekannt
Verwendungszweck: Langstrecken- und Holztransporte, Feuerwehr
Besonderheit: sehr zuverlässiger Motor

Der International Harvester war in diversen Ausstattungen und je nach Fahrzeuggröße mit unterschiedlichen Motoren erhältlich. Ein typischer mittelschwerer Harvester hatte einen Sechszylindermotor, der schließlich einem V8-Motor weichen sollte.

Die Schwerlastwagen von Harvester verfügten zu dieser Zeit über große Benzinmotoren. In den 1960er-Jahren baute International Harvester einen V8-549-Benzinmotor, der keinen Durchbruch erzielen konnte, da die LKW-Industrie zu dieser Zeit bereits Dieselmotoren bevorzugte.

Ähnliche Optik

Nur ein geschultes Auge konnte die Baureihen R und L von International Harvester optisch voneinander unterscheiden. Beide LKW-Versionen gab es in diversen Ausführungen mit und ohne Servolenkung.

Oft entfernten die Fahrer die Seitenflügel der Kühlerhaube, um eine bessere Kühlung zu gewährleisten, insbesondere bei Fahrten mit geringer Geschwindigkeit während des Sommers. Zeitweise wurde nur der rechte Seitenflügel entfernt, da sich dort Krümmer und Vergaser befanden.

Oben: *Der International Harvester der 1950er-Jahre eignete sich insbesondere als Holzschlepper. Manche Fahrer trauten dem Harvester zu viel zu, sodass die Fahrzeuge oft überladen waren.*

BEDFORD
⚒ **1950er-Jahre Großbritannien**

BEDFORD

Auf der Grundlage der 1939 eingeführten Modelle K, M und O nahm Bedford nach dem Krieg die LKW-Produktion wieder auf. Dennoch wurden diese Laster bald durch modernere Fahrzeuge ersetzt.

Oben: *Das Modell S hieß „The Big Bedford".*

Das Modell S war als „The Big Bedford" (Der große Bedford) bekannt und führte den Hersteller in die Siebentonnenklasse ein. Außerdem kam ein neuer LKW in Frontlenkerbauweise heraus. Das Modell S war mit einem 4,9-Liter-Benzinmotor ausgestattet. 1960 wurde das Modell durch das Modell TK mit einer tiefer gelegten Kabine ersetzt.

Modell CA: ein Bestseller

Das Modell R wurde 1950 entwickelt und in der standardmäßigen Viertonnenausführung sehr schnell als Militärfahrzeug eingesetzt, bis die Baureihen MK und MJ es ersetzten, die 1953 den zivilen Markt eroberten. In der Zwischenzeit baute Bedford den CA, der zu einem Bestseller des Unternehmens werden sollte. Zwischen 1952 und 1969 verkaufte Bedford 370 000 Fahrzeuge dieses Modells.

1953 setzte Bedford mit der Einführung des Modells A, dem später die Modelle D und J folgten, seinen Siegeszug fort. Diese Modelle verkauften sich mit Ausnahme des Modells A, dessen Produktion 1957 eingestellt wurde, bis weit in die 1970er-Jahre.

Das Modell J (oder TJ) wurde 1958 eingeführt. Im gleichen Jahr lief bei Bedford der millionste LKW vom Band. Das Modell hatte eine durchgehende Windschutzscheibe und 40,6-cm-Räder sowie einen niedrigen Aufbau bei den Modellen bis 4 Tonnen. Der TJ konnte 7 Tonnen Nutzlast transportieren.

Technische Daten

Land: Großbritannien
Gebaut seit: 1950er-Jahre
Motor: Benzinantrieb
Getriebe: 4 Gänge
Nutzlast: 7 Tonnen
Verwendungszweck: Langstreckentransporte, Militär, Kleintransporte
Besonderheit: hohe Verkaufszahlen

PETERBILT

1950 USA

PETERBILT 280/350

Firmengründer T. A. Peterman verstarb 1945 und sollte die Einführung des innovativsten Produkts von Peterbilt nicht mehr erleben: das Modell 280/350 Bubblenose (Stupsnase).

Oben: *Der 350 Bubblenose brachte dem Unternehmen viel Gewinn.*

Dieser Truck wurde als Antwort auf den Ausbau des Interstate-Highway-Netzes entwickelt, das den Güterfernverkehr erheblich vereinfachte. Da nicht alle amerikanischen Fahrer von der Optik der Frontlenker überzeugt waren, bot das Unternehmen den 281/351 auch als Haubenfahrzeug an. Damit hatte Peterbilt bei Einführung dieses Modells an alle Eventualitäten gedacht.

Der Bubblenose

1950 war ein gutes Jahr für Peterbilt. Das Unternehmen hatte viel Geld verdient, und auch die Kunden waren von diesem Fahrzeug begeistert. Wegen der raschen Veränderungen der Transportindustrie konnte es sich kein Unternehmer erlauben, sich auf seinen Lorbeeren auszuruhen. Es war vielmehr notwendig, neue Technologien zu entwickeln und Neuland zu betreten. Die Konsequenz war die Einführung des 280/350 Bubblenose.

Das Modell 280/350 wurde Bubblenose genannt, da es im Gegensatz zu anderen Frontlenkern keine flache Front hatte. Stattdessen hob sich der Motor leicht von der Fahrerhausfront ab, was die Front des Fahrzeugs wie eine kleine runde Nase erscheinen ließ. Dennoch fiel diese nasenartige Front wesentlich kleiner aus als bei den traditionellen Haubenfahrzeugen, sodass der LKW zu den Frontlenkern gerechnet wurde. Einige Fahrer vermuteten, dass der Bubblenose eine verkürzte Version des Modells 360 aus dem Jahre 1949 sei, der ebenfalls eine kurze nasenartige Front hatte und einem abgeschnittenen Haubenfahrzeug ähnelte.

Frontlenker werden beliebter

Die Kabine des Bubblenose war im Vergleich zu anderen LKW-Modellen dieser Zeit um einiges höher. Um den Motor zu erreichen, musste die Kabine nach vorne gekippt werden, was den Fahrern nicht leicht zu vermitteln war. Die meisten bevorzugten klappbare Kotflügel, um Zugang zum Motor und zu anderen Komponenten zu erhalten.

Bevor der 280/350 in Serie ging, wurde er zwei Jahre lang im Straßeneinsatz getestet. Bis zu dem Zeitpunkt, an dem in einigen Staaten der USA, insbesondere im Osten, Längenbeschränkungen galten, war der LKW sehr beliebt.

1955 wurde der Bubblenose durch den 352 ersetzt. Beim 352 handelte es sich um einen umgestalteten Frontlenker mit einer leicht gewölbten vierteiligen Windschutzscheibe, der bis 1982 von Peterbilt gebaut und schließlich durch das Modell 362 ersetzt wurde. Der 362 hat eine durchgehende oder zweiteilige Windschutzscheibe.

Neue Haubenfahrzeuge

Die 1954 eingeführten Haubenfahrzeuge 281 und 351 stellten für die Kunden eine Alternative zum Bubblenose dar. Diese Trucks waren bei den Fahrern und Spediteuren sehr beliebt und wurden elf Jahre lang gebaut.

Technische Daten

Land: USA
Gebaut seit: 1950
Motor: diverse
Getriebe: 10 Gänge
Nutzlast: nicht bekannt
Verwendungszweck: Langstreckentransporte
Besonderheit: Vorreiter der so genannten „Drom-Box", einer hinter der Zugmaschine angebrachten Frachtbox

Links: *Der 351 war ein klassischer amerikanischer Tandemschlepper in Haubenbauweise, hier mit der typischen, hinter dem Fahrerhaus angebrachten Schlafkabine.*

DIAMOND T
1950er-Jahre USA

DIAMOND T 950/951

Diamond T hatte sich während des Zweiten Weltkriegs durch den Bau von Lastwagen einen Namen gemacht, die weithin als die attraktivsten Militärfahrzeuge galten.

Zu den Innovationen der Nachkriegszeit zählte die Entwicklung einer Komfortkabine, die in Zusammenarbeit mit International Harvester entstand. Das Fahrerhaus von 1950 wies einige Neuerungen auf, darunter abnehmbare Kotflügel und eine Kühlerhaube, bei der Luft in den Motorraum geleitet wurde, um eine bessere Kühlung und Kraftstoffverbrennung zu gewährleisten. Außerdem verfügte die Kabine über eine Diamond-Vierpunkt-Kabinenaufhängung, Blechverkleidung und Motorkühler sowie eine gewölbte Windschutzscheibe und ein geschwungenes Armaturenbrett.

Um die Stabilität der Kabine zu demonstrieren, wurde sie bei der Automobilausstellung in Chicago stundenlang harten Belastungsproben ausgesetzt.

Startschuss für T-Modelle

Im gleichen Jahr führte Diamond T die Baureihen 950 und 951 ein, die in den Chicagoer Produktionsstätten des Unternehmens gebaut wurden. Beim 950 hatte man die Wünsche der Fahrer aus dem Westen berücksichtigt, die mehr Leistung und größere Motorkühler bevorzugten, um für die größeren Motoren eine angemessene Kühlung gewährleisten zu

Oben: *Der Diamond T 921C mit kippbarem Fahrerhaus aus den 1950er-Jahren war sogar als 38-Tonner und mit diversen Dieselmotoren erhältlich.*

Ganz oben: *Das Design des kippbaren Fahrerhauses wurde 1953 mit dem renommierten National Design Award ausgezeichnet.*

können. Trotz ihrer konventionellen Optik waren die Modelle 950 und 951 von Diamond T so groß, dass es den Fahrern so vorkam, als säßen sie in einem Frontlenker.

Siegeszug der Dieselmotoren

Die ersten Trucks dieser Baureihe waren mit Benzinmotoren ausgerüstet. Dennoch sollten sie schon bald den effizienteren Dieselmotoren weichen. 1953 wurden diese Laster mit kippbarem Fahrerhaus ausgestattet.

In den 1950er-Jahren konzentrierte sich Diamond T ausschließlich auf Schwerlastwagen und baute nur Fahrzeuge ab 3 Tonnen Nutzlast. Die schwersten Fahrzeuge, der 950 und der 951, verfügten über einen 300-PS-Dieselmotor von Cummins oder einen 280-PS-Dieselmotor von Buda.

Diamond T baute auch einige Fahrzeuge vom Typ 950 RS, die zu den größten je für die Straße gebauten Lastwagen zählten. Von dieser Baureihe wurden jedoch weniger als 80 Fahrzeuge gebaut. Sie waren mit Dieselmotoren von Cummins ausgerüstet.

Auszeichnung für den Diamond

1953 wird der Diamond-T-LKW mit kippbarem Fahrerhaus mit dem renommierten National Design Award für Industriedesign ausgezeichnet. Damit wurde dieser begehrte Preis zum ersten Mal für das Design eines LKWs verliehen. Bei der Technologie, mit der Diamond T den Preis gewann, handelte es sich um ein Gegengewichtssystem, mit dem die Kabine des Modells 723C nicht mehr mit Muskelkraft gekippt werden musste. Diese Entwicklung wurde in späteren Jahren von vielen anderen Herstellern übernommen.

Vor der Übernahme

Während in der LKW-Branche zahlreiche Gerüchte bezüglich der bevorstehenden Übernahme von Diamond T kursierten, stellte das Unternehmen weitere neue Modelle vor. In den 1950er-Jahren baute das Unternehmen 6x6-Militärlastwagen, die mit 224-PS-Motoren vom Typ Continental R6602 ausgerüstet waren. Darüber hinaus waren die Fahrzeuge mit Sechsradantrieb und Servolenkung ausgestattet.

In dem Jahr, bevor Diamond T von der White Motor Company übernommen wurde, führte das Unternehmen das Modell 831 mit einem 239-PS-Motor vom Typ Hall-Scott 590 ein. Dieser Motor konnte mit Autogas betrieben werden, wodurch eine Leistung von 256 PS erzielt wurde. Das Modell 911C, ein Diesel-LKW mit kippbarem Fahrerhaus, wurde ebenfalls noch vor der Übernahme von Diamond T eingeführt.

Technische Daten

Land: USA
Gebaut seit: 1950er-Jahre
Motor: Dieselantrieb
Getriebe: 10 Gänge
Nutzlast: nicht bekannt
Verwendungszweck: Langstreckentransporte, Bau
Besonderheit: viel Lob für das Design

Unten: *Das kippbare Fahrerhaus von Diamond war Vorbild für viele andere Hersteller.*

VOLVO

1951 Schweden

VOLVO TITAN

Der im Jahr 1951 eingeführte Volvo Titan, der für Langstreckentransporte und als Baustellenfahrzeug eingesetzt wurde, zählte zu den beliebtesten Lastwagen seiner Zeit.

Nach einem Rechtsstreit wurde Volvo untersagt, den Namen Titan zu verwenden. Das Problem konnte jedoch schließlich gelöst werden, und der LKW durfte sich offiziell Titan nennen.

Abgerundetes Design

Der Titan vereinigte zwar zahlreiche bewährte Volvo-Komponenten, er erhielt jedoch ein neues, abgerundetes Design, das den nordamerikanischen Trucks dieser Zeit entsprach.

Der erste Titan war im Grunde genommen ein überarbeiteter L29 C Diesel mit langer Motorhaube, der jedoch eine verbesserte Innenausstattung hatte. Entsprechend verfügte das Fahrzeug über erheblich mehr Fahrkomfort und einen leistungsstärkeren Motor. Beim Motor handelte es sich um eine VDF-9,6-Liter-Maschine mit Direkteinspritzung, im Gegensatz zum Vorgänger, einer 8,6-Liter-Maschine mit Vorkammersystem.

Turbomotor

Der VDF-Motor des ursprünglichen Titan wurde in Leichtbauweise hergestellt, wobei Materialien verwendet wurden, die sonst bei Flugzeugmotoren eingesetzt wurden. Auch wenn dieser Leichtbaumotor viele Vorteile bot, so war dessen Herstellung doch sehr teuer. Deshalb bot Volvo wenig später den konventionelleren D96-Motor aus Stahl an.

Zur großen Beliebtheit des Titan trug der Turbomotor bei, der 1954 eingeführt wurde. Damit war der Titan einer der ersten Lastwagen, die einen Turbomotor hatten, obwohl diese Motoren bereits im Schiff-, Eisenbahn- und Flugzeugbau eingesetzt worden waren.

Oben: *Der Titan wurde teilweise mit einem Leichtbaumotor ausgestattet. Dieser war zwar teuer, eignete sich aber für höhere Lasten.*

Ganz oben: *Der Titan als Baufahrzeug.*

Der Erfolg des Turbomotors bei anderen Transportarten führte dazu, dass sich die Volvo-Ingenieure John Stålblad und Bertil Häggh daran machten, einen kleineren Turbomotor für den Titan zu entwickeln.

Mehr Motorleistung

Obwohl der Turbomotor das Leergewicht des Fahrzeugs nur um 25 kg erhöhte, war das Ergebnis erstaunlich: Die Motorleistung von ursprünglich 150 PS (118,8 kW) konnte um bemerkenswerte 35 PS auf 185 PS (137,9 kW) erhöht werden.

Nicht nur der Turbomotor hatte Anteil am Erfolg des Titan. Die Titan-Modelle L39 und L49 verfügten als erste über viele weitere technische Neuerungen, die man heute in jedem Nutzfahrzeug antrifft. So ersetzten Druckluftbremsen die traditionellen Hydraulikbremssysteme und die Servolenkung trug zu einem besseren Fahrkomfort und einer bequemeren Handhabung des Fahrzeugs bei. Auch zeichnete sich der Titan durch die von Volvo 1959 eingeführte Sicherheitskabine aus. Diese Kabine, die mit Unterstützung des schwedischen TÜV entwickelt wurde, garantierte den Fahrern eine bessere Arbeitsumgebung. Der leistungsstarke Titan war ein gefragter Schwerlastwagen. Das Fahrzeug wurde bis 1964 gebaut.

Der TIPTOP F88

1964 führte Volvo den Titan TIPTOP F88 ein, der ein Kippfahrerhaus hatte, das einen noch besseren Zugang zum Motor und anderen Komponenten ermöglichte, wodurch die Wartung des Fahrzeugs erleichtert wurde. Zu dieser Zeit verfügten die Hauptkonkurrenten des Titan noch nicht über einen entsprechenden Komfort, sodass der Titan in der Transportbranche sofort gut ankam. Die Schlafkabine erhöhte ebenfalls den Fahrkomfort, insbesondere bei Langstreckentransporten.

Weitere Ursachen für den Erfolg des Titan waren ein neuer Motor, ein neues Getriebe und neue Fahrgestellkomponenten, die vom Volvo N88 stammten. Beim Motor handelte es sich um eine Zehnlitermaschine, die speziell konzipiert worden war, um hohe Motorleistungen zu ermöglichen. Ein Achtgang-Synchrongetriebe sorgte ebenfalls für mehr Fahrfreude.

Um den gesetzlichen Bestimmungen zu genügen, die verlangten, dass ein gewisser Abstand zwischen Vorder- und Hinterachse einer Fahrzeugkombination eingehalten wurde, führte Volvo 1970 schließlich den Titan TIPTOP G88 ein.

Technische Daten

Land: Schweden
Gebaut seit: 1951
Motor: Volvo VDF-Direkteinspritzung, 9,6 Liter
Getriebe: 8 Gänge, Synchrongetriebe
Nutzlast: nicht bekannt
Verwendungszweck: Langstrecken und Bau
Besonderheit: Leichtbaumotor aus Materialien des Flugzeugbaus

Links: *Diesen LKW in Haubenbauweise würde man eher in den USA vermuten. Dennoch entschied sich Volvo, dem Fahrzeug mit langer Motorhaube in seinem Heimatland eine Chance zu geben.*

KENWORTH

1951 USA

KENWORTH 853

In den 1950er-Jahren war Kenworth bereits einer der führenden LKW-Hersteller der USA. 16 Prozent aller Überlandtransporte bewerkstelligten Kenworth-Trucks. Auch bei der Erschließung der Ölreserven des Nahen Ostens kamen die Laster zum Einsatz.

Technische Daten

Land: USA
Gebaut seit: 1951
Motor: diverse
Getriebe: diverse
Nutzlast: nicht bekannt
Verwendungszweck: Langstrecken- und Schwertransporte
Besonderheit: Exportschlager für den Nahen Osten

Oben: *Der Kenworth 853 war einer der beliebtesten Schwerlaster der USA.*

Der Kenworth 853 wurde 1951 für das arabische Ölunternehmen ARAMCO entwickelt. Mehr als 1700 Fahrzeuge gingen an das Unternehmen, was eine überaus erfolgreiche Markteinführung dieses Trucks war. Der LKW spielte bei der Erschließung der Ölreserven des Nahen Ostens eine wichtige Rolle.

Einmannkabine

1954 brachte Kenworth seine neue Einmannkabine (Cab-beside-Engine, CBE) heraus. Damit hoffte das Unternehmen, die Leistungsfähigkeit zu erhöhen und eine halbe Tonne zusätzliche Nutzlast zu ermöglichen. Darüber hinaus wurde die Sicht des Fahrers verbessert. Die Sitze für Fahrer und Beifahrer waren in der Einmannkabine hintereinander angeordnet. Das Auspuffrohr war ebenso wie der rechte Seitenspiegel neben der Motorhaube angebracht. Das Fahrzeug war mit Schlafkoje an der Rückseite der Kabine erhältlich. Dennoch konnte der Laster keinen Durchbruch erzielen. Der Beifahrersitz war zu unbequem und der Innenraum zu klein.

SCANIA

1954 Schweden

SCANIA-VABIS REGENT

1954 brachte Scania-Vabis sein erfolgreiches Modell Regent heraus. Der „König der Straße" wurde für mehrere Jahre Scanias Flaggschiff. Die Schweden organisierten den Verkauf auch in Deutschland.

Oben: *Der Regent von Scania-Vabis war für Volvo ein ernsthafter Konkurrent.*

Technische Daten

Land: Schweden
Gebaut seit: 1954
Motor: nicht bekannt
Getriebe: 5 und 10 Gänge, Kegelradantrieb
Nutzlast: nicht bekannt
Verwendungszweck: Langstreckentransporte, Forstwirtschaft, Bau
Besonderheit: Der Regent etablierte Scania auf dem LKW-Markt.

Der Regent wurde für Langstreckentransporte sowie in der Bauindustrie und in der Forstwirtschaft eingesetzt. Er hatte standardmäßig einen direkteinspritzenden Sechszylinder-Dieselmotor mit einer Leistung von 150 PS (111,8 kW).

Erfolgreiches Händlernetz

Im Jahr seiner Einführung verkaufte Scania-Vabis allein in Schweden 1800 Fahrzeuge und wurde somit zu einem ernsthaften Konkurrenten für Volvo. Dies stellte für den LKW-Hersteller, der Ende der 1940er-Jahre noch nicht einmal über eine entsprechende Vertriebs- und Serviceorganisation verfügte, einen großen Erfolg dar. Vor dem Krieg verkaufte Scania seine Fahrzeuge meistens an Unternehmen, die über eigene Kraftfahrzeugwerkstätten verfügten. Es waren überwiegend Busse, die von Stadtverwaltungen eingesetzt wurden. Nach dem Krieg begann Scania-Vabis mit dem Aufbau eines Händlernetzes, das die Wartung der Fahrzeuge übernehmen sollte. Schließlich kooperierte der Hersteller mit Volkswagen und Willys-Overland, die die Lastwagen von Scania-Vabis importierten und zusammen mit ihren eigenen Fahrzeugen anboten und das Unternehmen beim Ausbau eines erfolgreichen Händlernetzes unterstützten.

MACK
🛠 **1953 USA**

MACK H, B UND G

Die 1950er-Jahre waren für den amerikanischen Hersteller Mack eine innovative Zeit. Die Baureihen H, B und G zählen zu den bedeutendsten Entwicklungen der Unternehmensgeschichte.

Mack führte 1953 den neuen Thermodyne-Dieselmotor mit Direkteinspritzung ein, der im Hinblick auf Leistung und Kraftstoffverbrennung neue Maßstäbe setzte. Die Entscheidung von Mack, für seine Trucks eigene Motoren zu bauen, war zu dieser Zeit ein gewagter Schritt. Die Fahrzeuge waren daher auch mit anderen Motoren erhältlich, insbesondere mit Motoren von Cummins.

Baureihe H

Die 1953 eingeführte Baureihe H wurde aufgrund der hohen Kabine (2,7 m) auch „Cherry Picker" (Kirschpflücker) genannt.

Oben: *Der „Kirschpflücker" der hatte einen erhöhten Fahrersitz.*

Ganz oben: *Das elegante Design der Serie B machte das Fahrzeug in Nordamerika zu einem großen Erfolg.*

Dieser LKW hatte ein sehr kurzes BBC-Maß (Bumper to back of cab = Stoßstange bis Fahrerhausrückwand), was den Transport von Anhängern mit einer Länge von 10,6 m ermöglichte. Zu dieser Zeit betrug die zulässige Gesamtlänge in manchen Regionen 13,7 m, sodass dies eine praktische Einrichtung darstellte.

Die Fahrzeuge waren standardmäßig mit einem ENDT-673-Thermodyne-Motor mit einer Leistung von 211 PS (157,3 kW) bei 2100 U/min ausgerüstet. Ein Quadruplex-18-Gang-Getriebe mit zwei Schalthebeln zählte ebenfalls zur Standardausführung. Die „Cherry Pickers" wurden schließlich durch den beliebten Mack Ultra-Liner ersetzt.

Baureihe B

Die ebenfalls 1953 eingeführte Baureihe B zählte zu den erfolgreichsten Trucks in der Geschichte von Mack. Der LKW war an seiner eleganten, abgerundeten Optik leicht zu erkennen. Das Fahrerhaus erinnerte eher an die Kabinen der Kleintransporter der 1940er-Jahre als an die großen kastenartigen Zugmaschinenkabinen jener Zeit.

Bevor diese Baureihe 1966 durch die Baureihe R ersetzt wurde, waren mehr als 127 000 Fahrzeuge produziert worden. Diese Laster waren für ihre Langlebigkeit bekannt, manche fahren sogar noch heute.

Baureihe G

1959 führte Mack die Baureihe G ein, von der bis 1962 über 2180 Fahrzeuge gebaut wurden. Die Trucks verfügten über ein Fahrerhaus, das komplett aus Aluminium gefertigt war, um eine höhere Nutzlast zu ermöglichen.

Technische Daten

Land: USA
Gebaut seit: 1953
Motor: Thermodyne-Dieselmotor
Getriebe: Quadruplex 18-Gang-Getriebe mit zwei Schalthebeln
Nutzlast: nicht bekannt
Verwendungszweck: Langstrecken- und Schwertransporte
Besonderheit: Die Baureihe H hatte einen erhöhten Fahrersitz.

Unten: *Die Laster der Baureihe G hatten eine leichte Aluminiumkabine. Sie waren vor allem an der Westküste der USA unterwegs.*

GUY

1954 Großbritannien

GUY INVINCIBLE

1954 verstärkte das im englischen Wolverhampton ansässige Unternehmen Guy sein Schwerlasterprogramm und gab den neuen, technisch ausgefeilten LKWs durchaus martialische Namen. Die Laster dieser Zeit hießen nicht nur „Unbesiegbar“, sondern auch „Krieger“ und „Gefürchtet“.

Technische Daten

Land: Großbritannien
Gebaut seit: 1954
Motor: Motoren u. a. von Gardner, Cummins und Rolls Royce
Getriebe: nicht bekannt
Nutzlast: bis zu 32 Tonnen
Verwendungszweck: Langstrecken- und Schwertransporte, Spezialfahrzeuge
Besonderheit: Rechtsstreit wegen des Namens. Aus Goliath wurde Invincible.

Oben: *Der Invincible konnte mit Anhänger bis zu 32 Tonnen transportieren.*

Die neuen Schwerlastwagen waren als 4x2-, 6x2-, 6x4-, 8x2- und 8x4-Ausführung erhältlich. Guy führte diese Laster zuerst unter dem Namen Goliath ein, bis man feststellen musste, dass diese Bezeichnung bereits von Borgward beansprucht wurde. Schließlich gab Guy der Baureihe den Namen Invincible (Unbesiegbar). Die Invincible-Laster waren mit einem AEC-Fahrwerk und mit Dieselmotoren von Gardner oder Meadows ausgestattet. Der schwerste LKW dieser Baureihe hatte mit Anhänger eine zulässige Nutzlast von 32 Tonnen.

Der Warrior

1955 führte Guy das Modell Warrior (Krieger) ein, der ein zulässiges Gesamtgewicht von 14 Tonnen hatte. Eine noch leistungsstärkere Version bekam den Namen „Formidable“ (Gefürchtet). Letzterer war vornehmlich als Zugmaschine erhältlich.

Der Invincible wurde 1958 durch eine noch schwerere Baureihe ersetzt – den Invincible Mk. II. Er hatte ein vollständig überarbeitetes Fahrwerk, das besonders langlebig sein sollte. Die Fahrzeuge waren mit zahlreichen unterschiedlichen Motoren erhältlich.

ROTINOFF

1955 **Großbritannien**

ROTINOFF ATLANTIC

Das britische Unternehmen wurde von dem weißrussischen Immigranten George Rotinoff gegründet und nach diesem benannt. Er gründete das Unternehmen 1952 in Colnbrook bei Slough in Buckinghamshire.

Oben: *Der Rotinoff Atlantic transportierte vor allem tonnenschwere Panzer.*

Technische Daten

Land: Großbritannien
Gebaut seit: 1955
Motor: C6.SFL 109 von Rolls Royce
Getriebe: 12 Gänge
Nutzlast: bis zu 140 Tonnen Zuggesamtgewicht
Verwendungszweck: Schwertransporte, Militär
Besonderheit: sehr hohes Gesamtgewicht

Nur wenige dieser LKWs wurden zu zivilen Transportzwecken eingesetzt. Der Großteil war für das Militär bestimmt. 1955 führte Rotinoff den Atlantic GR.7 ein, eine 6x4-Zugmaschine, die von der Schweizer Armee erfolgreich getestet worden war.

140 Tonnen Gesamtgewicht

Der LKW brachte es auf ein Zuggesamtgewicht von 140 Tonnen! Der Atlantic GR.7 hatte einen 12,17-Liter-Motor der Baureihe C6.SFL 109 (Direkteinspritzer) von Rolls Royce. Die Leistung des Dieselmotors betrug 250 PS (186,4 kW). Darüber hinaus war der LKW mit einem Zwölfganggetriebe und Achsen von Kirkstall ausgerüstet.

Später war für den Atlantic GR.7 ein leistungsstärkerer Motor erhältlich – ein C6.TFL-Turbodiesel von Rolls Royce mit einer Leistung von 275 PS (205 kW).

Super Atlantic

Als wenn diese Leistung noch nicht ausgereicht hätte, führte Rotinoff den noch schwereren Super Atlantic GR.7 ein, der von einem 16,2-Liter-Motor von Rolls Royce mit einer Leistung von 335 PS (249,8 kW) angetrieben wurde. Diese Fahrzeuge waren mit 15- oder 18-Gang-Getrieben ausgerüstet und hatten ein Zuggesamtgewicht von bis zu 300 Tonnen – mehr als doppelt so viel wie der ursprüngliche Atlantic.

DAIMLER-BENZ
⚒ **1955 Deutschland**

DAIMLER-BENZ LP-SERIE

1955 führte Daimler-Benz die Frontlenker-Baureihe LP ein. Damit begann der Siegeszug des Siebentonners LP 315. Das P stand für Pullmann, womit auf den Komfort des Mercedes Pullmann verwiesen wurde.

Oben: *Die Baureihe LP von Mercedes-Benz verfügte über eine geräumige, sehr bequeme Kabine.*

Die neuen Lastwagen hatten nicht das klassische Kotflügel- und Kabinendesign der Vorgängergeneration, für das die Laster der Baureihe L bekannt waren, sondern das abgerundete Design einer komfortablen Kabine mit der Innenausstattung eines Luxusautos.

Erste Frontlenker

Vor der Einführung der Baureihe LP wurden die meisten LKWs von Daimler-Benz als Haubenversion gebaut. Dennoch setzten sich die Frontlenker allmählich auf dem Markt durch. 1958 erhielt der LP 315 Gesellschaft von dem dreiachsigen LP 333 mit zusätzlicher gelenkter Vorlaufachse vor der Antriebsachse (Twin-Steer) und einem zulässigen Gesamtgewicht von 16 Tonnen bzw. einem Zuggesamtgewicht von 32 Tonnen. In diesem Jahr gab die Bonner Regierung erstmals grünes Licht für derartige Schwertransporte.

Einführung des LPS 333

Darüber hinaus wurde die Sattelzugmaschine LPS 333 auf dem Markt eingeführt, die ebenfalls ein Zuggesamtgewicht von 32 Tonnen hatte. Die zweite Lenkachse war in der Mitte 1,6 m vor der Antriebsachse angebracht. Die Fahrzeuge der Baureihe LP verfügten über eine sehr geräumige Kabine und eine zweiteilige Windschutzscheibe. Später sollten die Baureihen LP 321, LP 322 und LP 337 mit einer kleineren Kabine und einer durchgehenden Windschutzscheibe erhältlich sein. Die späteren Versionen der LP-Familie wurden mit einer Nutzlast zwischen 6 und 7 Tonnen angeboten.

Neue Typenbezeichnungen

1963 wurden die Frontlenker stark verändert. Der LP 1620 wurde mit einem Gesamtgewicht von 16 Tonnen und einem 200-PS-Motor (149 kW) eingeführt. Die schwer verständlichen Typenbezeichnungen der 1950er-Jahre waren nun einfacher nachvollziehbar. So verwies beim LP 1620 die 16 auf das Gewicht, die 20 auf die Motorleistung des Fahrzeugs.

Die neue Baureihe überzeugte durch die klare, kubische Gestaltung der Fahrerhäuser. Zusätzliche Versionen der meisten Modelle waren für den Langstreckenverkehr optional mit einer Schlafkoje erhältlich. Die neue Generation der LP-Laster wurde standardmäßig von dem bewährten Sechszylindermotor von Daimler-Benz angetrieben, der über eine Direkteinspritzung und eine Leistung von 210 PS (156,6 kW) verfügte. Wenig später kam ein Dreiachser dazu.

Leichte Baureihe

Mit Einführung einer neuen Baureihe kamen Lastwagen der leichten Gewichtsklasse ab 6 Tonnen zum Zuge (LP 608). Diese Frontlenker ersetzten schließlich die Kurzhauber, die Daimler-Benz bis dahin gebaut hatte. Das Design der leichten Frontlenker mit dem eckigen Fahrerhaus, dem markanten Kühlergitter und der großzügigen Verglasung ähnelte dem der Schwerlaster. Das Fahrerhaus der LP-Modelle war fest am Fahrzeugrahmen montiert und nicht kippbar.

Nachfrage nach mehr PS

Aufgrund der neuen behördlichen Bestimmungen in den 1960er-Jahren, die eine höhere Nutzlast erlaubten, waren stärkere Motoren erforderlich. Deshalb entwickelte Daimler-Benz eine neue Motor-Baureihe mit V6-, V8-, V10- und V12-Zylindern. Diese Motoren leisteten zwischen 192 PS (143,1 kW) und 400 PS (298,2 kW). Die ersten Lastwagen, die mit so starken Motoren ausgestattet wurden, waren die Modelle LP und LPS 1632, 2032 und 2232. Sie waren an ihren tiefen Frontradkästen zu erkennen. Der erste Motor der neuen Generation, der die Straßen eroberte, war der OM403 V10-Zylinder, eine 16-Liter-Maschine. Diese technischen Erneuerungen hatten zur Folge, dass Daimler-Benz über ein sehr viel breiteres Angebot verfügte als irgendein anderer Nutzfahrzeughersteller jener Zeit. Das Unternehmen nahm damit in nahezu allen Bereichen der LKW-Industrie eine führende Position ein.

Technische Daten

Land: Deutschland

Gebaut seit: 1955

Motor: 6-Zylinder-Reihenmotoren von Daimler-Benz

Getriebe: 4 Gänge, Kegelradantrieb

Nutzlast: nicht bekannt

Verwendungszweck: Langstrecken- und Kleintransporte

Besonderheit: Die Baureihe LP deckte verschiedene Gewichtsklassen ab.

Unten: *Weg frei für diesen Laster aus der LP-Baureihe.*

HUMBER

1955 **Großbritannien**

HUMBER PIG MILITÄRFAHRZEUG

Das gepanzerte Militärfahrzeug der englischen Firma Humber bekam den Namen Pig wegen der runden Scheinwerfer und dem schnauzenartigen Kühlergrill, was entfernt an ein Schwein erinnerte.

Oben: *Der Humber Pig hatte einen Motor von Rolls Royce.*

Dieser ursprünglich als Mehrzweckfahrzeug eingeführte, gepanzerte 4x4-LKW war in den 1950er-Jahren für das britische Militär entwickelt worden.

Zwei Mann Besatzung

Der Pig war für eine zweiköpfige Besatzung und bis zu acht Passagieren ausgelegt. Die Sitze für die Besatzung befanden sich in der Mitte, die Sitzplätze für die Soldaten im hinteren Teil des Fahrzeugs. Der Transporter war mit einem Sechszylinder-Reihenmotor von Rolls Royce mit einer Leistung von 160 PS (119,3 kW) ausgerüstet und erreichte eine Höchstgeschwindigkeit von 72,4 km/h. Das Fahrzeug hatte ein Fünfganggetriebe mit Rückwärtsgang, wie zu jener Zeit vor allem bei amerikanischen Fahrzeugen üblich.

Der Rumpf des Pig bestand aus stählernen Panzerplatten, um einen optimalen Schutz vor feindlichem Feuer zu bieten. Die Reifen waren besonders langlebig. Mit ihnen konnte man bei einem Platten noch bis zu 80 km zurückgelegen.

Aus Angst vor Terroranschlägen wurde die Panzerung des Fahrzeugs von Ingenieuren der britischen Streitkräfte verbessert, was ihn noch etwas schwerer machte. Der Humber Pig konnte für verschiedene militärische Aufgaben eingesetzt werden.

Technische Daten

Land: Großbritannien
Gebaut seit: 1955
Motor: 6-Zylinder-Reihenmotor
Getriebe: 5 Gänge
Nutzlast: 1 Tonne Gesamtgewicht
Verwendungszweck: Militär
Besonderheit: für sein Gewicht mit 72,4 km/h relativ schnell

KENWORTH

1956 USA

KENWORTH BAUREIHE 900

Kenworths Ära als unabhängiges Unternehmen endete 1956 mit dem Einstieg von Pacific Car und Foundry. Zu dieser Zeit wurde das Unternehmen der Paccar-Gruppe in Kenworth Motor Truck Company umbenannt.

Oben: *Die kippbare Motorhaube aus glasfaserverstärktem Kunststoff zählte bei der Baureihe 900 zur Standardausstattung.*

Technische Daten

Land: USA
Gebaut seit: 1956
Motor: diverse
Getriebe: diverse
Nutzlast: nicht bekannt
Verwendungszweck: Langstrecken- und Schwertransporte
Besonderheit: kippbare Motorhaube

Paccar griff nicht in die Unternehmensphilosophie von Kenworth ein, dessen Manager schon bald die neue Baureihe 900 herausbrachten. Die Trucks verfügten über eine Rahmenkonstruktion mit abgesenktem Frontbereich, was ein leichteres und kürzeres Fahrgestell ermöglichte. Ende der 1950er-Jahre wurde die kippbare Motorhaube aus glasfaserverstärktem Kunststoff eingeführt. Bereits 1965 waren sämtliche Lastwagenmodelle von Kenworth standardmäßig mit einer kippbaren Motorhaube ausgerüstet.

Härtetests in klirrender Kälte

Der LKW etablierte sich schnell als robuste Arbeitsmaschine. Zahlreiche Trucks vom Typ 923 wurden im Norden des Yukon Valley eingesetzt, wo sie in Eis und Tundra über eine Distanz von mehr als 240 Kilometern tonnenweise Betriebsstoffe und Ausrüstung transportierten. Bei klirrender Kälte waren die Fahrzeuge rund um die Uhr im Einsatz. Dabei half den Trucks, dass sie mit NH-200-Dieselmotoren von Cummins und Kompressionsmotorbremsen ausgestattet waren.

Bei den Fahrten fiel auf, dass die Fahrzeuge der Baureihe 900 auch unter extrem kalten Witterungsbedingungen funktionierten, und die Kälte die Trucks kaum beeinträchtigte. Auch Motorschäden hielten sich in Grenzen. Dabei bestand stets die Gefahr, dass das Eis unter den Fahrzeugen einbrach und die Lastwagen einsanken. Immerhin gelang es den Trucks nach dem Steckenbleiben, sich sogar aus bis zu 1,2 m tiefem Eis herauszuarbeiten.

DAF

1957 **Niederlande**

DAF BAUREIHE 2000

1957 beschloss DAF, mit der Baureihe 2000 den internationalen Markt zu erobern. Dabei handelte es sich jedoch um ein kurzlebiges Unterfangen, da die Serie bereits zwei Jahre später wieder eingestellt wurde.

Der DAF 2000 war zu jener Zeit der einzige LKW mit einer Achslast von 10 Tonnen. Das Fahrerhaus basierte auf dem der Baureihen A1300/1600/1800, war jedoch größer.

Haubenfahrzeug

Als die Baureihe 2000 auf den Markt kam, bot DAF für bestimmte Marktsegmente zusätzlich ein Haubenfahrzeug an. Dieser Laster hatte die Typenbezeichnungen 12 und 15. 1958 begann DAF mit der Herstellung von Achsen, wofür eine neue Produktionsstätte benötigt wurde. Die neuen Produktionsanlagen wurden im belgischen Oevel bei Westerlo gebaut. In diesem Produktionsbetrieb werden auch heute noch Achsen hergestellt.

Oben: *Das Modell 2000 aus dem Jahre 1957 war der erste DAF-LKW für den internationalen Fernverkehr. Fünf Jahre später wurde dieser LKW von der verbesserten Baureihe 2600 verdrängt.*

Einführung des Eurotrailers

Zur Ergänzung des 2000 führte DAF weitere Neuerungen ein. Das Programm ergänzte 1962 der Eurotrailer. Dabei handelte es sich um einen selbsttragenden Anhänger mit Aluminiumaufbau. Im selben Jahr kam auch das Modell 2600 auf den Markt.

Die kompakte Bauweise des DAF 2600 ermöglichte höhere Nutzlasten auf mehr Ladefläche. Für den Langstreckenverkehr war der LKW auch mit einer Schlafkoje erhältlich. Schon wenig später wurde das Fahrzeug als „Mutter des internationalen Straßentransports“ bezeichnet.

Breiteres Fahrerhaus

Mit dem 2600, der über wesentlich mehr Komfort verfügte, wurde DAF in den Kreis der angesehensten Hersteller von Lastwagen für den Fernverkehr aufgenommen. Das Fahrzeug trug auch dazu bei, dass DAF höhere Marktanteile und Verkaufszahlen erzielen konnte. Bereits 1964 lief das 50000. LKW-Fahrwerk vom Band. Im folgenden Jahr ging der DAF-Gründer Hub van Doorne, der das Unternehmen zum Erfolg geführt hatte, in den Ruhestand. Unter seiner Leitung hatte das Unternehmen mehr als 100 Patente angemeldet.

1973 wurde das beliebte Modell 2600 durch das Modell 2800 ersetzt, das über ein 20 cm breiteres Fahrerhaus verfügte. Die Schlafkoje konnte mit zwei Betten ausgestattet werden. Darüber hinaus war das Fahrzeug mit einem 11,6-Liter-Motor von DAF ausgerüstet.

Technische Daten

Land: Niederlande
Gebaut seit: 1957
Motor: nicht bekannt
Getriebe: 6 Gänge, Kegelradantrieb
Nutzlast: nicht bekannt
Verwendungszweck: Internationaler Fernverkehr
Besonderheit: ein Klassiker des internationalen Straßentransports

Unten: *Die ältere Kabinenversion des DAF war mit oder ohne Schlafkabine erhältlich. Bei der hier dargestellten Fahrzeugversion ohne Kabine handelt es sich um ein 4x4-Modell für das Baugewerbe.*

DAF

1957 Niederlande

DAF TORPEDO

DAF hatte zwar als Hersteller von Frontlenkern begonnen, doch das Unternehmen ignorierte nicht, dass die Nachfrage nach Haubenfahrzeugen stieg. So entstand der Torpedo.

Oben: *Je stärker der Torpedo, desto höher die Lasten.*

Links: *Trotz der europäischen Vorliebe für Frontlenker bot DAF für die Anhänger der Haubenbauweise das Modell Torpedo an.*

Frontlenker mochten zwar angesichts der besseren Raumausnutzung und der höheren Nutzlast praktischer und wirtschaftlicher sein, doch war beim LKW-Bau auch die Ästhetik wichtig. Jedenfalls bevorzugten Ende der 1950er-Jahre viele Kunden die elegantere Haubenbauweise. Mit der Einführung der Modelle 13, 15 und 16 versuchte DAF, diesen Kundenwünschen zu entsprechen.

Frontlenker immer beliebter

Trotz der Einführung der Haubenmodelle setzten die Frontlenker ihren Siegeszug fort. Bis zur Einführung der Baureihe N in den frühen 1980er-Jahren, die für ihre Unanfälligkeit bekannt war, konnten sich die Haubenfahrzeuge von DAF nie richtig durchsetzen. Erst mit den Baureihen 13, 15 und 16 war DAF erfolgreich. Der 13 DA hatte einen Dieselmotor und eine Nutzlast von 6 Tonnen. Diese Fahrzeuge waren vielfältig einsetzbar und wurden zumeist als Kipperversion geordert. Sie zählten zur mittelschweren Klasse. Der 13 BA hatte einen 135-PS-Motor (100,6 kW) von Hercules und eine Nutzlast von 6 Tonnen.

Der 16 DD war mit dem gleichen Motor wie der 13 DA ausgerüstet. Dieses Fahrzeug, ebenso wie der 16 BB, wurde auch als Kipper eingesetzt, verfügte jedoch im Vergleich zum 13 DA über eine höhere Nutzlast von 8 Tonnen.

Der DAF Torpedo war mit verschiedenen Aufbauten erhältlich, sodass er für viele Transportzwecke einsetzbar war.

Technische Daten

Land: Niederlande

Gebaut seit: 1957

Motor: diverse Motoren von Hercules

Getriebe: 6 Gänge, Kegelradantrieb

Nutzlast: bis zu 24 Tonnen

Verwendungszweck: Kipper, Langstreckentransporte

Besonderheit: hieß wegen seines Haubendesigns Torpedo

BORGWARD
1957 **Deutschland**

BORGWARD B 544

Nach dem Krieg verboten die Alliierten dem Bremer Unternehmen Borgward zunächst, Kraftfahrzeuge zu bauen. Der Bedarf an LKWs war jedoch so groß, dass die Firma dann doch die Lizenz zum Weiterbau bekam.

Rechts: *Borgward konzentrierte sich auf den Bau leichter Haubenfahrzeuge mit Benzin- oder Dieselmotor.*

Technische Daten

Land: Deutschland
Gebaut seit: 1957
Motor: 6-Zylinder-Diesel
Getriebe: 5 Gänge, Kegelradantrieb
Nutzlast: 4,5 Tonnen
Verwendungszweck: Pritschenfahrzeug, Kipper
Besonderheit: neuer 6-Zylinder-Dieselmotor

Als junger Mann begann Carl Borgward mit dem Bau von Kühlern für das Bremer Unternehmen Hansa Lloyd. 1921 übernahm er das Unternehmen und versuchte, auf dem Markt für Leichtnutzfahrzeuge Fuß zu fassen. Für den PKW-Markt baute er den Hansa 1100 und den Hansa 1400. Während des Zweiten Weltkriegs konstruierte Borgward den berühmtesten Laster seiner Unternehmensgeschichte: den B 3000 mit einer Nutzlast von 3 Tonnen und Vierradantrieb. Dabei handelte es sich um einen zuverlässigen LKW, der in geringem Umfang von der Wehrmacht genutzt wurde. 1944 wurde das Hauptwerk durch einen Bombenangriff der Alliierten fast völlig zerstört.

Der B 3000 durfte schließlich mit Erlaubnis der Alliierten wieder gebaut werden. Der LKW wurde von einem 85-PS-Benzinmotor (63 kW) angetrieben. Darüber hinaus war auch eine Dieselversion erhältlich. 1950 wurde mit dem B 4000 ein Viertonner eingeführt. Dieser hatte die gleiche Optik wie der B 3000 der Nachkriegszeit und war mit dem gleichen Dieselmotor ausgestattet.

Einige Jahre später wurden neue Typenbezeichnungen eingeführt. Der B 4000 war nun in zwei Varianten erhältlich: als 3,5-Tonner B 533 mit einem 4,96-Liter-Motor und einer Leistung von 95 PS (70 kW) sowie als Viertonner B 544 mit einem neuen 4,99-Liter-Motor und einer Leistung von 110 PS (82 kW).

GMC

1958 USA

DFR UND DLR 8000

General Motors baute im Zweiten Weltkrieg Schwerlastwagen, von denen mehr als 550000 Fahrzeuge verkauft wurden. Nach dem Krieg stellte das Unternehmen wieder hauptsächlich PKWs und zivile Nutzfahrzeuge her.

Technische Daten

Land: USA
Gebaut seit: 1958
Motor: Zweitakt-Dieselmotor
Getriebe: 10 Gänge, Kegelradantrieb
Nutzlast: 34,5 Tonnen Zuggesamtgewicht
Verwendungszweck: Langstrecken- und Kleintransporte
Besonderheit: effiziente Luftfederung

Oben: *Das Modell DF der 1950er-Jahre wurde von einem Zweitakt-Dieselmotor angetrieben, der einen satten Sound hatte.*

Der DFR 8000 war ein Frontlenker, der als Ergänzung der Haubenversion DLR 8000 eingeführt wurde. Der Abstand von der Stoßstange zur zurückgesetzten Vorderachse betrug 71 cm, bei der DLR-Version 127 cm.

Luftfederung

Die Modelle DFR und DLR 8000 zählten zu den ersten zivilen Nutzfahrzeugen nach dem Krieg. Beide Modelle hatten ein Zuggesamtgewicht von 34,5 Tonnen. Dieses Gewicht bezog sich auch auf die Sattelzüge, die zu jener Zeit bereits in zahlreichen US-Staaten zulässig waren. Beide LKW-Versionen hatten kippbare Fahrerhäuser aus Aluminium sowie eine Luftfederung und waren mit einem BBC-Maß (Bumper to Back of Cab = Stoßstange bis Fahrerhausrückwand) von 122 cm erhältlich. Die Luftfederung ermöglichte den LKWs, ungeachtet des Gewichts der Ladung die gleiche Bodenfreiheit beizubehalten. Sattelkupplung und Anhängerboden ließen sich dadurch um 7,6 cm absenken, wodurch sich die Nutzlast bei einem Anhänger von 10,6 m Länge um 2 Kubikmeter erhöhte.

Um 1960 war GMC im Hinblick auf den LKW-Bau in den USA so erfolgreich wie kein anderer Lastkraftwagenhersteller.

MITSUBISHI

1959 Japan

MITSUBISHI FUSO T380

Ende der 1950er-Jahre führte Mitsubishi neue Schwerlastzüge für den Fernverkehr ein. Zu diesen Fahrzeugen zählte auch das Modell T380 aus dem Jahr 1959.

Oben: *Der Mitsubishi T380 hatte als erstes japanisches Fahrzeug ein kippbares Fahrerhaus.*

Technische Daten

Land: Japan
Gebaut seit: 1959
Motor: Motoren von Mitsubishi
Getriebe: 5 Gänge, Kegelradantrieb
Nutzlast: bis zu 7,8 Tonnen
Verwendungszweck: Mittel- und Langstreckentransporte
Besonderheit: kippbares Fahrerhaus

Der T380 spielte innerhalb der stetig wachsenden Wirtschaft Japans eine wichtige Rolle und war als langlebiges und leistungsstarkes Fahrzeug bekannt. Es war mit einem 165-PS-Dieselmotor ausgerüstet.

Da die Ladungen immer schwerer wurden, waren schon bald leistungsstärkere LKWs gefragt. So wurde noch im selben Jahr der T390 eingeführt, mit dem bis zu 11,5 Tonnen transportiert werden konnten. Das Fahrzeug verfügte über eine kippbare Kabine und bot zu dieser Zeit die größte Nutzlast seiner Klasse.

Der T390 war als 6x2-Ausführung erhältlich und verfügte über einen leistungsstarken DB34-Turbodiesel mit 220 PS. Die Modelle T380 und T390 sollten Mitsubishi den Weg bereiten, eine moderne Produktlinie von Schwerlastern einzuführen. Sie bereiteten außerdem die Einführung der Zugmaschinen T386 mit einer Nutzlast von 27 Tonnen und T386S mit einem imposanten Zuggesamtgewicht von 32,6 Tonnen vor.

Neues Ladesystem

Einige Jahre nach der Einführung dieser Schwerlaster entwickelte Mitsubishi ein innovatives Ladesystem. Dabei wurde der vordere Bereich des Lasters mit Hydraulikstützen angehoben, die ansonsten bei Kränen üblich waren. Dann wurde eine bereits beladene Ladefläche auf den rückwärtigen Bereich des Lastwagens hochgewunden.

Bis die Modelle T380 und T390 durch andere Fahrzeuge ersetzt wurden, waren sie überaus erfolgreich. Die Produktion des T380 wurde 1969 mit der Einführung der Baureihen T387 und T388 eingestellt. Den T390 ersetzte ein Jahr darauf der T951.

VOLVO
1959 **Schweden**

VOLVO LAPLANDER

Der Designer Nils-Magnus „Måns" Hartelius ist in Off-Road-Kreisen als Konstrukteur zahlreicher Geländefahrzeuge von Volvo bekannt. Zu diesen Fahrzeugen zählt auch der Volvo Laplander.

Der Laplander war das Ergebnis eines von den schwedischen Streitkräften initiierten Wettbewerbs. Das Heer benötigte ein Geländefahrzeug, um ihr mittlerweile veraltetes Mehrzweckfahrzeug ersetzen zu können.

1959 wurden den schwedischen Streitkräften Prototypen des Laplander zur Begutachtung vorgestellt. Dabei handelte es sich um das Testmodell P2304. Er war ein Frontlenker, der zahlreiche Anforderungen erfüllte. Bei diesem Fahrzeug konnte die Länge reduziert sowie das Fahrverhalten im unwegsamen Gelände und die Gewichtsverteilung zwischen den Achsen verändert werden. Darüber hinaus bot der Fahrerbereich eine gute Sicht. Nach Verbesserungsvorschlägen des Militärs und der Feinabstimmung des Fahrzeugs wurde der L3314 eingeführt. Er ähnelte dem Testfahrzeug P2304, verfügte jedoch über einen leistungsstärkeren Motor.

Getriebe und Achsen vom PKW

Der L3314 Laplander bestand größtenteils aus Volvo-PKW-Komponenten. Das Getriebe sowie Vorder- und Hinterachse stammten unter anderem vom Volvo PV544 und vom Volvo Amazon. Bei den Reifen handelte es sich jedoch um Spezialanfertigungen.

Oben: *Die schwedischen Streitkräfte führten einen Wettbewerb durch, um das beste Geländefahrzeug zu ermitteln. Der Gewinner war Nils-Magnus Hartelius, der Konstrukteur des Laplander.*

Sie mussten sehr groß sein, um im Gelände genügend Bodenfreiheit zu gewährleisten. Die Hinterachse verfügte außerdem über eine Differenzialsperre, sodass der Laplander auch in schlammigem Gelände sicher fuhr.

Die Militärversion des Laplander hatte ein offenes Fahrerhaus mit einem Verdeck aus Segeltuch. Später wurde auch eine Version mit geschlossenem Fahrerhaus angeboten. Dabei handelte es sich um eine Stahlkonstruktion, in dem acht Mann Besatzung Platz fanden.

Einführung der Zivilversion

Beim Bau der Zivilversion des Laplander zählte das geschlossene Fahrerhaus zum Standard. Wenig später wurde eine weitere Version eingeführt, die speziell zu Transportzwecken entwickelt worden war. Sie war lediglich für zwei Mann Besatzung ausgelegt und verfügte über eine kleine Pritsche für die Fracht. Diese Version des Laplander diente hauptsächlich als Schneepflug und zur Brandbekämpfung.

Trotz seiner zivilen Nutzung wurde der Laplander in erster Linie vom Militär eingesetzt. Das Fahrzeug bewährte sich in Norwegen und Schweden als Zugmaschine für Panzerabwehrkanonen. Die schwedischen Streitkräfte rüsteten das Fahrzeug mit einem stabilen Überrollbügel aus, um die Sicherheit der Besatzung zu erhöhen.

Version C3

Die Produktion des als militärisches und ziviles Nutzfahrzeug beliebten Laplander wurde 1970 eingestellt. Das Fahrzeug ersetzte zu diesem Zeitpunkt die leistungsstärkere und mobilere C3-Generation. Im Vergleich zum Laplander war der C3 jedoch extrem teuer. Der Laplander hatte sich unter den Zivilisten eine treue Anhängerschaft erworben, und diese Kunden wünschten sich auch zukünftig ein vergleichbares Fahrzeug.

Wegen der hohen Nachfrage nahm Volvo einige Jahre später die Produktion des Laplander wieder auf. Dabei kooperierte Volvo mit dem ungarischen Hersteller Csepel Auto.

Technische Daten

Land: Schweden
Gebaut seit: 1959
Motor: 4-Zylinder, Benzin
Getriebe: 5 Gänge
Nutzlast: 1,016 Tonnen
Verwendungszweck: Landstraße, Gelände, Militär
Besonderheit: bei Zivilisten wie auch beim Militär beliebt

Unten: *Die Vereinten Nationen setzten den Laplander für humanitäre Missionen ein.*

LEYLAND

1960 Großbritannien

LEYLAND OCTOPUS

1960 kam eine Weiterentwicklung des Leyland Octopus mit einem modernen Design auf den Markt. Dieser LKW wurde hauptsächlich als Pritschenfahrzeug oder Tankwagen eingesetzt.

Oben: *Der Octopus war für sein modernes Design und seine Leistungsstärke bekannt.*

Links: *Das Fahrerhaus des Leyland Octopus war aus Glasfibermaterial hergestellt.*

Technische Daten

Land: Großbritannien

Gebaut seit: 1960

Motor: 6-Zylinder

Getriebe: 5 Gänge

Nutzlast: nicht bekannt

Verwendungszweck: Langstreckentransporte, Pritschenfahrzeug, Tankwagen

Besonderheit: Flexible Gummiaufhängung gewährleistete hohen Fahrkomfort.

Das Fahrerhaus aus Pressstahl war auf einem Stahlrahmen mit geschweißten Kastenprofilen montiert. Dabei wurde das Fahrerhaus mit einer flexiblen Gummiaufhängung auf dem Fahrgestell befestigt, um Vibrationen abzufedern und das Fahrverhalten zu verbessern.

Gute Sicht

Die Rundumverglasung und die in der hinteren Trennwand eingelassenen drei Scheiben boten dem Fahrer rundum eine bessere Sicht. Das Armaturenbrett verlief über die gesamte Breite des Fahrerhauses, sodass der Fahrer alle Anzeigeinstrumente und Schalter im Blick hatte. Sämtliche Teile und Komponenten des Leyland Octopus waren korrosionsbeständig, um die Langlebigkeit des Fahrzeugs zu gewährleisten.

Fahrerhaus in Leichtbauweise

Leyland versuchte beim Octopus nicht nur den Fahrkomfort zu erhöhen, sondern das Fahrzeug auch leichter zu machen. Deshalb wurden Pressstahlteile durch Glasfiberkomponenten ersetzt. Das Fahrerhaus aus Glasfiber war optisch mit der Vorgängerversion aus Stahl identisch und laut Leyland ebenso langlebig. Darüber hinaus war das Fahrerhaus niedriger als bei anderen Modellen.

GMC
1960 USA

NEUE GMC-MODELLE

1960 überarbeitete General Motors seine beliebte Baureihe der leichten Gewichtsklasse. Diese leichten Lastwagen wurden hauptsächlich als Transporter oder in der Landwirtschaft eingesetzt.

Oben: *Der GMC L5000 mit kippbarem Fahrerhaus hatte einen V6-Zylinder-Benzinmotor mit 180 PS. Die L-Modelle der schweren Klasse konnten optional mit einem Zweitakt-Dieselmotor vom Typ GM-V71 ausgerüstet werden.*

Rechts: *Das kippbare Fahrerhaus hieß Crackerbox.*

Technische Daten

Land: USA
Gebaut seit: 1960
Motor: GMC V6-V12
Getriebe: 10 Gänge, Kegelradantrieb
Nutzlast: nicht bekannt
Verwendungszweck: Kleintransporte, Langstreckenverkehr, Feuerwehr
Besonderheit: neues, erfolgreiches Design

Die Fahreigenschaften der neuen GMC-Modelle konnten mithilfe einer neuen Vorder- und Hinterachse verbessert werden. Darüber hinaus waren die Fahrzeuge mit einem leistungsstärkeren Motor ausgerüstet. Sie hatten ab 1960 standardmäßig eine V6-Zylinder-Maschine.

Die schwere Gewichtsklasse

Während die amerikanische Öffentlichkeit von dem neuen Design der leichten GMC-Modelle schwärmte, kamen auch neue Schwerlastwagen zum Einsatz. Das Modell L hatte ein kippbares Fahrerhaus aus Stahl (1,8 m) und war mit verschiedenen GMC-Motoren (V6-Zylinder bis V12-Zylinder) erhältlich. Das Fahrzeug wurde bis Ende der 1970er-Jahre gebaut. Die Frontlenker wurden vor allem als Feuerwehrfahrzeuge eingesetzt.

Crackerbox

Zur gleichen Zeit führte GMC ein kippbares Fahrerhaus aus Aluminium ein, das den Spitznamen Crackerbox (Keksdose) erhielt. Das in Leichtbauweise hergestellte Modell Crackerbox bot im Vergleich zu ähnlichen Lastwagen eine zusätzliche Nutzlast von 827,2 kg und hatte ein besonders kurzes BBC-Maß (Bumper to Back of Cab = Stoßstange bis Fahrerhausrückwand) von nur 1,2 m. Das kurze BBC-Maß gewährleistete einen optimalen Wendekreis.

Das Modell Crackerbox wurde 1960 in Modell F umbenannt und war mit Diesel- oder GMC-Benzinmotoren erhältlich. Das Fahrzeug war für sein geringes Gewicht und seine hohe Nutzlast bekannt. Es wurde auch mit Schlafkoje angeboten, die hinter dem Fahrer nur 56 cm tief war.

The Legend

Kapitel 6

Der LKW-Boom

In den 1960er-Jahren lösten LKWs die Eisenbahn als wichtigstes Gütertransportmittel ab. Der LKW-Markt boomte, die Transportmengen stiegen, und der Konkurrenzkampf wurde härter. Ingenieure arbeiteten mit Hochdruck an neuen Turbomotoren, dachten über Gasturbinen nach, tüftelten an jedem Detail und beäugten wachsam die technischen Neuheiten aus anderen Werken. Die LKWs wurden immer besser.

Oben: *Die Volvo-Modelle N86 und N88 sahen zwar auf den ersten Blick wie ihre Vorgänger aus, hatten aber brandneue Technik unter der Haube.*

Links: *Der Peterbilt 359 ist bei amerikanischen Truck-Shows heute noch beliebt.*

Die 1960er-Jahre waren für die LKW-Konstrukteure eine Art Experimentierphase. 1962 führte Volvo seinen ersten LKW mit kippbarem Fahrerhaus ein: den L475 Raske. Das Konzept stammte aus den USA. Solche Fahrerhäuser ermöglichten einen einfacheren Zugang zum Motor und zu anderen Komponenten des Fahrzeugs. In den USA hatten sich die kippbaren Fahrerhäuser bereits Ende der 1950er-Jahre etabliert. Da die Gesetzgeber zahlreicher Länder die Gesamtlänge von Lastzügen beschränkten, waren die schmalen Frontlenker mit viel Nutzfläche sehr gefragt. Darüber hinaus boten solche LKWs den Fahrern eine bessere Sicht. Zu den weiteren technischen Neuerungen jener Zeit zählten Synchrongetriebe, Blattfederaufhängungen und ausfallsichere Federbremsen. Die LKW-Hersteller waren sich bewusst, dass die Ästhetik eine ebenso große Rolle spielte wie technische Innovationen. Deshalb achteten sie bei neuen Modellen darauf, nicht nur die Spediteure, sondern vor allem auch die Fahrer zu überzeugen.

Vor allem in den USA boomte der Markt. 1964 wurden dort 1,5 Millionen Nutzfahrzeuge verkauft. Mitte der 1960er-Jahre verdienten acht Millionen Amerikaner ihren Lebensunterhalt in der LKW-Industrie, vom Fahrer über den Verkäufer bis zum Werksarbeiter.

VOLVO

1960er-Jahre Schweden

VOLVO L46/L47

Dies waren die letzten Haubenfahrzeuge der mittelschweren Klasse, die Volvo baute. Beide konnten erfolgreich für Aufgaben eingesetzt werden, die man solchen LKWs nicht unbedingt zutraute.

Oben: *Die Modelle L46 und L47 waren die letzten Haubenfahrzeuge, die Volvo baute.*

Die Modelle L46/L47 ersetzten Anfang der 1960er-Jahre die Modelle L36/L37. Sie verfügten über zahlreiche Verbesserungen, einschließlich Servolenkung und revolutionärer Volvo-Sicherheitsfahrerhäuser. Das Credo von Volvo lautete „aktive Sicherheit", die die LKWs auch gewährleisteten.

Die Modelle L36/L37 waren in den 1950er-Jahren beliebt, als mittelschwere Lastwagen für kurze Strecken und selten mit Anhänger eingesetzt wurden. Deshalb waren diese Fahrzeuge vorwiegend mit Benzinmotoren ausgestattet. Einige dieser LKWs wurden auch für Schwertransporte eingesetzt, andere als Kipper oder Kranwagen. Als die LKWs den höheren Anforderungen nicht mehr gewachsen waren, wurden sie durch leistungsstärkere Fahrzeuge ersetzt. Dies war die Geburtsstunde der Modelle L46 und L47.

Mehr Leistung

Obwohl die Modelle L46 und L47 optisch den Fahrzeugen der mittelschweren Klasse ähnelten, verfügten sie über mehr Leistung. Der L47 war mit einem Turbomotor erhältlich, was zu dieser Zeit noch relativ ungewöhnlich war.

Der L47 wurde unter der Bezeichnung N84 in Volvos LKW-Programm System 8 aufgenommen und war fast weltweit erhältlich. Der Hauptunterschied bestand darin, dass der N84 über einen leistungsstärkeren Motor verfügte. Die Fahrer konnten dieses Plus gut ausnutzen, denn das verbesserte Autobahnnetz ermöglichte eine zügigere Fahrt.

Technische Daten

Land: Schweden
Gebaut seit: 1960er-Jahre
Motor: Turbomotor von Volvo
Getriebe: 5 Gänge, Kegelradantrieb
Nutzlast: keine Angabe
Verwendungszweck: Klein- und Schwertransporte, Kipper, Kranwagen
Besonderheit: Turbomotor

KENWORTH
1961 USA

KENWORTH W900/K100

1961 führte Kenworth mit dem Haubenmodell W900 und dem Frontlenker K100 zwei legendäre LKWs ein. Der K100 konnte trotz Längenbeschränkungen schwere Güter transportieren.

Oben: *Der Kenworth W900 (links im Bild) machte die lange und eckige Motorhaube populär.*

Technische Daten

Land: USA
Gebaut seit: 1961
Motor: 6-Zylinder-Dieselmotoren von Cummins oder Caterpillar
Getriebe: diverse
Nutzlast: keine Angabe
Verwendungszweck: Langstrecken- und Schwertransporte, Spezialfahrzeuge, Ölfelder
Besonderheit: Die kippbare Motorhaube verdrängte die herkömmliche Flügelmotorhaube.

Das klassische Design des Kenworth W900 war bei den Fahrern sehr beliebt. Der Laster war mit einer lang gezogenen Motorhaube und einem hohen Kühlergrill ausgestattet. Dieses Fahrzeug ließ sich auf unwegsamem Gelände genauso einsetzen wie auf langen Strecken. Entsprechend war der LKW in diversen Ausführungen erhältlich, was ihn zu einem vielseitigen und dabei zuverlässigen Fahrzeug machte.

Bei der Entwicklung des W900 spielte auch der Komfort eine Rolle, was die Fahrer freute. Der ursprüngliche W900 war zumeist mit einem Sechszylinder-Turbomotor vom Typ Cummins NTC-300 mit 300 PS (223,7 kW) ausgerüstet.

Noch stärker war ein Laster dieser Reihe, der einmal ein hochauflösendes Spektrometermagnet transportieren sollte. Dieser W900 hatte satte 400 PS (298,2 kW) und ein Getriebe mit 24 Gängen, doch die Fracht hatte es ebenfalls in sich: Das Magnet war 42,7 m lang und wog 107 Tonnen. Dennoch verlief der werbewirksame Transport von Illinois nach Palo Alto in Kalifornien reibungslos.

K100

Auf Grund der Längenbeschränkungen für LKWs in den östlichen Staaten der USA war der K100 eine wichtige Ergänzung des Kenworth-Programms. Während die Fahrer von Haubenfahrzeugen aufgrund dieser Beschränkungen weniger Ladung bei sich hatten, transportierten die Fahrer des kürzeren K100 etwas mehr. Da die Aerodynamik noch zu wünschen übrig ließ, führte Kenworth 1984 den Frontlenker K100E mit verbessertem Luftdurchzug ein.

ZIL
1961 Sowjetunion

ZIL-164A

Der sowjetische ZIL-164 ersetzte 1957 den ZIS-150. Vier Jahre später kam der LKW leicht modifiziert als ZIL-164A auf den Markt.

Technische Daten

Land: Sowjetunion
Gebaut seit: 1961
Motor: 6-Zylinder
Getriebe: 5-Gang
Nutzlast: keine Angabe
Verwendungszweck: Militär, Kipper, Güterverkehr
Besonderheit: Wird nach wie vor zu humanitären und militärischen Zwecken eingesetzt.

Der ZIL-164A hatte standardmäßig einen Sechszylindermotor mit 97 PS (72,3 kW), der eine Höchstgeschwindigkeit von 75 km/h erreichte. Er wog unbeladen 4,1 Tonnen und hatte ein Fünfganggetriebe.

Der ursprüngliche ZIL-164 und der GAZ-51A waren in der ersten Hälfte der 1960er-Jahre die dominierenden Lastwagen der UdSSR. Der Hauptunterschied zwischen dem 164A und dem älteren 150 bestand darin, dass der 150 noch einen horizontalen Kühlergrill hatte. Die beiden Fahrzeuge unterschied aber noch mehr. Der 164A hatte ein besseres Getriebe, ein neues Bremssystem und Teleskopstoßdämpfer an den Vorderrädern.

Auf dem ZIL-164A basierten zahlreiche LKW-Modelle für unterschiedliche Einsatzbereiche. Die Fahrzeuge dienten hauptsächlich als Kipper, Militärfahrzeuge oder im Güterverkehr. Die Lastwagen kommen auch heute noch zum Einsatz, obwohl die Produktion schon 1964 eingestellt wurde.

Weitere Modelle

Zu der Zeit, als der ZIL-164A die russischen Straßen dominierte, waren auch einige ähnliche Modelle im Einsatz, darunter der Sattelzug ZIL-MMZ-164AN, der Kipper ZIL-MMZ-585L und der Traktor ZIL-MMZ-585M.

Oben: *Die sowjetischen LKWs von ZIL waren schon vor dem 164A populär. Hier im Bild ein ZIL-130.*

BROCKWAY
1961 USA

BROCKWAY HUSKIE

Oben: *Die vorderen Kotflügel wurden mit zwei leicht abnehmbaren Bolzen ausgestattet, um bei Reparaturen besser an den Motor zu kommen.*

Brockway hatte das Modell Huskie schon 1958 eingeführt. Die Baureihe wurde jedoch 1961 erweitert, um technische Neuerungen einzubauen. Das Unternehmen Brockway, das Mack gehörte, bot sehr funktionale LKWs an.

Rechts: *Der Brockway Huskie hatte genug Chrom und PS, um die Trucker in den USA schnell zu überzeugen.*

Technische Daten

Land: USA
Gebaut seit: 1958
Motor: diverse Motoren von Brockway, Continental und Cummins
Getriebe: keine Angabe
Nutzlast: bis zu 27,2 Tonnen zulässiges Gesamtgewicht
Verwendungszweck: Langstreckentransporte
Besonderheit: einer der wenigen Schwerlaster der Klasse 8 mit 200-PS-Benzinmotor (149,1 kW)

Die neuen Huskie-Modelle aus dem Jahr 1961 hatten ein sehr kurzes BBC-Maß (Bumper to Back of Cab = Stoßstange bis Fahrerhausrückwand) von nur 2,2 m. Das zulässige Gesamtgewicht der Lastwagen dieser Klasse betrug zwischen 10,4 und 16,3 Tonnen. Die Doppelachser hatten ein zulässiges Gesamtgewicht von bis zu 22,7 Tonnen, die Huskie-Zugmaschinen von bis zu 27,2 Tonnen.

Neues Fahrerhaus

Die Huskie-Modelle waren mit diversen Motoren erhältlich, unter anderem mit einem Sechszylinder-Benzinmotor von Brockway mit 286,6 cm^3, der eine Leistung von 200 PS (149,1 kW) bot. Es waren aber auch etwas weniger starke Motoren von Continental und Cummins mit bis zu 160 PS (119,3 KW) erhältlich.

Die neuen Huskie-Modelle hatten ein neues Fahrerhaus. Es war eine Ganzmetallkonstruktion mit flacher, ungeteilter Windschutzscheibe. Um besser an den Motor zu kommen, brachten die Konstrukteure zwei Bolzen an den vorderen Kotflügeln an, die bei der Wartung leicht entfernt werden konnten.

Firmenjubiläum

Im darauf folgenden Jahr feierte Brockway sein fünfzigjähriges Firmenjubiläum mit der Einführung eines vergoldeten Kühlermaskottchens. Gleich darauf folgte eine Werbekampagne unter dem Motto „Das Jahr des goldenen Huskies".

VOLVO

1962 **Schweden**

VOLVO L475 RASKE

In Nordamerika interessierte man sich schon Ende der 1950er-, Anfang der 1960er-Jahre verstärkt für Frontlenker. Das lag zum Teil an den vorgeschriebenen Längenbeschränkungen mancher Bundesstaaten. Das schwedische Unternehmen Volvo nahm den Trend aus den USA auf.

Oben: *Das kippbare Fahrerhaus erlaubte schnelle Reparaturen am Motor.*

Links: *Der Volvo L475 Raske kam 1962 auf den Markt.*

Europäische Hersteller wie Volvo beobachteten die Entwicklungen in den USA genau und waren von den dort eingesetzten modernen Frontlenkern sehr beeindruckt.

Die amerikanischen Frontlenker waren leicht und wirtschaftlich. Zu den bemerkenswertesten Entwicklungen in den USA zählte jedoch die Einführung eines kippbaren Fahrerhauses, das Fahrern und Mechanikern einen bequemeren Zugang zum Motor ermöglichte. Volvo fand Gefallen an diesem Konzept, und zwar so sehr, dass das Unternehmen beschloss, für alle Gewichtsklassen Frontlenkerversionen zu bauen und ein kippbares Fahrerhaus auf dem europäischen Markt einzuführen. 1962 begann Volvo als erster europäischer Hersteller mit der Serienproduktion von Lastwagen mit kippbarem Fahrerhaus. Das dafür zuständige Konstruktionsteam des Herstellers im schwedischen Göteborg leitete Sigvard Forssell. Er und seine Volvo-Ingenieure arbeiteten eng mit Nyström zusammen, einem in Umeå ansässigen Hersteller von Fahrerhäusern. Volvo sollte wenig später einen passenden Namen für seine neueste Entwicklung finden: TIPTOP.

TIPTOP

1962 wurde der Öffentlichkeit der L475 Raske als erster LKW von Volvo mit dem neuen TIPTOP-Design vorgestellt. Der Raske eignete sich, da er auf bewährten, zuverlässigen Komponenten basierte. Die neue Version erhielt die Typenbezeichnung Volvo L4751 Raske TIPTOP.

Der Raske war für seine Leistungsstärke und Wirtschaftlichkeit bekannt, sodass es nur konsequent war, mit diesem Fahrzeug zu experimentieren. Er war mit Turbomotor und einer Servolenkung ausgestattet, was in jener Zeit ungewöhnlich war. Alles in allem war der Raske ein sehr fortschrittliches Fahrzeug. Es kam gut an und wurde 1965 in Volvos LKW-Programm System 8 aufgenommen.

Technische Daten

Land: Schweden
Gebaut seit: 1962
Motor: Turbomotor von Volvo
Getriebe: 5 Gänge, Kegelradantrieb
Nutzlast: keine Angabe
Verwendungszweck: Langstreckentransporte, Baufahrzeug
Besonderheiten: kippbares Fahrerhaus, Servolenkung, Turbomotor

FODEN
1962 **Großbritannien**

FODEN TWIN-LOAD

Neben Volvo führte Foden 1962 ein kippbares Fahrerhaus ein. Der britische Hersteller baute es aus glasfaserverstärktem Kunststoff, unter anderem für den Sattelschlepper Twin-Load.

Oben: *1962 führte Foden als erster britischer Hersteller ein kippbares Fahrerhaus ein.*

Technische Daten

Land: Großbritannien
Gebaut seit: 1962
Motor: 6-Zylinder-Motor von Gardner oder Foden
Getriebe: keine Angabe
Nutzlast: keine Angabe
Verwendungszweck: Langstreckentransporte
Besonderheit: erster britischer Hersteller für kippbare Fahrerhäuser

Foden nannte die kippbaren Fahrerhäuser aus leichtem Kunststoff Modell S.24.

Sattelzugmaschine

Die Vierachser von Foden waren zwar in Großbritannien recht populär, aber die neuen, 1964 eingeführten Gewichtsbeschränkungen zwangen die Hersteller, vermehrt Sattelzüge zu bauen. Foden selbst führte den Twin-Load ein, eine Sattelzugmaschine mit einachsigem Auflieger. Dieses Projekt erwies sich jedoch aufgrund der britischen Längenbeschränkungen als Reinfall. Es wurden nur wenig Fahrzeuge dieses Typs gebaut.

Harte Zeiten

Trotz des Scheiterns des Twin-Load war Foden in den 1960er-Jahren in Großbritannien erfolgreich. In den 1970er-Jahren ging es bergab, und 1979 musste Foden Konkurs anmelden. Ein Jahr darauf wurde das Unternehmen von Paccar aufgekauft und in Sandbach Engineering Company umbenannt.

Der traditionsreiche LKW-Hersteller baute schließlich unter Paccar erneut Lastwagen und verwendete wieder seinen ursprünglichen Namen. Fodens Sandbach-Werk wurde allerdings geschlossen und die Produktion in das Leyland-Werk in der Nähe von Preston verlagert.

MACK
1962 USA

MACK F-SERIE

Mack war in den 1960er-Jahren überaus aktiv und verblüffte die nordamerikanische LKW-Industrie mit einigen Neuerungen. Die Zugmaschine der Baureihe F sollte sich sehr lange auf dem Markt halten.

Links: *Die Baureihe F wurde hauptsächlich für Schwer- und Langstreckentransporte eingesetzt.*

Macks Frontlenker der F-Serie kamen 1962 auf den Markt und nahmen in der LKW-Branche bis 1981 eine wichtige Position ein. Dank der guten Arbeit der Ingenieure verkaufte das Unternehmen rund 70 000 Fahrzeuge der F-Serie.

Die Laster hatten ein BBC-Maß (Bumper to Back of Cab = Stoßstange bis Fahrerhausrückwand) von nur 1,3 m. Mit Schlafkoje waren es 1,8 m. Die LKWs hatten eine moderne Optik, und die komfortable Innenausstauung überzeugte die Fahrer. Es gab die Wahl zwischen diversen Motoren.

Serie MB

Ungefähr zur selben Zeit, als sich die Baureihe F auf nordamerikanischen Highways Respekt verschaffte, begann die Baureihe MB, die Städte zu erobern. Diese Baureihe war 1963 eingeführt worden. Bis das Modell 1978 vom Markt genommen wurde, waren über 18 000 Fahrzeuge verkauft. Die Laster dienten vor allem als Transport- und Müllfahrzeuge. Die erste Generation hatte Motoren von Mack oder Scania. Der MB war standardmäßig mit einem END-475-Sechszylindermotor von Scania-Vabis mit 140 PS (104,3 kW) ausgestattet.

Technische Daten

Land: USA
Gebaut seit: 1962
Motor: diverse Mack-Motoren
Getriebe: 10 Gänge, Kegelradantrieb
Nutzlast: keine Angabe
Verwendungszweck: Lang- und Kurzstreckentransporte
Besonderheit: fast zwei Jahrzehnte im Handel

THAMES TRADER
1962 Großbritannien

THAMES TRADER

Die britische Ford-Gruppe führte unter dem Namen Thames Trader einen neuen Lastwagen ein. Dieses Fahrzeug mit seiner recht ungewöhnlichen Motorhaube wurde bis 1965 gebaut.

Technische Daten

Land: Großbritannien
Gebaut seit: 1962
Motor: 6-Zylinder-Benzin- oder Dieselmotor
Getriebe: 5 Gänge, Kegelradantrieb
Nutzlast: Auflieger bis zu 15 Tonnen Zuggesamtgewicht
Verwendungszweck: Leiterwagen, Paketlieferwagen, Pritschenfahrzeug, Kipper, Zugmaschine
Besonderheit: unverkennbare Motorhaube und Kabine

Oben: *Obwohl der Thames Trader auch als Zugmaschine mit kurzem Radstand (2,74 m) gebaut wurde, waren die herkömmlichen Zweiachser beliebter.*

Der erste britische LKW von Ford wurde noch unter dem Namen Fordson angeboten. Als die Produktionsstätten von Manchester an die Themse verlegt wurden, hieß das Unternehmen Fordson Thames, um den Lastwagen eine eigene Identität zu geben. Der Name Thames hielt sich bis 1965. Beim Thames Trader handelte es sich um einen modernen Halb-Frontlenker, der die Baureihe ET ersetzen sollte. Das Angebot reichte von Nutzlasten zwischen 1,52 und 7,11 Tonnen, wobei letzterer der schwerste von Ford angebotene Zweiachser war. Die Typenbezeichnungen bezogen sich jeweils auf die Nutzlast: Der Thames Trader 15 war ein leichter Anderthalbtonner, das Modell 20 ein Zweitonner, das Modell 40 ein Viertonner und das größere Modell 70 ein Siebentonner. Darüber standen einige kleine Zugmaschinen mit kurzem Radstand zur Wahl. Im Angebot waren zwei Benzinmotoren und die entsprechenden Dieselversionen. Bei der Vierzylinderversion handelte es sich um einen 1953 eingeführten 3,6-Liter-Benzinmotor, dessen Dieselversion ein Jahr später auf den Markt kam. Dieser Motor war für Lastwagen von bis zu 3 Tonnen entwickelt worden. Für die schwereren Fahrzeuge war ein 5,41-Liter-Sechszylinder-Motor erhältlich. Mit insgesamt 121853 Halb-Frontlenkern (und 19000 Haubenfahrzeugen) war der Thames Trader ein großer Erfolg. Die Fahrzeuge wurden auch exportiert. Darüber hinaus gab es Produktionsstätten in Spanien (Ebro) und in der Türkei (Otosan).

DAF
1963 Niederlande

DAF A2600

Der LKW-Hersteller DAF wusste, dass sein wirtschaftlicher Erfolg vom Bau guter Lastwagen für den internationalen Fernverkehr abhing. DAFs erster Versuch, diesen Markt mit der Baureihe 2000 zu erobern, schlug fehl.

Oben: *Viele Fahrerhäuser dieser Zeit waren kippbar, beim A2600 dagegen fest auf den Fahrgestellen montiert.*

Technische Daten

Land: Niederlande
Gebaut seit: 1963
Motor: 6-Zylinder-Dieselmotor von DAF
Getriebe: 6 Gänge, Kegelradantrieb
Nutzlast: bis zu 40 Tonnen Zuggesamtgewicht
Verwendungszweck: Internationale Langstreckentransporte, Autobahn
Besonderheit: fest montierte Fahrerhauskonstruktion

Links: *Der A2600 fuhr so manchem Konkurrenten davon.*

Für dieses Scheitern war DAF jedoch nicht allein verantwortlich. Unvorhersehbare Gesetzesänderungen im europäischen Transportverkehr und zu wenig Feingefühl im Hinblick auf Kundenwünsche hatten zum Niedergang der Baureihe 2000 geführt. Es dauerte nur zwei Jahre, bis der LKW-Hersteller das Experiment beendete.

DAF startete einen zweiten Versuch mit dem A2600, um den internationalen Transportmarkt zu knacken. 1963 kam die Serie in den Handel und konnte sich bald als bedeutender Mitbewerber auf dem nordwesteuropäischen Transportmarkt behaupten.

Der LKW hatte eine komplett neue Fahrerhauskonstruktion, die nicht kippbar, sondern auf dem Fahrgestell fest montiert war. DAF war für seine Fahrerhauskonstruktionen seit jeher bekannt. Die Baureihe 2600 wurde 1965 durch den ersten 6x6-Kipplaster ergänzt. 1968 wurde ein 11,6-Liter-Motor mit 165 PS (123 kW) eingebaut, mit dem in den Folgejahren zahlreiche DAF-LKWs ausgerüstet waren.

Schwerlaster bis zu 40 Tonnen

Die Baureihe 2600 wurde kontinuierlich ergänzt und aktualisiert, sodass sich DAF den Ruf als einer der weltweit führenden Hersteller von Lastwagen für den Fernverkehr erwarb. Die Baureihe umfasste schließlich Schwerlaster und Sattelzüge mit einem Zuggesamtgewicht von bis zu 40 Tonnen. Der LKW war so beliebt, dass DAF weitere Produktionsstätten für Fahrerhäuser und Achsen in Belgien errichten konnte. Ab 1970 war auch eine Version mit kippbarem Fahrerhaus erhältlich.

VOLVO
1965 **Schweden**

VOLVO N86/N88

Als Nachfolger der beliebten LKW-Modelle Viking und Titan führte Volvo die Haubenfahrzeuge N86 und N88 ein. Diese schweren LKWs sahen Viking und Titan auf den ersten Blick sehr ähnlich.

Oben: *Der N88 hatte einen leistungsstarken Motor, der selbst in hügeligem Gelände Schwertransporte ermöglichte.*

Technische Daten

Land: Schweden
Gebaut seit: 1965
Motor: 7- und 10-Liter-Motoren von Volvo
Getriebe: R50 und R60
Nutzlast: keine Angabe
Verwendungszweck: Langstreckentransporte, Autobahn
Besonderheit: Synchrongetriebe

Viele Entwicklungen, die in die Modelle N86 und N88 Eingang fanden, gingen auf Volvos erste Erfahrungen auf dem amerikanischen Markt zurück. Das schwedische Unternehmen betrat diesen Markt Ende der 1950er-Jahre und konnte im Hinblick auf Haubenfahrzeuge sehr viel lernen.

Die Volvo-Modelle N86 und N88 ähnelten äußerlich ihren Vorgängern, waren jedoch völlig neue Fahrzeuge mit Sieben- und Zehnlitermotoren. Die Vorgänger verfügten zwar über Motoren mit dem gleichen Hubraum, aber die Turbomotoren der Modelle N86 und N88 waren effizienter. Volvo strebte fünf Hauptziele an: Zuverlässigkeit, lange Lebensdauer, geringer Kraftstoffverbrauch, geringes Gewicht und ständige Weiterentwicklung der Fahrzeuge. Obwohl der Umweltschutz Mitte der 1960er-Jahre noch keine große Rolle spielte, waren Volvos neue Motoren für Schwerlaster leiser und umweltverträglicher als die meisten anderen Motoren jener Zeit.

Synchrongetriebe

Technisch interessant an den Modellen N86 und N88 waren die Synchrongetriebe. Diese Gruppengetriebe erhielten die Typenbezeichnungen R50 und R60. Sie erwiesen sich als besonders langlebig, und zwar hauptsächlich wegen ihres Schaltkomforts. Es handelte sich um moderne Teilergetriebe, die für jede Schaltposition zwei Geschwindigkeiten ermöglichten. Schon wenig später wurde diese Neuerung von zahlreichen Herstellern kopiert.

VOLVO

⚒ **1965 Schweden**

VOLVO F86

Der moderne Volvo F86 wurde als Nachfolger des L4851 Viking TIPTOP eingeführt. Der LKW sollte eines der erfolgreichsten Fahrzeuge in der Unternehmensgeschichte von Volvo werden.

Technische Daten

Land: Schweden

Gebaut seit: 1965

Motor: 7-Liter-Motor von Volvo

Getriebe: R50 8-Gang-Synchrongetriebe

Nutzlast: keine Angabe

Verwendungszweck: Langstreckentransporte

Besonderheit: nur ein Beifahrersitz statt der üblichen zweisitzigen Beifahrersitzbank

Oben: *Der Volvo F86 war in Großbritannien und in Australien sehr populär.*

Das Fahrerhaus des F86 war dem des Raske TIPTOP zwar sehr ähnlich, das Fahrzeug verfügte jedoch über einen größeren Motortunnel für die Siebenlitermaschine. Auch hatte der LKW im Gegensatz zum Raske, der über eine Sitzbank für zwei Beifahrer verfügte, nur einen Beifahrersitz.

Achtgang-Synchrongetriebe

Die meisten Komponenten stammten vom N86, dem Nachfolger des L48 Viking. Zu den wichtigsten Neuerungen des F86 gehörte ein sehr leistungsstarker Turbomotor. Das Achtgang-Synchrongetriebe vom Typ R50 sorgte für einen höheren Fahrkomfort. Verbessert wurden auch Aufhängungen, Bremsen und Lenkung.

Erfolgreicher Export

Die Verbesserungen des LKWs fielen weltweit den Spediteuren auf, was die Nachfrage nach dem Fahrzeug erhöhte. So kam der Laster beispielsweise in Großbritannien sofort gut an. Wenig später wurde der F86 in Schottland produziert und zum beliebtesten Fahrzeug des Landes. Darüber hinaus war der LKW auch in Australien sehr erfolgreich.

1974 wurde der F86 in den USA eingeführt. Da Volvo auf dem nordamerikanischen Markt für Schwerlaster noch als Newcomer galt, wurden dort nur wenige Fahrzeuge vom Typ F86 verkauft. Dennoch konnte sich Volvo mit dem LKW nach und nach als Mitbewerber auch in den USA etablieren.

MACK
1965 USA

MACK R-SERIE

Oben: *Die R-Serie von Mack hatte besonders sparsame Motoren.*

Die Spezialfahrzeuge der Baureihe R von Mack sollten über einen Zeitraum von fast vier Jahrzehnten LKW-Geschichte schreiben. Die R-Serie war weltweit die Nummer eins für Betonmischer und Kipper.

Rechts: *Bis 2003 sind insgesamt mehr als 360 000 Trucks der R-Serie verkauft worden.*

Technische Daten

Land: USA
Gebaut seit: 1965
Motor: Mack Maxidyne
Getriebe: 10 Gänge, Kegelradantrieb
Nutzlast: keine Angabe
Verwendungszweck: Betonmischer, Kipper, Bau
Besonderheit: Zählt zu den meistverkauften Schwerlastern aller Zeiten.

Für die Baureihe R war es nicht leicht, die Nachfolge der beliebten B-Serie anzutreten. Dennoch sollte sich das Fahrzeug bewähren, insbesondere durch den Maxidyne-Dieselmotor mit konstanter Leistungsabgabe und dem Maxitorque-Getriebe. Der Maxidyne-Motor war einer der ersten Dieselmotoren mit konstanter Leistungsabgabe und hohem Drehmoment. Die Lastwagen waren an ihrer eckigen, lang gezogenen Motorhaube zu erkennen. Zu den Verkaufsargumenten zählten die Leichtbauweise, die Schraubkonstruktion sowie eine kippbare Motorhaube.

Die hohen Verkaufszahlen in Nordamerika machten den LKW zum beliebtesten Klasse-8-Spezialfahrzeug in der Geschichte der LKW-Industrie. Die Baureihe R hatte wegen ihrer Zuverlässigkeit und Langlebigkeit eine treue Anhängerschaft. Als 2003 die Produktion des RD eingestellt wurde, waren noch rund 200 000 Fahrzeuge der Baureihe R im Einsatz, die in den vergangenen 38 Jahren gebaut worden waren.

RB und DM

Während 2003 das Modell Granite den RD ablöste, werden zwei andere Modelle mit dem Fahrerhaus der Baureihe R noch immer gebaut. Die Modelle RB (zurückgesetzte Achse) und DM (versetztes Fahrerhaus) blieben auf dem Markt, da der Granite in diesen Ausführungen nicht angeboten wurde.

WESTERN STAR
1967 Kanada

WHITE WESTERN STAR

Die Trucks wurden 1967 vorgestellt. Die Baureihe entwickelte die White Motor Company in Cleveland, gebaut wurden die Schwerlaster aber in Kelowna, British Columbia.

Oben: *Die ersten Lastwagen von Western Star wurden in Kelowna, British Columbia, gebaut.*

Links: *Der Western Star wurde häufig für den Holztransport in Kanada eingesetzt.*

Kelowna war ein idealer Produktionsstandort, da die Fahrzeuge als Holztransporter in British Columbia und Alberta dienten. Sie wurden sehr schnell auch für Schwerlasteinsätze im Bergbau und auf Ölfeldern genutzt. Das Unternehmen spielt auf diesen Nischenmärkten auch heute noch eine wichtige Rolle. Darüber hinaus sind die Zugmaschinen dieses LKW-Herstellers bei Spediteuren und Fahrern beliebt. 1981 wurde das LKW-Programm unter dem Namen Western Star Trucks Inc. weitergeführt. Von nun an handelte es sich um ein rein kanadisches Unternehmen.

Das Unternehmen verbesserte kontinuierlich die Leistung und Technologie seiner LKWs der schwersten Klasse 8, die sich in der Folgezeit insbesondere als Spezialfahrzeuge bewähren sollten.

Gute Übersicht des Fahrers

Western Star baute sehr viele Trucks und konnte in den 1980er-Jahren enorm expandieren. Der Western Star war insbesondere in Westkanada sehr beliebt, wo das Unternehmen seine Wurzeln hatte. Zu den ersten wichtigen Entwicklungen von Western Star zählte der erfolgreiche Versuch, den Raum des Fahrerhauses zu vergrößern, um die Sicht des Fahrers zu verbessern.

Da die Western-Star-LKWs oft im freien Gelände und an unzugänglichen Orten zum Einsatz kamen, war eine gute Sicht wichtig. Ein anderes Markenzeichen war das neue Rundum-Armaturenbrett mit individuellem Design.

Western Star in Australien

1983 betrat Western Star mit Produktionsstätten in Brisbane den australischen Markt. 1991 wurde das Unternehmen von dem Australier Terrence E. Peabody gekauft, der es drei Jahre später erfolgreich an die Börse in Toronto brachte. Die australische LKW-Familie von Western Star wurde weltweit eingesetzt: auf den Ölfeldern des Nahen Ostens, bei Militäreinsätzen in Kuwait und im australischen Hinterland. Wie die nordamerikanischen Trucks waren auch die australischen Western-Star-LKWs langlebige Spezialfahrzeuge.

Supertilt-Motorhaube

Im Jahr 1986 führte Western Star die Supertilt-Motorhaube ein. Es war eine der ersten abgeschrägten Motorhauben überhaupt. In der Folgezeit führte Western Star auch das Cornerstone-Fahrgestell ein, mit dem Kosten, Gewicht und Umfang der Fahrzeuge reduziert wurden. 1990 kam das Modell 6900 hinzu, das vor allem für sehr anspruchvolle, harte Einsatzbereiche entwickelt worden war. Der LKW wurde von den kanadischen Streitkräften eingesetzt und war auch bei den Straßenmeistereien in British Columbia sehr beliebt, die das Fahrzeug zur Wartung von Fernstraßen einsetzten. Als Ergänzung des konventionellen LKW-Programms baute Western Star auch Frontlenker, die unter dem Namen ERF in Großbritannien hergestellt wurden.

Nach wie vor beliebt

Bevor das Unternehmen im Jahr 2000 von Freightliner übernommen wurde, führte es 1996 das Programm der Serie 4900 ein. Zu diesem Zeitpunkt war die LKW-Produktion nach Portland, Oregon, verlegt worden. Dennoch können die Lastwagen ihre kanadischen Wurzeln nicht verleugnen und sind in Kanada nach wie vor beliebt. Darüber hinaus werden in Kelowna weiterhin einige Komponenten zusammengebaut, vom Ölmessstab aus Kunststoff bis zur Schlafkoje in Leichtbauweise.

Seitdem hat Freigtliner sein Netzwerk auf über 300 Vertragshändler erweitert und das LKW-Programm offensiv vertrieben. Das Motto heute: „Einen Western Star kann man nie genug lieben".

Technische Daten

Land: Kanada
Gebaut seit: 1967
Motor: 6-Zylinder
Getriebe: 9 oder 10 Gänge, Kegelradantrieb
Nutzlast: keine Angabe
Verwendungszweck: Langstrecken- und Schwertransporte, Spezialfahrzeuge, Holztransporte, Bergbau, Ölfelder
Besonderheit: robuste Rahmenkonstruktion

Links: *Ein Plus des Western Star war sein geräumiges Fahrerhaus.*

PETERBILT
1967 USA

PETERBILT 359

1967 führte Peterbilt den 359 ein, der sich eine treue Anhängerschaft unter den Lastwagen-Fans erwerben sollte und bis heute eine Attraktion nordamerikanischer Truck-Shows ist.

Oben: *Der Peterbilt 359 war der Favorit vieler nordamerikanischer Trucker.*

Die Optik war mitverantwortlich für die große Beliebtheit des Peterbilt 359, denn der LKW hatte eine lang gezogene Motorhaube und einen breiten Kühlergrill, was bei den Truckern gut ankam. Im Gegensatz zu seinen Vorgängern, die eine Flügelmotorhaube hatten, war der LKW nur mit kippbarer Motorhaube erhältlich. Der Peterbilt 359 war ein Hingucker und ein großer Erfolg.

Rasche Expansion

Da der neue LKW erfolgreich war, konnte Peterbilt 1969 ein neues Werk in Tennessee bauen, um der steigenden Nachfrage gerecht zu werden. Das Unternehmen hatte in den 1960er-Jahren 21000 Fahrzeuge hergestellt, viermal mehr als im Jahrzehnt zuvor.

Diverse Motoren

Peterbilt bot seine Fahrzeuge mit Motoren zahlreicher Hersteller an, darunter von Caterpillar, Continental, Cummins und Detroit Diesel. Die Fahrzeuge mit der typischen wuchtigen Motorhaube waren mit V6-, V8- und V12- sowie mit Sechs- und Achtzylinder-Reihenmotoren erhältlich.

Der geläufigste Motor war der Cummins NH 220 Diesel, der zusammen mit einem Spicer-Zwölfganggetriebe angeboten wurde. Standardmäßig hatte der Peterbilt ein Hypoid- oder doppeltes Untersetzungsgetriebe, Halbachsen sowie ein zulässiges Gesamtgewicht von bis zu 38 Tonnen. Das Zuggesamtgewicht von 113,4 Tonnen war für diese Zeit mehr als ungewöhnlich. Der Peterbilt 359 wurde 1977 durch den 379 ersetzt.

Technische Daten

Land: USA
Gebaut seit: 1967
Motor: diverse Motoren von Caterpillar, Continental, Cummins und Detroit
Getriebe: 9, 12 und 15 Gang-Getriebe, Kegelradantrieb
Nutzlast: bis zu 38 Tonnen zulässiges Gesamtgewicht
Verwendungszweck: Langstreckentransporte
Besonderheit: erster Peterbilt mit kippbarer Motorhaube

DAIMLER-BENZ

1967 Deutschland

DÜSSELDORFER

Im Januar 1967 stellte Daimler-Benz den im neuen Düsseldorfer Werk gefertigten Transporter L 406 D vor. Der robuste Laster bekam den Namen seiner Herkunftsstadt.

Technische Daten

Land: Deutschland
Gebaut seit: 1967
Motor: 2-Liter-Motor
Getriebe: 5 Gänge, Kegelradantrieb
Nutzlast: bis zu 4,6 Tonnen zulässiges Gesamtgewicht
Verwendungszweck: Lieferwagen, Transporter
Besonderheit: Das Fahrzeug war mit einem Motor des PKWs 200D erhältlich.

Oben: *Der Düsseldorfer war als Liefer- und Pritschenwagen beliebt.*

Der Transporter hatte ein zulässiges Gesamtgewicht von 3,5 bis 4,5 Tonnen sowie einen Zweilitermotor mit einer Leistung von 55 PS (41 kW). Der Motor stammte von dem Mercedes 200D.

Größere Versionen

Daimler-Benz erweiterte die Baureihe, und ab 1977 reichte sie bis zum Modell L 613 D mit einem zulässigen Gesamtgewicht von 6,5 Tonnen. Die größere Version wurde von einem Sechszylinder-Reihenmotor der Baureihe LP mit 130 PS (96,9 kW) angetrieben. Die Modelle waren auch mit Benzinmotoren erhältlich, was aber nicht die Norm war. Der Düsseldorfer war an seiner nur angedeuteten Motorhaube leicht zu erkennen. Um Platz zu sparen, ragte der Motor ein ganzes Stück weit in das Fahrerhaus hinein.

Neue Modelle

Nach der Übernahme von Hanomag-Henschel wurde die Baureihe um Transporter von Hanomag erweitert. Transporter von Hanomag mit Frontantrieb und bis zu 3,5 Tonnen Gesamtgewicht wurden als Ergänzung der Düsseldorfer-Baureihe leicht abgewandelt als Mercedes-Benz L 206 D und L 306 D eingeführt.

Darüber hinaus bereicherten Lastwagen von Henschel die Basis des LKW-Programms. Sowohl die Transporter als auch die Lastwagen wurden mit Motoren von Mercedes-Benz ausgerüstet.

DAF

⚒ **1969 Niederlande**

DAF 1600–2200

Im Jahr 1969 führte DAF seine Baureihen 1600, 1800, 2000 und 2200 mit flacher Front und kippbarem Fahrerhaus ein. Drei Jahre später rundeten die schmaleren Baureihen 1200 und 1400 das Programm ab.

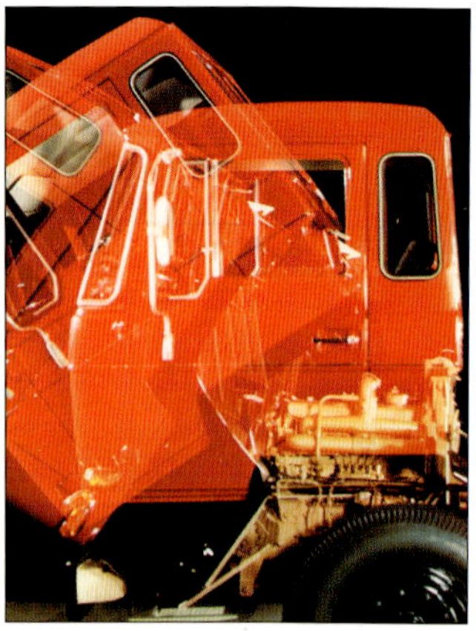

Oben: *Das kippbare Fahrerhaus mit flacher Front bot bequemen Zugang zum Motor.*

Links: *Die meisten Fahrzeuge der Baureihen 1600–2200 von DAF waren mit einem 11,6-Liter-Turbomotor ausgestattet. Diese LKWs waren mit oder ohne Schlafkoje erhältlich.*

Mit Ausnahme der leichtesten Version hatten diese Fahrzeuge 11,6-Liter-Turbomotoren mit 230 PS (171,5 kW). Der schwerste LKW verfügte über eine Zwischenkühlung. Für diese Lastwagen waren zwei Fahrerhäuser erhältlich: eine breite Version mit Schlafkoje für zwei Betten und eine normale Version ohne Schlafkoje. DAF legte großen Wert auf den Komfort. Zur Baureihe 1600 gehörte auch eine Spezialversion mit Vierradantrieb, der V1600, der für Einsätze auf Baustellen vorgesehen war. Das Fahrzeug hatte eine Nutzlast von 6 Tonnen und einen 120-PS-Motor (89,4 kW).

Der DAF NAT 2505

1973 führte DAF den NAT 2505 6x4 ein, dessen Fahrgestell und Fahrerhaus von International Harvester stammte. International Harvester hatte im Jahr zuvor ein Drittel der Unternehmensanteile von DAF erworben.

1974 führte DAF seinen ersten Vierachser ein, den FAD 2200 8x4. Dieses Fahrzeug war für den britischen Markt bestimmt. Im folgenden Jahr kamen LKWs mit einem Fahrerhaus hinzu, das vom so genannten „Viererclub" entwickelt worden war. Zu diesem gehörten neben DAF die LKW-Hersteller Magirus Deutz, Saviem und Volvo. Das auch unter der Bezeichnung „European Truck Design" bekannt gewordene Programm dieser Gruppe basierte auf den Leichtbaukonstruktionen der Modelle F700 und F900.

1975 geriet DAF nach einer raschen Expansion und Investitionen in neue Produktionsstätten in finanzielle Schwierigkeiten. Schließlich übernahm der Konzern Dutch State Mines 25 Prozent der DAF-Anteile.

Technische Daten

Land: Niederlande
Gebaut seit: 1969
Motor: 11,6-Liter-Turbomotor von DAF
Getriebe: keine Angabe
Nutzlast: keine Angabe
Verwendungszweck: Langstreckentransporte, Bau, Autobahn, Landstraße
Besonderheit: komfortables Fahrerhaus, teilweise mit Schlafkoje für zwei Betten

FORD
1970 USA

FORD L- UND W-SERIE

1970 führte Ford die neue Baureihe L (für Louisville) ein. Zur gleichen Zeit brachte Ford unter der Typenbezeichnung W einen neuen Schwerlaster mit kippbarem Fahrerhaus heraus.

Rechts: *Die erfolgreiche Louisville-Baureihe von Ford wurde von 1970 bis in die 1990er-Jahre gebaut. Der Wagen verkaufte sich nicht nur in den USA sehr gut.*

Technische Daten

Land: USA
Gebaut seit: 1970
Motor: Cummins, Detroit Diesel, Caterpillar
Getriebe: keine Angabe
Nutzlast: keine Angabe
Verwendungszweck: Langstrecken- und Kleintransporte
Besonderheit: im seinerzeit größten Werk der Welt gebaut

Diese Trucks wurden im seinerzeit größten LKW-Werk der Welt gebaut: In Louisville rollten täglich 336 Fahrzeuge vom Band.

Erfolg der Louisville-Baureihe

Die Baureihe W hatte ein BBC-Maß (Bumper to Back of Cab = Stoßstange bis Fahrerhausrückwand) von 1,32 m und ein eckiges Fahrerhausdesign. Außerdem war eine Version mit Schlafkoje und einem BBC-Maß von 2,08 m erhältlich. Diese Trucks gab es mit vier verschiedenen Cummins-Motoren in 13 verschiedenen Leistungsstärken. Darüber hinaus waren Motoren von Detroit Diesel und Caterpillar erhältlich. Die Baureihe L war extrem erfolgreich und wurde mehr als 20 Jahre gebaut. Insbesondere die Modelle L-9000 und LT-9000 kamen gut an. Sie belebten den Markt für Haubenfahrzeuge mit Dieselmotor.

Die Baureihe W hingegen war 1975 überholt und erhielt einen neuen Kühlergrill. Sie wurde Ende der 1970er-Jahre durch das in Aluminiumbauweise hergestellte Modell CL-9000 ersetzt. 1997 verkaufte Ford sein LKW-Geschäft an Freightliner.

MACK
18
TRUCKING
CC-12944
80,000

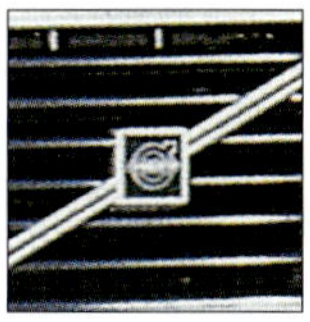

Kapitel 7

Die Ölkrise

Die Ölkrise der 1970er-Jahre hatte für die LKW-Industrie weit reichende Folgen. Die USA und ihre westeuropäischen Verbündeten sahen sich infolge politischer Auseinandersetzungen mit einigen arabischen OPEC-Staaten mit einer Ölverknappung konfrontiert. Die wichtigsten Förderländer weigerten sich, Öl an Länder zu verkaufen, die Israel im Krieg gegen Ägypten unterstützten.

Oben: *Der Freightliner WFT-8164 war so gebaut, dass zahlreiche Komponenten mit dem Frontlenkermodell WFT-7242 ausgetauscht werden konnten.*

Links: *Der bullige Super-Liner beim Holztransport.*

Zeitgleich erhöhte die OPEC den Ölpreis um das Vierfache. Die Verknappung des Öls ließ die Kraftstoffpreise explodieren, sodass viele Länder gezwungen waren, Kraftstoff zu rationieren. In Westdeutschland kam es vorübergehend zum autofreien Sonntag. Die USA versuchten, den Kraftstoffverbrauch einzuschränken, indem sie eine landesweite Geschwindigkeitsbegrenzung von 88,5 km/h einführten.

In der Branche lief es nicht rund. Krupp gab die LKW-Produktion auf, DAF hing am finanziellen Tropf von International Harvester und das zuvor erfolgsverwöhnte französische Unternehmen Berliet wurde von Renault geschluckt.

Den LKW-Herstellern blieb nichts anderes übrig, als den Kraftstoffverbrauch ihrer Fahrzeuge zu senken, wenn sie konkurrenzfähig bleiben wollten. Die Aerodynamik war nun wichtiger denn je. Es wurden sogar Windabweiser für das Dach eingeführt. Vor allem aber kamen in den 1970er-Jahren leichtere Lastkraftwagen auf den Markt, denn dadurch senkte sich der Kraftstoffverbrauch entscheidend. Obwohl die LKW-Hersteller nichts unversucht ließen, um sparsame Transporter zu bauen, sanken die Verkaufszahlen zunächst dramatisch.

VOLVO
1970 Schweden

VOLVO F89 UND G89

Anfang der 1970er-Jahre waren in Europa leistungsstarke Laster gefragt. Das Verkehrsaufkommen auf den Autobahnen hatte derart zugenommen, dass langsame Brummis Staus provozierten.

Deutschland war das erste Land, das Ende der 1960er-Jahre eine Mindestnutzleistung pro Tonne Zuggewicht einführte. Da Deutschland für die LKW-Hersteller ein wichtiger Absatzmarkt war, entwickelte man bald auch in anderen Ländern leistungsstärkere Motoren.

Die Hersteller mussten sich entscheiden, ob sie auf große, schwere Motoren herkömmlicher Bauart setzten oder kleinere, leistungsstärkere Turbomotoren. Die herkömmlichen Motoren erforderten zehn Zylinder und bis zu 18 Liter, während die Turbomotoren nur 12 bis 14 Liter benötigten. Volvo entschied sich für den Turbo.

Die „Supertrucks“

Um die deutschen Bestimmungen zu erfüllen, entwickelte Volvo für die Modelle F89 und G89 einen Sechszylinder-Turbo-Reihenmotor mit 12 Liter Hubraum (Volvo TD120A). Der Hauptunterschied zwischen den beiden Fahrzeugen war, dass der G89 eine nach vorne versetzte Vorderachse hatte. Ansonsten setzte sich das Fahrzeug aus vielen gängigen Volvo-Komponenten zusammen, einschließlich des 16-Gang-Synchrongetriebes SR61 und der Hinterachse mit Planetengetriebe NR2. Schon bald wurden die Modelle F89 und G89 als „Supertrucks“ bezeichnet und waren von europäischen Autobahnen nicht mehr wegzudenken. Darüber hinaus waren sie im australischen Hinterland als Holztransporter sehr beliebt.

Oben: *Der Volvo F89 hatte keine Probleme, die vorgeschriebenen Mindestgeschwindigkeiten einzuhalten.*

Technische Daten

Land: Schweden
Gebaut seit: 1970
Motor: Volvo TD120A-12-Liter-Motor
Getriebe: SR61-16-Gang-Synchrongetriebe
Nutzlast: bis zu 52 Tonnen
Verwendungszweck: Langstreckentransporte
Besonderheit: starker Motor

VOLVO
1970 **Schweden**

VOLVO GLOBETROTTER

Das Fahrerhaus des Volvo Globetrotter wurde als „Hotel auf Rädern" für Fernfahrer entwickelt, die in Osteuropa unterwegs waren. Inklusive Kühlschrank, Herdplatten und Spülbecken.

Oben: *Der Globetrotter war ein Laster mit integrierter Küche.*

Technische Daten

Land: Schweden
Gebaut seit: 1970
Motor: 6-Zylinder-Diesel
Getriebe: 16 Gänge, Kegelradantrieb
Nutzlast: nicht bekannt
Verwendungszweck: Langstreckentransporte
Besonderheit: „Hotel auf Rädern" für Fernfahrer

Volvo setzte beim Globetrotter ganz auf Komfort. Das wichtigste Merkmal war der besonders geräumige Innenraum der Kabine. Volvo zählte zu den ersten LKW-Herstellern, die eine Luxusausstattung mit Kühlschrank, Wassertank, Spüle und Herdplatten anboten. Die Kunden konnten selbst bestimmen, wie umfangreich die Einrichtung sein sollte. Das geräumige Fahrerhaus zählte zur Standardausstattung des Globetrotter. Es sollte nicht lange dauern, bis die Speditionen feststellten, dass das große Fahrerhaus des Globetrotters mehr Vorteile bot, als nur ein erweitertes Platzangebot.

Ausgeschlafene Fernfahrer

1977 führte Volvo seine beliebte Baureihe F10/F12 ein. Die Fahrer dieser Lastwagen profitierten von den geräumigen, qualitativ hochwertigen Fahrerhäusern. Kraftfahrer, die über ein komfortables Fahrerhaus verfügten, sollten sich bald als leistungsfähiger bei den Fernfahrten erweisen. Dies veranlasste Volvo, das Globetrotter-Fahrerhaus auch für einige andere Modelle anzubieten.

Der Globetrotter verbesserte nicht nur die Arbeitsbedingungen von Fahrern, die alleine unterwegs waren, sondern bot auch Fahrerteams mehr Platz.

SAVIEM

1971 Frankreich

SAVIEM SM 300T

Saviem wurde 1955 von Renault, Somua, Floirat und Latil gegründet. Anfang der 1970er-Jahre war der SM 300T der leistungsstärkste LKW aus dem Hause Saviem.

Oben: *Das kippbare Fahrerhaus mit Schlafkoje wurde von Saviem und MAN entwickelt.*

Links: *Der SM 300T war für besonders schwere Lasten geeignet.*

Technische Daten

Land: Frankreich
Gebaut seit: 1971
Motor: V8-Diesel
Getriebe: 10-Gang-Getriebe
Nutzlast: 38 Tonnen Zuggesamtgewicht als Zugmaschine
Verwendungszweck: Schwertransporte
Besonderheit: Kooperation mit MAN

Zu Beginn war die Société Anonyme des Véhicules Industriels et Equipements Mécaniques nur eine Vertriebsorganisation. Die Lastwagen und LKW-Komponenten behielten ihre Originalnamen. 1960 wurde die Produktion rationalisiert. Die ersten eigentlichen Saviem-Fahrzeuge waren die Modelle der leichten S-Serie. Sie waren mit Benzinmotoren von Renault oder Dieselmotoren von Perkins ausgerüstet, da zu jener Zeit keine französischen Dieselmotoren gebaut wurden. 1962 kam das Schwerlastprogramm JL hinzu. Hierzu zählten neben einem neuen Fahrerhaus herkömmliche Zweiachser bis zu 13 Tonnen sowie Zugmaschinen mit einem Zuggesamtgewicht von bis zu 35 Tonnen.

Kooperation mit MAN

In den 1960er-Jahren ging Saviem eine Kooperation mit MAN ein. Der deutsche Hersteller lieferte hochwertige Dieselmotoren, die Saviem später in Lizenz in Frankreich herstellte. 1970 schloss sich Saviem mit Volvo, DAF und Magirus-Deutz zum so genannten „Vierer-Club" zusammen, um gemeinsam ein modernes kippbares Fahrerhaus zu entwickeln. Die französische Gruppe baute für ihre neuen SM-Schwerlaster aber ein eigenes kippbares Fahrerhaus. Es war seinerzeit das modernste in Europa, mit dem Lastwagen von MAN und von Saviem standardmäßig ausgerüstet wurden. 1974 fusionierte Saviem mit Berliet.

VOLVO

1970er-Jahre Schweden

VOLVO C3

Volvo hatte sich schon seit 1928 einen Ruf als führender Hersteller von Geländefahrzeugen erworben. Der erfolgreiche C3 gewann 1983 sogar die Rallye Paris-Dakar.

Technische Daten

Land: Schweden

Gebaut seit: Anfang der 1970er-Jahre

Motor: 6-Zylinder-Motor von Volvo

Getriebe: nicht bekannt

Nutzlast: bis zu 5,5 Tonnen zulässiges Gesamtgewicht

Verwendungszweck: Gelände

Besonderheit: Gewinner der Rallye Paris-Dakar

Oben: *Der geländegängige C3 war oft als Baufahrzeug unterwegs.*

Der C3 war besonders robust gebaut. Das Fahrzeug sollte schließlich als das effizienteste Geländefahrzeug angesehen werden, das jemals in Serie ging.

10 000 km durch die Wüste

Der C3 wurde noch berühmter, als das Fahrzeug 1983 an der Rallye Paris-Dakar teilnahm, der schwersten Autorrallye der Welt. An den Start gingen zwei 3,5-Tonner vom Typ C303s. Eines der Fahrzeuge gewann nach 10 000 anstrengenden Kilometern durch die Wüste die Kategorie der leichten LKW-Klasse.

Nach diesem überzeugenden Auftritt wurde Volvos Baureihe C3 als ziviles oder militärisches Nutzfahrzeug für zahlreiche Aufgaben eingesetzt, darunter in der Energiewirtschaft, bei der Brandbekämpfung und im Straßenbau. Der C3 diente auch als Sanitäts- und mobiles Aufklärungsfahrzeug.

Die C3-Familie war mit einem zulässigen Gesamtgewicht von 3,5 bis 5,5 Tonnen erhältlich. Die Laster wurden als Zwei- oder Dreiachser angeboten und hatten Allradantrieb. Die meisten LKWs der Baureihe C3 hatten einen leistungsstarken Sechszylinder-Reihenmotor sowie spezielle Vorder- und Hinterachsen.

DODGE
1972 USA

DODGE BIGHORN

Der Bighorn gehörte nicht zu den erfolgreichen Trucks von Dodge. Die wenigen produzierten Laster mit ihrer kantigen Haube sind dafür aber heute sehr beliebte und seltene Sammlerstücke.

Oben: *Der Schwerlaster Bighorn hatte ein sehr kleines Fahrerhaus.*

Links: *Der Bighorn als beliebtes Sammlerstück.*

Technische Daten

Land: USA
Gebaut seit: 1972
Motor: 6-Zylinder-Diesel von Cummins
Getriebe: 15 Gänge, Kegelradantrieb
Nutzlast: nicht bekannt
Verwendungszweck: bis zu 9 Tonnen zulässiges Gesamtgewicht
Besonderheit: Langstreckentransporte

Der Bighorn war ein 6x4-Modell mit kleinem Fahrerhaus und hatte ein zulässiges Gesamtgewicht von 9 Tonnen. Das Fahrzeug war als Dreiachser mit Dieselmotor erhältlich. Zwischen 1973 und 1975 wurden 261 Lastwagen vom Typ Bighorn gebaut, bis das Unternehmen die Produktion einstellte, um sich auf die Herstellung von Lieferwagen und anderen kleineren Fahrzeugen zu verlegen, da sich der LKW-Markt nicht mehr lohnte. Von diesen 261 Fahrzeugen wurden 190 in den USA und 70 in Kanada verkauft. Ein einziger Bighorn ging nach Mexiko.

Trotz der geringen Stückzahlen konnte sich der Bighorn in Nordamerika einen Namen machen. Der LKW ist heute bei Sammlern sehr beliebt. Es sind noch schätzungsweise 50 Fahrzeuge im Umlauf.

Der berühmteste Bighorn

1973 modifizierte Dodge den Bighorn als Zugmaschine. Sein Besitzer, Larry Carey, nahm mit diesem LKW in den USA an vielen Wettbewerben teil. Dieser LKW zählt zu den letzten Schwerlastern von Dodge und ist heute mit einem Motor von Cummins mit sagenhaften 1150 PS (857,5 kW) ausgerüstet.

MITSUBISHI

🛠 **1972 Japan**

MITSUBISHI FUSO T813ARA

Mitsubishi war vor allem für mittlere und leichtere Nutzfahrzeuge bekannt. Das Unternehmen brachte aber auch das echte Schwergewicht Fuso T813ARA auf die Straße.

Rechts: *Der Mitsubishi Fuso T810 war einer der Vorgänger des T813ARA.*

Technische Daten

Land: Japan
Gebaut seit: 1972
Motor: V10-Dieselmotor
Getriebe: 5 und 10 Gänge, Kegelradantrieb
Nutzlast: nicht bekannt
Verwendungszweck: Fern- und Schwertransporte
Besonderheit: erster japanischer Frontlenker mit kippbarem Fahrerhaus

Den T813ARA trieb ein V10-DC6-Dieselmotor mit 375 PS (279,6 kW) an. Es war der erste japanische Frontlenker mit einem hydraulisch gesteuerten, kippbaren Fahrerhaus, was die Wartung sehr erleichterte.

1972 war für Mitsubishi Fuso ein wichtiges Jahr. Mit der Einführung der Baureihe Mitsubishi Clean Air (MCA) bewies das Unternehmen, dass es seiner Zeit voraus war. Die Wagen hatten einen verminderten Ausstoß gesundheitsschädlicher Abgase.

Vorgänger der Schwerlaster

Obwohl der Fuso T813ARA der erste eigentliche Schwerlaster von Mitsubishi war, gab es bereits einige andere schwerere Fahrzeuge. So wurde fünf Jahre zuvor der T910 gebaut. Dabei handelte es sich um einen Elftonner mit Doppelachsen vorne und hinten. Das Fahrzeug hatte einen V6-Motor mit 200 PS (149,1 kW).

FREIGHTLINER

🛠 **1973 USA**

FREIGHTLINER WFT-8164

1973 brachte White Freightliner seinen ersten LKW in Haubenbauweise auf den Markt. Das Unternehmen befand sich im Umbruch. Während der Ölkrise fielen die Verkaufszahlen in den Keller.

Das Haubenfahrzeug WFT-8164 war so konstruiert, dass die meisten Teile mit der Fontlenkerversion WFT-7242 kompatibel waren. Der Truck erfüllte die damals in den USA geltenden Längenbeschränkungen.

Der neue LKW zählte zu den leichtesten Haubenfahrzeugen auf dem Markt, was ihn für Fahrer und Spediteure sehr attraktiv machte. Das Fahrwerk der herkömmlichen Version hatte ein Gewicht von 4,7 Tonnen, das der 6x4-Version von nur 5,65 Tonnen. Diese Lastwagen waren zumeist mit Motoren von Cummins ausgestattet.

Frontlenker weiter im Programm

Obwohl Freightliner Haubenfahrzeuge bevorzugte, hatte das Unternehmen den Bau der Frontlenker nicht eingestellt. Es brachte das neue Frontlenkermodell Powerliner heraus. Der Hauptunterschied zwischen dem Powerliner und den anderen Frontlenkern bestand in dem massiven neuen Kühlergrill und der breiteren Windschutzscheibe. Der LKW hatte zwar standardmäßig einen kräftigen V12-Motor, war jedoch auch mit kleineren Maschinen erhältlich. Der Powerliner sollten sich nie durchsetzen. Die Produktion wurde kurz nach der Einführung bereits wieder eingestellt.

Oben: *Als der Kraftstoffpreis in die Höhe schoss, führte Freightliner den WFT-8164 in Haubenbauweise ein.*

Technische Daten

Land: USA

Gebaut seit: 1973

Motor: Cummins, Detroit Diesel und Caterpillar

Getriebe: 15 Gänge, Kegelradantrieb

Nutzlast: nicht bekannt

Verwendungszweck: Langstreckentransporte

Besonderheit: Viele Teile waren mit der Frontlenkerversion kompatibel.

DAIMLER-BENZ
1973 **Deutschland**

DAIMLER-BENZ NG

Oben: *Das geräumige Fahrerhaus der Baureihe NG war bei Fernfahrern beliebt.*

Im Jahr 1973 führte Daimler-Benz die LKWs der „Neuen Generation" (NG) ein. Zunächst waren es vor allem Baustellenfahrzeuge, dann wurde die Serie kontinuierlich weiterentwickelt.

Rechts: *Die neu gestalteten Fahrerhäuser der „Neuen Generation" von Daimler-Benz boten höheren Fahrkomfort und mehr Sicherheit.*

Technische Daten

Land: Deutschland
Gebaut seit: 1973
Motor: Motoren von Mercedes-Benz
Getriebe: 6 Gänge
Nutzlast: bis zu 22 Tonnen zulässiges Gesamtgewicht
Verwendungszweck: Bau, Fernverkehr
Besonderheit: einer der ersten Laster mit ABS

Die Baureihe NG umfasste Zwei- und Dreiachser von 16 bis 22 Tonnen zulässigem Gesamtgewicht. Außerdem gab es für den Fernverkehr ein verlängertes Fahrerhaus mit Schlafkoje.

Die Fahrerhäuser der Baureihe NG verfügten über eine schräg gestellte Frontscheibe sowie nach unten gezogene Seitenfenster für eine bessere Sicht. Die ersten Motoren der Baureihe NG stammten von der Baureihe LP. Diese wurden um einen V6-Motor mit 192 PS (143,1 kW) ergänzt. Die Außenplanetenachsen der Baureihe übertrugen hohe Motordrehmomente.

Verbesserte Technik

1975 erweiterte Daimler-Benz die Baureihe NG um Lastwagen der mittelschweren Klasse. Die Baureihe wurde technisch immer besser. Zu den Neuerungen zählte die Wandlerschaltkupplung für Zugmaschinen. 1981 hatten die Fahrzeuge bereits das Antiblockiersystem (ABS), das einen enormen Fortschritt in puncto Sicherheit bedeutete.

MITSUBISHI
1973 Japan

MITSUBISHI FUSO CANTER

Mitsubishi Fusos dritte Generation der Baureihe Canter wurde 1973 eingeführt und bot grundlegende Verbesserungen. Auch die Front des Fahrerhauses war neu.

Technische Daten

Land: Japan
Gebaut seit: 1973
Motor: Motoren von Mitsubishi
Getriebe: 10 Gänge, Kegelradantrieb
Nutzlast: nicht bekannt
Verwendungszweck: Lieferwagen, Transporter
Besonderheit: MCA-System

Oben: *Dieser Mitsubishi Canter belädt einen größeren LKW mit Bambus.*

Die alten Benzinmotoren des Canter wurden durch leistungsstärkere Versionen mit 100 PS (74,5 kW) ersetzt. Darüber hinaus wurde ein MCA-System (Mitsubishi Clean Air) eingeführt, um die Abgasemissionen zu reduzieren.

Das Canter-Programm wurde zu dieser Zeit um einen Dreitonner mit Dieselmotor erweitert. Darüber hinaus war die dritte Canter-Generation flexibler und kundenorientierter. Den unterschiedlichen Einsatzmöglichkeiten entsprechend konnten die Fahrzeuge mit Tiefladesattelschlepper, Hochlader oder Standardauflieger ausgerüstet werden. Außerdem war ein Langzug erhältlich.

Himmlische Lackfarbe

Die dritte Generation der Canter-Baureihe hatte Erfolg. Die Laster konnten Ende der 1970er-Jahre ihren Marktanteil um mehr als 20 Prozent ausbauen. Mit Einführung der Modelle FE1 und FE2 der vierten Generation im Oktober 1978 wuchs der Marktanteil noch. Diese Laster waren mit einer Farbe namens „Arizona Cream" lackiert, die der Farbe der Sonne vor einem endlos blauen Himmel entsprechen sollte.

MITSUBISHI

1973 Japan

MITSUBISHI FUSO F-SERIE

1973 entwickelte das japanische Unternehmen Mitsubishi neue Schwerlaster. Dazu zählten der 4x2-Achttonner FP und der Zehntonner FT mit doppelter Vorderachse.

Oben: *Der Zehntonner FU hatte einen Turbomotor und wurde für Schwertransporte eingesetzt.*

Technische Daten

Land: Japan
Gebaut seit: 1973
Motor: Mitsubishi 8DC8 und Mitsubishi 8DC4
Getriebe: nicht bekannt
Nutzlast: bis zu 10 Tonnen zulässiges Gesamtgewicht
Verwendungszweck: Lieferwagen, Transporter
Besonderheit: ruhiger, gleichmäßiger Lauf des Motors

Zwei Jahre nach Einführung der Serie F wurde mit den Modellen FT212 und FU212 eine Version mit langem Aufbau vorgestellt. Diese Fahrzeuge waren für höhere Nutzlasten geeignet. 1976 wurde das Programm um den Achttonner FP117 ergänzt. Dieses Modell hatte einen neuen Sechszylinder-Dieselmotor mit Direkteinspritzung und einer Leistung von 215 PS (160,3 kW). Der Motor verfügte über spezielle Zylinderköpfe, welche die Lebensdauer und die Leistung des Motors erhöhen sollten. Auch warb der Hersteller mit einem ruhigen und gleichmäßigen Lauf des Motors. 1977 wurde die F-Serie mit der Einführung des Vierachsers FS weiter ausgebaut.

Weitere Expansion

Mitsubishi baute sein erfolgreiches Programm weiter aus und ergänzte es 1979 um Turbomotoren für die Modelle FT und FU. Der Turbodiesel 6D22 mit Direkteinspritzung verfügte über 270 PS (201,3 kW) und sorgte dafür, dass die Baureihe F neue Maßstäbe setzte. 1979 verbesserte sich auch die Optik. Die Modelle FP, FT, FU, FV und FS erhielten auf der Schwelle des neuen Jahrzehnts ein neues Design. Die mittelschweren Lastwagen wurden ebenfalls leicht modifiziert und als neue Baureihe FK vorgestellt. Die Modelle FK und FM vertraten in diesem Programm die mittlere Gewichtsklasse.

MACK

1975 USA

MACK CRUISE-LINER

Ende der 1970er-Jahre gehörten Frontlenker auf den nordamerikanischen Highways noch immer zum Alltagsbild. Der Cruise-Liner war der erste Frontlenker, den Mack einführte.

Technische Daten

Land: USA
Gebaut seit: 1975
Motor: Mack Econodyne
Getriebe: 10 Gänge, Kegelradantrieb
Nutzlast: nicht bekannt
Verwendungszweck: Langstreckentransporte
Besonderheit: breites Armaturenbrett für eine bessere Übersicht

Oben: *Die Frontlenker der Mack-Baureihe Cruise-Liner waren trotz ihrer enormen Höhe sehr leicht.*

Wie der Super-Liner war die Baureihe Cruise-Liner für Kunden konzipiert, die einen leichten, leistungsstarken LKW benötigten. Zahlreiche Komponenten, einschließlich der Vorderachsfederung (die über Stoßdämpfer verfügte, um das Fahrverhalten zu verbessern), wurden in Leichtbauweise hergestellt. Die Trucks hatten ein geräumiges Fahrerhaus aus Aluminium, das den Fahrern viel Komfort bot. Das Armaturenbrett verlief fast über die gesamte Breite des Fahrerhauses, sodass sämtliche Anzeigeinstrumente und Schalter im Blick waren. Die luftgefederten Fahrersitze hatten Einsätze aus Nylongewebe.

Verbesserte Kühlung

Das fiberglasverstärkte Kunststoffdach des Fahrerhauses bot im Fall eines Überschlags mehr Sicherheit. Der Truck war ohne Schlafkoje mit einem BBC-Maß (Bumper to Back of Cab = Stoßstange bis Fahrerhausrückwand) von 1,37 m und mit Schlafkoje mit einem BBC-Maß von 2,28 m erhältlich.

Die Cruise-Liner hatten einen großen Kühler und wurden mit Motoren von Mack, Detroit Diesel und Cummins angetrieben. Sie eigneten sich für diverse Einsatzbereiche.

KENWORTH

1976 USA

KENWORTH VIT

1976 feierte der nordamerikanische LKW-Hersteller Kenworth den 200. Geburtstag der USA mit der Einführung der limitierten Baureihe „Very Important Trucker" (VIT). Die Trucks waren mit einem luxuriösen Aerodyne-Fahrerhaus ausgestattet.

Oben: *Die VIT-Trucks des Unternehmens Kenworth waren limitierte Luxustransporter.*

Rechts: *Das Aerodyne-Fahrerhaus mit Schlafkoje war so geräumig, dass man darin aufrecht stehen konnte.*

Technische Daten

Land: USA
Gebaut seit: 1976
Motor: diverse
Getriebe: 15 Gänge
Nutzlast: nicht bekannt
Verwendungszweck: Fernverkehr, Frontlenker und Haubenfahrzeug
Besonderheit: geräumiger Innenraum mit 2,1 m Höhe

Sowohl das Haubenfahrzeug W900 als auch der Frontlenker K100 waren mit der VIT-Innenausstattung erhältlich, die den Fahrern viel Luxus bot. Das Fahrerhaus, in dem man aufrecht stehen konnte, verfügte über zwei geräumige Betten.

Komfort wie im Hotel

Im Fahrerhaus waren auch Kleiderschränke vorhanden, die man ansonsten eher in Hotelzimmern erwarten würde. Die Innenausstattung war größtenteils aus Leder mit abgesetzten Nähten, was dem Fahrerhaus eine geradezu klassische Optik verlieh. Kühlschränke und Kochplatten waren vorhanden, sodass die Fahrer unterwegs auf keinen Komfort verzichten mussten.

Die Fahrzeuge werden von ihren heutigen Besitzern, die sie als Showtrucks einsetzen, weiter in Ehren gehalten. Die Lastwagen der Baureihe VIT sind zwar Sammlerstücke, doch die Fahrzeuge der Baureihe W900L sind immer noch mit der VIT-Aerodyne-Innenausstattung erhältlich.

VOLVO
⚒ **1977 Schweden**

VOLVO F10 UND F12

Mit der Einführung der Lastwagen F10 und F12 schrieb Volvo Geschichte. Das Unternehmen revolutionierte mit den beiden Modellen in puncto Sicherheit und Ergonomie die LKW-Industrie.

Volvo setzte ein Team von Sicherheitsexperten ein, das die Ursachen der LKW-Unfälle in Schweden untersuchen sollte. Diese Initiative zielte darauf ab, sicherere Laster zu entwickeln und aus den Fehlern der Vergangenheit zu lernen. Zur gleichen Zeit arbeitete Volvo an der Ergonomie. Für den LKW-Hersteller stand fest, dass ein entsprechend konstruiertes Fahrzeug mehr Schutz bedeutete. Die entwickelten Lösungen wurden nicht nur in die Modelle F10 und F12, sondern auch in alle anderen Lastwagen integriert.

Volvo entschied sich für Fahrgestelle und Antriebskomponenten, die bereits seit 1973 bei der Baureihe N eingesetzt wurden, um eine höhere Konformität der Modelle zu erreichen. Die Komponenten hatten sich bereits in den unterschiedlichsten Einsatzbereichen bewährt. Die Volvo-Ingenieure arbeiteten weiter an Sicherheit und Fahrkomfort. So befestigte man das Fahrerhaus mit einer Spiralfederung am Fahrgestell, was den Effekt hatte, dass die Fernfahrer weniger unter Rückenschmerzen litten.

Verstellbares Lenkrad

Volvo entwickelte ein in Höhe und Neigung verstellbares Lenkrad, das optimale Fahr- und Arbeitsbedingungen gewährleistete.

Um die Sicht der Fahrer zu verbessern und das Unfallrisiko zu verringern, wurde außerdem eine größere Windschutzscheibe eingebaut. Auch der Komfort der Modelle F10

Oben: *Der F12 war für Holztransporte auf skandinavischen Bergstraßen ideal.*

Ganz oben: *Die Fahrerhäuser der Modelle F10 und F12 waren etwas schwerer als vergleichbare Fahrerhäuser.*

und F12 wurde verbessert, indem ein von außen erreichbarer, jedoch nur von innen verschließbarer Gepäckraum integriert wurde. Dies war besonders für Fernfahrer interessant.

Gepolsterter Innenraum

Das Unternehmen bemühte sich, den Innenraum des Fahrerhauses so sicher wie möglich zu machen, um die Verletzungsgefahr der Fahrer im Falle eines Unfalls möglichst gering zu halten.

Die Fahrerhäuser wurden an der Innenseite gepolstert, wobei man im Innenraum auch scharfe Kanten zu vermeiden suchte. Natürlich wurde das Fahrerhaus nach den hohen schwedischen Sicherheitsstandards getestet, die als die strengsten der Welt galten. Auch bei der neu integrierten Klimaanlage stand die Gesundheit des Fahrers im Mittelpunkt. Bei den bisher in Europa eingesetzten Klimaanlagen wurde die Luft lediglich durch ein Ventil in den Innenraum des Fahrerhauses eingeleitet, was sich auf die Gesundheit der Fahrer negativ auswirken konnte.

Mehr Gewicht

Die Kunden ließen sich nicht davon abschrecken, dass das Fahrerhaus im Vergleich zu anderen, weniger sicheren Fahrerhäusern schwerer war. Für die meisten war das die zusätzliche Sicherheit wert. Die Modelle F10 und F12 wurden vor der Einführung computergestützter Konstruktionsverfahren entwickelt. Das Fahrerhaus hatte zwar nur ein flaches Dach, aber ab 1979 war für Fahrer, die mehr Platz benötigten, auch das Globetrotter-Fahrerhaus verfügbar.

In der Folgezeit wurde die Modelle F10 und F12 kontinuierlich verbessert. Mitte der 1990er-Jahre waren bereits mehr als 200000 Fahrzeuge verkauft worden.

Technische Daten

Land: Schweden
Gebaut seit: 1977
Motor: 10- und 12-Liter-Motoren von Volvo
Getriebe: nicht bekannt
Nutzlast: nicht bekannt
Verwendungszweck: Langstreckentransporte
Besonderheit: sehr sichere Fahrzeuge

Links: *Die Volvo-Modelle F10 und F12 setzten in puncto Sicherheit neue Maßstäbe.*

PETERBILT
1977 USA

PETERBILT 379

Der Peterbilt 379 zählte bei imagebewussten Spediteuren und Fahrern zu den beliebtesten Lastwagen. Das klassische Design des Modells war seinem Vorgänger Peterbilt 359 sehr ähnlich.

Technische Daten

Land: USA
Gebaut seit: 1977
Motor: Caterpillar, Cummins und Detroit Diesel
Getriebe: diverse
Nutzlast: nicht bekannt
Verwendungszweck: Langstreckentransporte
Besonderheit: wuchtige, lang gezogene Motorhaube

Oben: *Der Peterbilt 379 verbrauchte zu viel Treibstoff, aber der üppig verchromte Kühlergrill machte ihn trotzdem anziehend.*

Der Peterbilt 379 richtete sich an Fahrer, die es hinter dem Lenkrad bequem haben wollten. Der LKW war auf den Highways ein Hingucker. Die Trucks waren mit diversen Motoren unterschiedlicher Leistungsstärke von Caterpillar und Cummins erhältlich.

Ursprünglich wurden sie auch mit Motoren von Detroit Diesel angeboten, mit denen das Modell 379 jedoch nur selten ausgerüstet war. Der 379 wurde hauptsächlich als Warentransporter eingesetzt.

„Mehr schalten, langsamer fahren"

Im Zuge der Ölkrise der 1970er-Jahre hielten viele Unternehmen nach aerodynamischen Lastwagen Ausschau, um Kraftstoff einzusparen Der schwere Peterbilt 379 mit seiner wuchtigen, eckigen Front konnte diese Ansprüche nicht erfüllen. Mit anderen Worten: Er schluckte viel. So suchte das Unternehmen nach anderen Wegen, den Verbrauch zu reduzieren, und warb mit dem Motto: „Mehr schalten, langsamer fahren".

Peterbilt baute auch maßgeschneiderte Versionen des 379, die den jeweiligen Kundenwünschen entsprachen. Die Abstimmung der Komponenten auf die unterschiedlichen Einsatzbereiche trug ebenfalls dazu bei, Kraftstoff zu sparen.

MACK
1978 USA

MACK RW SUPER-LINER

Der RW Super-Liner war ein völlig neues, wuchtiges Haubenfahrzeug. Es blieb äußerlich bewusst kantig, während sich die Konkurrenz längst um ein stromlinienförmigeres Design bemühte.

Oben: *Der Super-Liner hatte einen leistungsstarken Motor, dessen Kühlung einen größeren Kühlergrill erforderte.*

Technische Daten

Land: USA
Gebaut seit: 1978
Motor: Mack, Caterpillar, Cummins, Detroit Diesel
Getriebe: Mack Maxitorque 5-Gang-Getriebe, Fuller 10-Gang-Getriebe
Nutzlast: nicht bekannt
Verwendungszweck: Langstrecken- und Schwertransporte
Besonderheit: trotz kantigem Design aerodynamisch

Der Super-Liner war für Schwerlasttransporte konzipiert, etwa für Viehtransporte oder als Tanklaster. Bis die Produktion der Baureihe RW Super-Liner eingestellt wurde, hatte das Unternehmen insgesamt fast 20000 Fahrzeuge verkauft.

Diverse Motoren

Der Super-Liner war mit viel PS und großen Kühlerhauben ausgestattet. Zu den diversen Motoren zählten die Kraftstoff sparenden Motoren von Mack, der Caterpillar 3406 mit 400 PS (298,2 kW) und die Baureihe 92 von Detroit Diesel mit bis zu 435 PS (324,3 kW). Auf dem Fahrgestell war eine Ladeluftkühlung montiert.

Ruhiges Fahrverhalten

Obwohl der Super-Liner im Vergleich zu heutigen Standards alles andere als ein aerodynamisches Design hatte, waren sich die Konstrukteure der Bedeutung des Luftwiderstands durchaus bewusst. Sie bauten den LKW ohne vorstehende Außenkanten, sodass die Luft sanft über das Fahrzeug strömen konnte, was für ein ruhiges Fahrverhalten sorgte. Das doppelwandige Fahrerhaus war aus Stahl, Motorhaube und Kotflügel aus Fiberglas, was den Truck leichter und leistungsfähiger machte.

Foden

Kapitel 8

Technik, die begeistert

Laster waren in den 1980er- und 1990er-Jahren längst keine reinen Nutzfahrzeuge mehr. Truck-Shows in den USA kamen in Mode, und auf dem Nürburgring fiel 1986 der Startschuss zum ersten Lastwagen-Grand-Prix. Die Brummis wurden vor allem aber immer sicherer und umweltfreundlicher.

Oben: *Der Mack CH galt zu seiner Zeit als einer der vielseitigsten Lastwagen.*

Links: *Der Alpha läutete Fodens Comeback als führender LKW-Hersteller ein.*

Immer mehr PS unter der Haube, eine Orgie aus Chrom an den Trucks, besonders in den USA boomte der LKW-Markt nach der Ölkrise wieder. 1982 begannen die dortigen Gesetzgeber, die Längenbeschränkungen zu lockern und durch Gewichtsbeschränkungen zu ersetzen. Dadurch wurden weniger Frontlenker benötigt, sodass Lastwagen in Haubenbauweise wieder vermehrt auf den Markt kamen.

Technisch kam es zu Verbesserungen, ohne die der heutige internationale Lastwagenverkehr nicht mehr denkbar wäre. Die Hersteller buhlten um die stärksten Motoren, von denen manche inzwischen weit über 400 PS hatten. Detroit Diesel war der erste Motorhersteller aus den USA, der für seine Motoren der Baureihe 60 ein elektronisches Einspritzsystem anbot. In puncto Sicherheit wurde 1986 der erste LKW mit Antiblockiersystem (ABS) eingeführt. Mercedes-Benz und Scania rüsteten ihre Lastwagen 1998 mit effizienten Scheibenbremsen aus, um den Bremsweg zu reduzieren. Und im selben Jahr führte Volvo Seitenairbags ein. Der vermehrte Einsatz von Luftfederungssystemen und die mittlerweile gut ausgebauten Straßen sorgten für einen bis dahin beispiellosen Fahrkomfort.

SCANIA
1980 Schweden

SCANIA SERIE 2

Zu Beginn der 1980er-Jahre entwickelte Scania mit der Serie 2 eine ökonomisch gut durchdachte LKW-Baureihe, die sich durch mehr Fahrkomfort, Zuverlässigkeit und einen geringen Kraftstoffverbrauch auszeichnete.

Scania war der Ansicht, dass sich Fahrzeuge durch die Verwendung gängiger Komponenten wirtschaftlicher und flexibler produzieren ließen. Mit der Umsetzung wurde der Ingenieur Stig Ericsson betraut. Die Entwicklung der Serie 2 hatte bereits 1974 eingesetzt, als die Konstrukteure die damaligen und zukünftigen Anforderungen der verschiedenen Marktsegmente zu untersuchen begannen. Ericsson war für die Entwicklung und Produktion der Karosserie verantwortlich. Zum Programm von Scania zählten nicht nur einheitliche Komponenten wie Motoren, Getriebe, Antriebswellen und Endantriebszahnräder, sondern auch Achsen, Rahmen und Fahrerhäuser.

Scania entwickelte ein breites LKW-Programm mit verschiedenen Gewichtsklassen zwischen 16 und 36 Tonnen. Obwohl die Serie 2 sehr einheitlich gebaut war, konnten die Fahrzeuge auf die gewünschten Anforderungsprofile abgestimmt werden.

Mehr Effizienz

Im Zuge dieser Neustrukturierung wurden die drei bisher angebotenen Fahrerhäuser durch ein einziges Fahrerhaus ersetzt. Obwohl es den Kunden weiterhin möglich war, entsprechend ihres Anforderungsprofils gezielt Fahrzeuge auszuwählen, brachte die Vereinheitlichung eine große Kostenersparnis. Darüber hinaus wurde erheblich weniger Blech verwendet. Auch das Unternehmen selbst wurde effizienter, da die durchschnittliche Arbeitszeit pro Fahrerhaus um 30 Prozent reduziert werden konnte.

Bei den Kunden kam dieses Konzept gut an. Bis die Baureihe 1988 ersetzt wurde, konnte das Unternehmen über 170000 Fahrzeuge in 116 verschiedenen Versionen absetzen. Für die LKW-Branche war besonders wichtig, dass die geringeren Produktionskosten die Laster preiswerter machten.

Oben: *Die Serie 2 von Scania war in vielen Versionen erhältlich. Hier sind von links nach rechts die Modelle 82M, 112E und 142H abgebildet.*

Ganz oben: *Ein einheitliches Fahrerhaus ersetzte die drei verschiedenen bisher angebotenen Versionen.*

Technische Daten

Land: Schweden
Gebaut seit: 1980
Motor: 7,8 oder 11 Liter Turbo
Getriebe: 5 oder 10 Gänge
Nutzlast: bis zu 36 Tonnen zulässiges Gesamtgewicht
Verwendungszweck: Langstreckentransporte
Besonderheit: effiziente und wirtschaftlichere Bauweise

VOLVO

1980 **Schweden**

VOLVO CH230

Volvo zählte mit seinem breiten LKW-Programm bereits Ende der 1970er-Jahre zu den weltweit führenden LKW-Herstellern. Der CH230 war für die gefährlich engen Bergstraßen der Schweiz gebaut.

Rechts: *Der schmale Volvo CH230 meisterte die Schweizer Bergstraßen.*

Oben: *Der CH230 war mit seinen vier Achsen stabil.*

Technische Daten

Land: Schweden
Gebaut seit: 1980
Motor: nicht bekannt
Getriebe: 8 oder 16 Gänge
Nutzlast: nicht bekannt
Verwendungszweck: Langstrecken, kurvige Bergstraßen
Besonderheit: speziell für die Schweiz entwickelt

Nachdem die Schweiz, deren Bergstraßen viel Fahrvermögen erforderten, einige harte Winter hinter sich hatte, beschloss der Schweizer Gesetzgeber, die Breite von Nutzfahrzeugen auf 2,3 m zu beschränken. Fast alle anderen europäischen Länder erlaubten mittlerweile eine Fahrzeugbreite von 2,5 m. Da lag die Vermutung nahe, dass die Maßnahmen des Schweizer Gesetzgebers darauf abzielten, Spediteure zu ermutigen, den Güterverkehr verstärkt auf die Schiene zu verlegen. Was immer die wahren Gründe auch gewesen sein mögen: Volvo wusste, dass die neue Baureihe FH10/FH12 in der Schweiz nicht zugelassen werden würde, da diese LKWs zu breit waren.

Der CH230

Um dennoch auch auf dem Schweizer Markt präsent zu sein, entwickelte Volvo das Modell CH230. Bei diesem Fahrzeug wurden Elemente des F89 mit der schmaleren Vorderachse des F86 und der schmaleren Hinterachse des N10 kombiniert. Das Ergebnis war ein enorm leistungsstarker LKW. Dennoch war diese Version nur eine provisorische Lösung. Wenig später stellte Volvo 1980 auf dem Genfer Automobilsalon eine neue Version des CH230 vor. Das Fahrwerk des neuen CH230 stammte vom F10/F12, die schmalen Achsen vom F7.

KENWORTH

1981 USA

KENWORTH C500

1981 führte das amerikanische Unternehmen Kenworth den Schwerlaster C500 ein. Dieses Fahrzeug sollte sich auf dem Markt als einer der stärksten, widerstandsfähigsten Schwerlaster etablieren.

Oben: *Der C500 wurde speziell für die Bauindustrie entwickelt.*

Der C500 wurde in 6x4- und 6x6-Konfiguration mit Motoren von Caterpillar, Cummins und Detroit Diesel angeboten. Frühe Versionen des Fahrzeugs wurden standardmäßig mit dem Sechszylindermotor NTC270 von Cummins mit 270 PS (201,3 kW) ausgerüstet. Darüber hinaus war der LKW mit einem Getriebe von Fuller und einfach übersetzten, bogenverzahnten Tandemhinterachsen ausgestattet.

Der aktuelle C500

Heute bezeichnet Kenworth den C500 als „wahres Arbeitstier". Der C500 eignet sich für die anspruchvollsten Schwerlastaufgaben auf dem Bau oder in der Wildnis. Das Fahrzeug wurde schon in den Urwäldern Südostasiens für Kohletransporte von mehr als 200 Tonnen sowie im Moor von Alberta zum Transport von Bohrtürmen eingesetzt.

Der C500 ist mit Längsträgern für schwere Einsatzarten ausgerüstet, um viel Material transportieren zu können. Die Achslast der Vorderachsen beträgt bis zu 13,6 Tonnen. Die Achslast der einfach untersetzten Tandemhinterachsen beträgt bis zu 31,7 Tonnen. Für den Einsatz im Gelände ist das Fahrzeug optional mit Luftfederung erhältlich.

Technische Daten

Land: USA
Gebaut seit: 1981
Motor: Caterpillar, Cummins und Detroit Diesel
Getriebe: Fuller RTO1157DL 8F
Nutzlast: nicht bekannt
Verwendungszweck: Bau, Schwerlasttransporte, Gelände
Besonderheit: Das Fahrzeug wurde in den Urwäldern Südostasiens eingesetzt.

MACK
1983 USA

MACK ULTRA-LINER

Als Mack den Ultra-Liner einführte, sprach das Unternehmen vom „LKW der Zukunft". Bei diesem Frontlenker hatte das Fahrerhaus aus glasfaserverstärktem Kunststoff Premiere.

Oben: *Die glasfaserverstärkte Kunststoffkonstruktion mit integriertem Stahlrahmen gewährleistete Korrosionsbeständigkeit und Langlebigkeit.*

Rechts: *Das leicht abgeschrägte Fahrerhaus sorgte für eine bessere Aerodynamik.*

Technische Daten

Land:	USA
Gebaut seit:	1983
Motor:	nicht bekannt
Getriebe:	5 oder 10 Gänge
Nutzlast:	bis zu 20 Tonnen
Verwendungszweck:	Langstreckentransporte
Besonderheit:	leicht abgeschrägter Aufbau

Der LKW war aerodynamisch, was bei einem Frontlenker kein Widerspruch sein muss. Das Fahrzeug hatte einen leicht abgeschrägten Aufbau, der für einen verbesserten Luftdurchsatz sorgte. Der LKW wurde oft mit späteren Modellen von MACK und den CL-Frontlenkern von Ford verwechselt. Der Ultra-Liner verfügte über einen auffälligen Kühlergrill mit integrierten rechteckigen Scheinwerfern.

Resistent gegen Rost

Der Laster war sehr leistungsstark. Seine Konstruktion basierte auf einem glasfaserverstärkten Kunststoff mit integriertem Stahlrahmen, sodass der LKW weniger anfällig für Korrosion war. Der Ultra-Liner war je nach Anforderungsprofil mit oder ohne Schlafkoje erhältlich.

Als die Längenbeschränkungen in den USA gelockert und Haubenfahrzeuge beliebter wurden, stellte Mack 1994 den Bau von Frontlenkern ein. Etwa zur gleichen Zeit erhöhte der LKW-Hersteller Renault, der bereits zu zehn Prozent an Mack beteiligt war, den Anteil an Mack auf 20 Prozent. Anschließend vertrieb Mack in Nordamerika Laster der mittleren Klasse von Renault. Die mittlere Baureihe bot hohen Fahrkomfort und für den Stadtverkehr viel Platz für Nutzlasten.

MITSUBISHI

1983 Japan

MITSUBISHI FUSO THE GREAT

Zehn Jahre, nachdem sich die Baureihe F etabliert hatte, wurden Optik und Innenausstattung der japanischen Lastwagen komplett neu gestaltet. Heraus kam The Great.

Oben: *The Great wurde von einem leistungsstarken Dieselmotor mit geringem Verbrauch angetrieben.*

Zu den Verbesserungen zählte das neue aerodynamische Fahrerhaus mit größerer Windschutzscheibe für eine bessere Sicht. Die Windschutzscheibe war zu jener Zeit in Japan die größte ihrer Klasse. Die schwebende Aufhängung des Fahrerhauses bot Komfort und sorgte für einen geringen Verschleiß der Komponenten. Seine Leistung bezog der neue Mitsubishi von einem Turbo-Dieselmotor mit Zwischenkühlung. Er überzeugte durch geringeren Kraftstoffverbrauch und gute Drehmomenteigenschaften. Einige neue Modelle waren mit Siebenganggetriebe und Overdrive erhältlich. Darüber hinaus waren manche Modelle mit dem Bordcomputer MCVOCII ausgerüstet, der Informationen zu Betriebsparametern für eine korrekte Wartung lieferte.

Technische Verbesserungen

Nach Einführung des The Great 1983 wurde die Baureihe F kontinuierlich weiterentwickelt. Fünf Jahre später stellte Mitsubishi weitere Neuheiten vor. Dazu gehörte die 1988 eingeführte, weltweit erste vorhubgesteuerte Einspritzpumpe für Dieselmotoren. Außerdem führte Mitsubishi ein Finger-Control-Getriebe und das MMAT-Automatikgetriebe ein. Im Jahr darauf bot Mitsubishi LKWs mit neuer ABS-Technologie an. 1991 entwickelte das Unternehmen den Rahmen Super Frame, der eine einfachere Montage des hinteren Aufbaus ermöglichte und eine höhere Belastbarkeit sowie ein geringeres Gesamtgewicht hatte. Diese Neuerungen machten den Laster besser und ökonomischer zugleich.

Technische Daten

Land: Japan

Gebaut seit: 1983

Motor: 6D22T2 Dieselmotor

Getriebe: 7-Gang-Getriebe mit Overdrive

Nutzlast: nicht bekannt

Verwendungszweck: Lieferwagen, Transporter

Besonderheit: schwebende Aufhängung des Fahrerhauses

DAIMLER-BENZ
1984 **Deutschland**

MERCEDES-BENZ LK

1984 überarbeitete Daimler-Benz seine leichten LP-Modelle und ersetzte sie durch die so genannte „Leichte Klasse“ (LK), die auch Baureihe LN2 hieß. Eine offizielle Bezeichnung hat diese Baureihe nie erhalten.

Oben: *Die vielseitige Baureihe LK war in zahlreichen Größen und Ausstattungen erhältlich.*

Technische Daten

Land: Deutschland
Gebaut seit: 1984
Motor: OM 364 und OM 366
Getriebe: 5 Gänge, Kegelradantrieb
Nutzlast: bis zu 13 Tonnen zulässiges Gesamtgewicht
Verwendungszweck: Lieferwagen, Fernverkehr
Besonderheit: kippbares Fahrerhaus

Die neuen, leichten Laster hatten kippbare Fahrerhäuser für einen besseren Zugang zum Motor. Darüber hinaus erhielten sie eine neue Optik, die das Design der 1977 eingeführten Baureihe Bremen widerspiegelte.

Die Lastwagen der leichten Klasse waren mit 6,5 bis 13 Tonnen Gesamtgewicht sowie mit 90 bis 204 PS (67,1 bis 152,1 kW) starken Motoren erhältlich.

Außerdem gab es eine Version mit Fernverkehrsfahrerhaus, was dieses Modell in jener Zeit zu einem der vielseitigsten Laster werden ließ. Bei der leichten Klasse wurden auch erstmals Niederquerschnittreifen für einen geringeren Rollwiderstand eingesetzt.

Anspruchsvolle Motoren

Die neuen Vier- und Sechszylindermotoren OM 364 und OM 366 der LK-Modelle gingen zwar auf den 1949 eingeführten Motor OM 312 zurück, waren jedoch im Vergleich zu ihrem älteren Vorgänger technisch wesentlich ausgefeilter.

1996 modernisierte Daimler-Benz seine Motoren. Die wichtigste Neuerung war die Motorenbaureihe 900 ECO POWER. Dabei handelte es sich um Vierzylinder-Turbo-Reihenmotoren mit Zwischenkühlung.

KENWORTH

1985 USA

KENWORTH T600A/T800

Im Jahr 1985 führte Kenworth das Modell T600A ein, eine Zugmaschine in Haubenbauweise mit abgeschrägter Motorhaube und zurückgesetzter Vorderachse. Die Trucks ließen sich gut fahren.

Anfangs waren die LKW-Fahrer von dem revolutionären Design nicht begeistert. Echte Cowboys der Landstraße bevorzugten noch immer die lang gezogenen, eckigen Motorhauben, die Kenworth bislang anbot. Die neue Optik des T600A war in der Tat gewöhnungsbedürftig. Als jedoch die Dieselpreise in die Höhe schossen, gaben die Fahrer dem Fahrzeug eine Chance.

Kraftstoffersparnis

Der T600A war aerodynamischer als seine Vorgänger, sodass die Laster bis zu 22 Prozent weniger Kraftstoff verbrauchten. Im Vergleich mit dem Haubenfahrzeug Kenworth W900 konnte die Aerodynamik beim T600A um 40 Prozent verbessert werden. Das Unternehmen gestand ein, dass es ursprünglich Zweifel an der Optik der Laster hatte. Schließlich sollte sich jedoch die mutige Entscheidung für das Modell auszahlen, die Verkaufszahlen sprachen für sich.

Aufgrund des großen Erfolgs des T600A stellte Kenworth bereits ein Jahr später den T800 vor. Dieser Lastwagen hatte zwar eine zurückgesetzte Vorderachse, um beweglicher

Oben: *Die Modelle T600A und T800 (hier abgebildet) machten Mitte der 1990er-Jahre 50 Prozent der gesamten Produktion von Kenworth aus.*

Ganz oben: *Der Laster T600A verbrauchte wenig Kraftstoff.*

zu sein, war jedoch für Schwertransporte gedacht.

Darüber hinaus war das Fahrzeug auch für Einsätze im Gelände geeignet. Es wurde für Holztransporte und im Bergbau eingesetzt. Seit ihrer Einführung entwickelten sich die Modelle T600 und T800 kontinuierlich weiter. Sie machten Mitte der 1990er-Jahre 50 Prozent der gesamten Produktion von Kenworth aus. Während die Konstrukteure weiter nach Möglichkeiten suchten, den Kraftstoffverbrauch zu senken, schienen die Dieselpreise zum Bedauern der Spediteure mit jeder Verbesserung weiter anzusteigen.

Der aktuelle T600

Kenworth behauptet, dass der T600 in puncto Aerodynamik, Leistungsstärke und Fahrkomfort konkurrenzlos sei. Der LKW eignet sich wegen seiner aerodynamischen Eigenschaften, der Beweglichkeit der zurückgesetzten Vorderachse und der Gewichtsverteilung ideal für den Linienverkehr (Transport von Gütern zwischen zwei Unternehmensstandorten). Er ist in zahlreichen Ausführungen erhältlich.

Die Fahrer schätzen das Fahrerhaus, das einen geringen Geräuschpegel aufweist, und die konventionelle Positionierung der Anzeigeinstrumente. Dank der Vorderachsfederung, der 8-Balg-Luftfederung sowie der Fahrerhaus- und Schlafkabinenaufhängung zeichnet sich dieser LKW durch sein ruhiges Fahrverhalten aus. Darüber hinaus ist der T600 leicht zu warten und für seinen hohen Wiederverkaufswert bekannt. Er ist inzwischen zu einem Kassenschlager des Unternehmens geworden.

Bis zu 600 PS

Der aktuelle T600 ist mit verschiedenen Motoren und bis zu 600 PS (447,4 kW) erhältlich. Die Achslast der Vorderachsen beträgt zwischen 5,5 und 6,6 Tonnen, die der Hinterachsen zwischen 10,4 Tonnen für Einachser und 20,9 für Doppelachser. Der T600 wird mit Schlafkabinen von 96,5 cm (AeroCab FlatTop) bis 2,18 m (Studio AeroCab) angeboten.

Technische Daten

Country: USA
Gebaut seit: 1985
Motor: diverse
Getriebe: 9 oder 15 Gänge
Nutzlast: nicht bekannt
Verwendungszweck: Langstreckentransporte
Besonderheit: abgeschrägte Motorhaube

Unten: *Der aerodynamische T600A kam ohne die lang gezogene Motorhaube aus, für die Kenworth bekannt war.*

IVECO
1984 **Italien**

IVECO TURBOSTAR

Iveco wurde Mitte der 1970er-Jahre gegründet, und der Mehrheitseigner FIAT bestimmte im Wesentlichen die Geschicke der Holding. Der TurboStar machte seinem Namen alle Ehre.

Technische Daten

Land: Italien
Gebaut seit: 1984
Motor: Iveco 8210 oder Iveco 8280
Getriebe: 8 Gänge, Kegelradantrieb
Nutzlast: nicht bekannt
Verwendungszweck: Schwertransporte, Fernverkehr
Besonderheit: Transporteur von Formel-1-Rennwagen

Oben: *Der TurboStar brachte es bis auf 420 PS.*

Iveco führte 1984 den TurboStar ein, der in der Transportbranche einiges Aufsehen erregte und dazu beitrug, dass sich das Unternehmen in der Nutzfahrzeugindustrie als wichtiger Mitbewerber etablieren konnte. Der TurboStar war im Schwerlastsektor erfolgreich. Besonders das Fahrerhaus und der Motor kamen gut an.

Das Fahrerhaus ähnelte äußerlich zwar den Kabinen von FIAT, neu war allerdings die Innenhöhe von 1,7 m. Das Fahrerhaus war komfortabler als andere herkömmliche Fahrerhäuser jener Zeit und die Aufhängung, die für ein besseres Fahrverhalten sorgte, trug ebenfalls zur Beliebtheit des TurboStar bei. Doch nicht nur das.

Transporter von Rennwagen

Eine bessere Werbung konnte es für den Lastwagen nicht geben: Der Iveco TurboStar wurde als Autotransporter des Formel-1-Teams von Ferrari auserkoren und entsprechend berühmt. Der TurboStar war mit zwei verschiedenen Motoren erhältlich: dem Modell 8210 Sechszylinder-Turbo-Reihenmotor mit einem Hubraum von 13,8 Litern und 330 PS (246 kW) und dem Modell 8280 mit einem Hubraum von 17,2 Litern und 420 PS (313,1 kW). Letzterer, ein V8-Motor, zählte damals zu den stärksten erhältlichen Maschinen und zeichnete den TurboStar für Schwertransporte aus. Das Fahrzeug kam entsprechend vor allem im Fernverkehr zum Einsatz.

SCANIA

1988 Schweden

SCANIA SERIE 3

1988 entwickelte das schwedische Unternehmen Scania die preisgekrönte Serie 3. Die meisten Neuerungen zu der vorherigen Serie 2 betrafen das ausgefeiltere Antriebssystem.

Oben: *Die Laster der Serie 3 hatten viel Fahrkomfort und bessere Abgaswerte.*

Rechts: *Die LKWs von Scania waren individuell anpassbar und in zahlreichen Ausführungen erhältlich.*

Technische Daten

Land: Schweden
Gebaut seit: 1988
Motor: diverse
Getriebe: 5 oder 10 Gänge, Kegelradantrieb
Nutzlast: nicht bekannt
Verwendungszweck: Langstreckentransporte
Besonderheit: „LKW des Jahres" 1989

Nicht nur die Antriebskomponenten waren neu. Das Armaturenbrett der Baureihe 2 wurde durch eine ergonomischere Version ersetzt, die dem Fahrer einen besseren Überblick über wichtige Anzeigeinstrumente bot. Darüber hinaus gewährleistete die Vierpunkt-Kabinenaufhängung ein besseres Fahrverhalten.

Die Serie 3 kam sehr gut an und wurde 1989 in Europa zum „LKW des Jahres" gewählt. Damit bekam erstmals eine gesamte Baureihe diesen Preis. Die Juroren begründeten ihre Entscheidung wie folgt: „Hoher technologischer Standard, höchster Fahrkomfort in Kombination mit hohen Sicherheitsstandards für Fahrer und Beifahrer, moderne, besonders zuverlässige Motoren mit geringem Kraftstoffverbrauch."

Modularbauweise

Mit der Entwicklung der Serie 3 setzte Scania seine auch ökonomisch durchdachte Bauweise fort. Der LKW-Hersteller lieferte maßgeschneiderte Laster, die auf das Anforderungsprofil der jeweiligen Kunden individuell zugeschnitten waren. Dabei konnten die Kunden viele Komponenten ihres Lasters selbst auswählen.

DAIMLER-BENZ

1988 Deutschland

MERCEDES-BENZ SK

1988 entwickelte Daimler-Benz aus der Baureihe NG (Neue Generation) die Baureihe SK (Schwere Klasse). Die Optik spiegelte das Design der beliebten Baureihe NG wieder.

Oben: *1991 führte Daimler-Benz die LEV-Motoren (Low Emission Vehicle) ein, mit denen die Schadstoffemissionen um mehr als die Hälfte reduziert werden konnten.*

Links: *Der berühmte Mercedes-Stern geht auf das Jahr 1926 zurück, als Daimler mit Benz fusionierte. Dabei wurde der Dreizack von Daimler mit dem Lorbeerring von Benz kombiniert.*

Technische Daten

Land: Deutschland

Gebaut seit: 1988

Motor: Motoren von Mercedes-Benz

Getriebe: 12 Gänge, Kegelradantrieb

Nutzlast: nicht bekannt

Verwendungszweck: Langstreckentransporte

Besonderheit: vorübergehend einer der stärksten LKWs Europas

Dennoch sollte die Baureihe SK eine eigene Identität bekommen, denn sie war optisch an den neuen Fenstern mit schräger Brüstung und dem breit gezogenen Kühlergrill zu erkennen.

Hohe Motor- und Bremsleistung

Das neu gestaltete Fahrerhaus bot dem Fahrer eine komfortablere Arbeitsumgebung. Außerdem waren für die Baureihe Motoren in Leistungsvarianten mit 260 bis 475 PS (193,8 bis 354,2 kW) erhältlich, die für ein besseres Fahrverhalten sorgten. Die Version mit 475 PS gehörte seinerzeit zu den stärksten LKW-Motoren Europas. 1994 sollten die Motoren der Baureihe 400 sogar eine Leistung von 530 PS (395,2 kW) erzielen.

Eine weitere wichtige Entwicklung der Baureihe SK war die verbesserte Bremsleistung. Die Motorbremse war mit einer Konstantdrossel ausgestattet, was die Bremsleistung erheblich verbesserte. Diese Technologie sollte später als Dekompressionsbremse bezeichnet werden.

Zu dieser Zeit waren saubere Motoren gefragt. Auch die Motoren der Baureihe SK trugen zu einer Entlastung der Umwelt bei. 1991 führte Daimler-Benz die LEV-Motoren ein (Low Emission Vehicle = Niedrigemissionsfahrzeug), mit denen die Schadstoff- und Partikelemissionen um mehr als die Hälfte reduziert werden konnten. Dieser Erfolg lag zum Teil an der neu entwickelten Einspritzsteuerung „Electronic Diesel Control“ (EDC).

MACK

1988 USA

MACK CH

1988 führte Mack in Nordamerika das CH-Programm ein. Die vielseitigen Laster mit nach vorne gesetzter Achse wurden im Fernverkehr und für Rangieraufgaben eingesetzt.

Rechts: *Mack warb mit der Vielseitigkeit der Baureihe CH.*

Technische Daten

Land: USA

Gebaut seit: 1988

Motor: Mack ASET

Getriebe: 10 Gänge, Kegelradantrieb

Nutzlast: nicht bekannt

Verwendungszweck: Schwertransporte, Spezialfahrzeug

Besonderheit: Eine nach vorne gesetzte Achse sorgte für eine bessere Manövrierfähigkeit.

Zum CH-Programm gehörte ein Fahrzeug mit Tagesfahrerhaus, das als Transporter, Liefer- oder Pritschenwagen erhältlich war. Mack stellte den CH als überaus vielseitiges Fahrzeug vor, das beispielsweise als Schwertransporter und Spezialfahrzeug fungierte. Darüber hinaus war der LKW in zahlreichen Leistungsvarianten und mit verschiedenen Getrieben erhältlich, die optimalen Fahrkomfort bieten sollten.

Bei der Fahrerhauskonstruktion des CH wurde ein modernes ergonomisches Design mit Elementen traditioneller Schwerlaster kombiniert. So waren die Schalter und Anzeigeinstrumente des beleuchteten Armaturenbretts für den Fahrer leicht erreichbar und bequem ablesbar. Das Fahrerhaus war luftgefedert, um ein ruhiges Fahrverhalten zu gewährleisten, und bot aufgrund der abgeschrägten Motorhaube eine bessere Sicht.

Verschiedene Schlafkabinen

Mack bot für die Baureihe CH drei verschiedene Schlafkabinen mit Höhen von 1,21 m, 1,42 m und 1,77 m an. Die Konstrukteure hatten beim Fahrerhaus jeden Zentimeter genutzt, um Stauraum zu schaffen, so auch unterhalb der Schlafkoje. Eine verbesserte Isolierung der Koje rundete die komfortable Innenausstattung ab.

VOLVO

1989 Schweden

VOLVO NL-SERIE

Mit Ausnahme von Volvo konzentrierten sich die meisten europäischen LKW-Hersteller auf den Bau von Frontlenkern. Das schwedische Unternehmen bot hingegen zahlreiche Lastwagen in Haubenbauweise an.

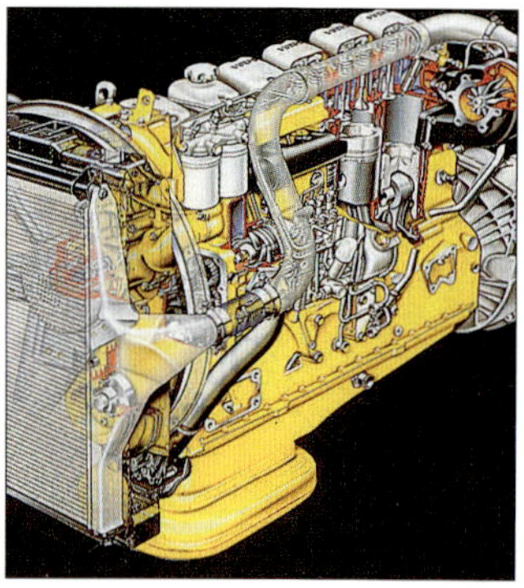

Oben: *Die Baureihe NL war mit einem leistungsstarken Zehn- oder Zwölflitermotor erhältlich.*

Links: *Obwohl man in Europa Frontlenker bevorzugte, baute Volvo auch Haubenfahrzeuge. Die Baureihe NL war in Brasilien sehr gefragt.*

Technische Daten

Land: Schweden

Gebaut seit: 1989

Motor: 10- und 12-Liter-Motoren von Volvo

Getriebe: 8 oder 16 Gänge, Kegelradantrieb

Nutzlast: nicht bekannt

Verwendungszweck: Langstreckentransporte

Besonderheit: für den brasilianischen Markt entwickelt

Das Modell N wurde kontinuierlich weiterentwickelt, um mittels geräumigerer Fahrerhäuser und sparsamerer Motoren höchsten Fahrkomfort zu bieten. Wie bei der Baureihe F wurden auch bei diesen Fahrzeugen moderne Getriebe und Fahrgestellkomponenten eingesetzt. Die meisten Lastwagen der Baureihe N waren mit oder ohne Schlafkabine sowie mit Doppelkabine erhältlich.

Die ersten Fahrzeuge der Baureihe N – die Modelle N7, N10 und N12 – kamen 1973 auf den Markt. Sie waren in Brasilien und anderen Überseeländern sehr erfolgreich. 1989 führte das Unternehmen die verbesserte Baureihe NL ein.

Geräumiges Fahrerhaus

Die Modelle NL10 und NL12 waren aerodynamischer als ihre Vorgänger, wobei das Design zum Teil auf Volvos LKW-Programm für den US-Markt zurückging.

Die neuen Laster waren bei den brasilianischen Fahrern sehr beliebt, da die lang gezogene Motorhaube für mehr Platz im Fahrerhaus sorgte. Außerdem war die andere Seite des Fahrerhauses dadurch besser zugänglich. Darüber hinaus war der Innenraum gegenüber dem Motorraum besser isoliert. Die Modelle NL10 und NL12 wurden in Brasilien so beliebt, dass sie schon bald die anderen Fahrzeuge der Baureihe N ersetzten.

KENWORTH
1989 USA

KENWORTH W 900L

Ende 1989 stellte Kenworth den W 900L mit verlängerter Motorhaube vor. Dabei handelte es sich um eine spezielle Variante des W 900, der nun schon seit mehr als vier Jahrzehnten gebaut wird.

Rechts: *Der Kenworth W 900L ist mit seinem massiven, eckigen Kühler und dem externen Luftfiltergehäuse aus Edelstahl ein echter amerikanischer Truck.*

Technische Daten

Land: USA
Gebaut seit: 1989
Motor: Caterpillar oder Cummins
Getriebe: 9 oder 15 Gänge, Kegelradantrieb
Nutzlast: bis zu 200 Tonnen Zuggesamtgewicht, standardmäßig 80 Tonnen Zuggesamtgewicht
Verwendungszweck: Langstreckentransporte
Besonderheit: verlängerte Motorhaube

Mit der Einführung der neuen Sechszylinder-Turbo-Reihenmotoren mit Nachkühlung von Cummins und Caterpillar (mit bis zu 600 PS/447 kW) hatte Kenworth beim berühmten W 900 einiges verbessert. Inzwischen waren eine längere Motorhaube und ein größerer Kühler erforderlich. Das Ergebnis dieser Weiterentwicklung war der neue W 900L. Die glasfaserverstärkte Motorhaube war so lang, dass sie leicht abgeschrägt werden musste, um eine gute Sicht zu gewährleisten.

Klassisches Design

Natürlich blieb beim W 900L das klassische Design seiner Vorgänger mit viel Chrom, dekorativen Edelstahlelementen und individueller Polsterung unverändert. Derzeit werden drei Hauptausstattungen (Splendor, Diamond und Diamond VIT) mit 19 Farboptionen für den Innenraum angeboten. In puncto Komfort bieten die handgefertigte Schlafkabine „Studio Sleeper“ und die Schlafkabinen vom Typ „Aerocab/Aerodyne“ viel Platz und eine gemütliche Atmosphäre. Um Gewicht einzusparen, wurden die Schlafkabinen aus korrosionsresistentem Aluminium und Fiberglas hergestellt. Eine moderne Luftfederung sorgt für ein ruhiges Fahrverhalten.

Der W 900L wurde speziell für den Fernverkehr und den Einsatz auf Bergstraßen entwickelt. Er hat einen hohen Wiederverkaufswert und gilt als Kenworths Speerspitze, auch wenn die Verkaufszahlen nach Einführung der Modelle T 600 und T 800 zurückgingen.

IVECO

1990er-Jahre Italien

IVECO EURO

Anfang der 1990er-Jahre führte das italienische Unternehmen Iveco das Euro-Programm ein. Das Gewicht der LKWs passte sich den zulässigen Richtwerten der jeweiligen Länder an.

Oben und ganz oben: *Das neue Iveco-MP-Fahrerhaus (Multi-Purpose) bot viel Komfort.*

Die Euro-Baureihe kam in der Transportbranche gut an. Die Modelle EuroCargo und EuroTech wurden 1992 und 1993 jeweils zum „LKW des Jahres" gewählt. Erstmals in der 17-jährigen Geschichte dieses prestigeträchtigen Preises sollte ein Unternehmen den Preis in zwei aufeinander folgenden Jahren gewinnen.

Der EuroStar war in mehreren Ausführungen erhältlich, darunter als Version mit Aufliegern oder als Fernlastzug mit zulässigen Gesamtgewichten bis zu 90 Tonnen. Der LKW wurde als Straßenfahrzeug vertrieben und hatte einen V8-Turbo-Dieselmotor von Iveco mit 514 PS (383,2 kW). Darüber hinaus fuhr der LKW auch mit einem Dieselmotor der Baureihe 60 von Detroit. Der EuroStar war mit Komponenten zahlreicher Hersteller wie beispielsweise Eaton und Meritor ausgestattet.

EuroTech und EuroTrakker

Der EuroTech war ebenfalls in verschiedenen Ausführungen erhältlich, unter anderem als Lieferwagen, Fernlastzug und Kipplaster. Das Fahrzeug wurde mit Motoren von Iveco, Cummins oder Detroit Diesel angeboten. Der EuroTrakker war ein beliebtes Baustellen- und Geländefahrzeug. Der LKW zählte zu den modernsten Baufahrzeugen und verfügte über extrem hohe Drehmomente bei niedrigen Drehzahlen. Die Fahrerhauswände waren beidseitig verzinkt und sorgten für einen optimalen Schallschutz.

Technische Daten

Land: Italien

Gebaut seit: 1990

Motor: 3,9 oder 17,2 Liter

Getriebe: 12 Gänge, Kegelradantrieb

Nutzlast: 3 bis 24 Tonnen

Verwendungszweck: Transporter, Fernlastzug, Kipplaster, Zugmaschine

Besonderheit: Das EuroCargo-Fahrerhauses entwarf die berühmte italienische Firma Stile Bertone.

MITSUBISHI
1993 Japan

MITSUBISHI FUSO GOOD TRUCK

Der japanische Hersteller Mitsubishi, dessen letzte Version des Fuso The Super Great hieß, gab der sechsten Generation des Canter den schlichten Namen Good Truck. Die Einführung der neuen Generation stellte das fünfte Update in der 20-jährigen Geschichte des Canter dar.

Technische Daten

Land: Japan
Gebaut seit: 1993
Motor: Motor von Mitsubishi
Getriebe: 5 Gänge, Kegelradantrieb
Nutzlast: 2 bis 4 Tonnen
Verwendungszweck: Lieferwagen, Transporter
Besonderheit: Flüssigkeitsfederung des Fahrerhauses

Oben: *Die neu gestalteten Scheinwerfer boten bei Nacht eine bessere Sicht.*

Die sechste Generation des Canter wurde 1993 anlässlich des zwanzigsten Geburtstags des Lastwagens eingeführt. Der neue Canter hatte ein abgerundetes, aerodynamischeres Fahrerhaus. Dazu kamen Hochleistungsmotoren wie der neue 140-PS-Motor (104,3 kW) mit selbstansaugender Direkteinspritzung, der zu diesem Zeitpunkt der leistungsstärkste seiner Klasse war. Mitsubishi hatte den Canter neu gestaltet, um ein leistungsfähiges, komfortables und multifunktionales Fahrzeug anbieten zu können. Dazu zählten die Projektorscheinwerfer, die bei Nacht eine bessere Sicht boten.

Flüssigkeitsfederung

Bei der sechsten Canter-Generation wurde erstmals eine Flüssigkeitsfederung integriert. Darüber hinaus hatte der LKW eine unabhängige Vorderradaufhängung, die eher dem Fahrkomfort eines Luxuswagens als dem eines typischen Lieferwagens entsprach. Die Innenausstattung war elegant und bot erhöhten Komfort und eine verbesserte Ergonomie.

VOLVO
🛠 **1993 Schweden**

VOLVO FH-SERIE

Die 1993 eingeführte Baureihe FH sollte zu einer beispiellosen Erfolgsstory werden. Die Modelle FH12 und FH16 zählen zu den beliebtesten Lastwagen der LKW-Geschichte.

Ein wichtiger Faktor für den Erfolg der Baureihe FH war die innovative Technologie, die auch für eine verbesserte Kraftstoffausnutzung verantwortlich war. Das Modell FH12 hatte einen neuen, von Volvo entwickelten Zwölflitermotor vom Typ D12A. Der FH16 war mit einem modernisierten 16-Liter-Motor von Volvo ausgestattet, der erstmals 1987 beim F16 zum Einsatz kam.

Der D12A war für Kunden beiderseits des Atlantiks konzipiert worden. Dabei handelte es sich um den ersten in Europa entwickelten Dieselmotor mit einem elektronisch gesteuerten Hochdruckeinspritzsystem und oben liegender Nockenwelle mit vier Ventilen pro Zylinder. Diese Kombination brachte eine wirkungsvollere Motoratmung, die für eine hohe Leistung und einen geringeren Kraftstoffverbrauch sorgte. Diese Technologie wurde zuvor nur im modernen PKW-Bau eingesetzt. Darüber hinaus ließ sich mit dieser Technologie der Schadstoffausstoß senken, was in den 1990er-Jahren ein wichtiges Thema war. Zudem war der D12A mit einer von

Oben: *Der FH16 ähnelte äußerlich zwar dem FH12, hatte jedoch einen leistungsstärkeren 16-Liter-Motor.*

Ganz oben: *1994 und 2000 wurde die Baureihe FH zum „LKW des Jahres" gewählt.*

Volvo entwickelten effektiven Motorbremse ausgerüstet. Die Motorbremse war notwendig, da die höheren Durchschnittsdrehzahlen des Motors die Bremsen stärker beanspruchten. Volvos Unfallkommission gab ihr Know-how an die Konstrukteure weiter, damit die Baureihe FH noch sicherer wurde.

Aerodynamisches Fahrerhaus

Bei der Entwicklung der Fahrerhäuser der Modelle FH12 und FH16 standen die Sicherheit des Fahrers sowie der Kraftstoffverbrauch im Mittelpunkt. Es wurde ein aerodynamisches Fahrerhaus in Leichtbauweise entwickelt. Die Konstrukteure achteten auch darauf, dass das Fahrerhaus gut isoliert und komfortabel war. Die Modelle FH12 und FH16 waren mit drei Fahrerhausversionen erhältlich. Dazu zählten ein kurzes Tagesfahrerhaus, ein längeres Fahrerhaus mit Schlafkoje sowie ein geräumiges Fahrerhaus mit Schlafkoje, in dem man aufrecht stehen konnte: das Modell Globetrotter. Zwei Jahre später wurde das noch geräumigere Modell Globetrotter XL eingeführt.

Weitere Verbesserungen

Der 1995 eingeführte FH war laut Volvo der erste Schwerlaster mit Seitenairbag. Mit der Einführung des Seitenairbags setzte der LKW in puncto Sicherheit neue Maßstäbe. 1998 wurden die Fahrzeuge der Baureihe FH umgestaltet, und das 2000 vorgestellte Programm wurde zum zweiten Mal zum „LKW des Jahres" gewählt. Erstmals war die Baureihe nach ihrer Einführung im Jahre 1994 mit dem Preis ausgezeichnet worden. Auch die Optik des Lastwagens war neu. Die Front des Fahrerhauses wurde modifiziert, um den Luftdurchsatz zu verbessern und die Effizienz der Scheinwerfer zu erhöhen. Eine weitere technische Sicherheitseinrichtung waren neue, elektronisch gesteuerten Scheibenbremsen.

Ende der 1990er-Jahre wurde schließlich der neue D12C-Motor eingeführt. Dieser war komplett umgerüstet worden, um eine höhere Leistung, einen geringeren Kraftstoffverbrauch, eine längere Lebensdauer und bessere Umwelteigenschaften zu gewährleisten. Der neue Motor sollte die ab 2001 geltenden Abgasgrenzwerte erfüllen.

Die Produktion des Modells FH16 wurde zwar 2001 eingestellt, aber Volvo stellte bereits 2003 einen völlig neuen direkteinspritzenden Sechszylinder-Dieselmotor mit 16 Litern Hubraum, oben liegender Nockenwelle und elektronisch gesteuertem Hochdruckeinspritzsystem vor.

Technische Daten

Land: Schweden
Gebaut seit: 1993
Motor: Volvo D12 A
Getriebe: 9 oder 14 Gänge, Kegelradantrieb
Nutzlast: 10 bis 40 Tonnen
Verwendungszweck: Langstrecken- und Holztransporte
Besonderheit: geringerer Geräuschpegel

Links: *Der Globetrotter XL hatte ein geräumiges Fahrerhaus.*

ERF
1993 **Großbritannien**

ERF EC

ERF bezog als erster Hersteller die Meinung von LKW-Fahrern in die Entwicklung eines Lasters ein. Daraus resultierte die Baureihe EC mit einer erhöhten Schlafkoje und einem Rundum-Armaturenbrett.

Zu den weiteren Neuheiten, die sich die Fahrer wünschten, zählten elektronisch verstellbare Spiegel sowie zusätzlicher Stauraum unterhalb der Schlafkabine. Das Fahrerhaus war sehr geräumig. Zur Baureihe EC gehörten die Modelle EC8, EC10, EC12 und EC14, wobei der EC10 das geläufigste Modell war. Das Fahrzeug hatte einen Sechszylindermotor von Cummins mit 10 Litern Hubraum und Leistungsvarianten von bis zu 350 PS (260,9 kW) und entsprach der Abgasnorm Euro 1. Innerhalb weniger Jahre wurden noch leistungsstärkere Laster angeboten, darunter der EC14 mit einer Motorleistung von 525 PS (391,4 kW). Zu diesem Zeitpunkt mussten die Motoren die Abgasnorm Euro 2 erfüllen. Während die Fahrer die zahlreichen Verbesserungen am Fahrerhaus begrüßten, waren die Spediteure von dem geringen Kraftstoffverbrauch beeindruckt, den das verbesserte Einspritzsystem ermöglichte.

Kontinuierliche Weiterentwicklung

ERF befragte weiterhin seine Kunden, um die Wünsche der Fahrer für zukünftige Versionen der Baureihe EC in Erfahrung zu bringen. Daraufhin wurde das Armaturenbrett abgesenkt, um eine bessere Sicht zu gewährleisten, und mehr Fußraum geschaffen. Auch wurden die Sitze und die Heizung verbessert.

Oben: *Der Motor des EC 14 war ideal für Schwertransporte.*

Technische Daten

Land: Großbritannien
Gebaut seit: 1993
Motor: 8 oder 14-Liter-Motor von Cummins
Getriebe: 9 oder 12 Gänge, Kegelradantrieb
Nutzlast: nicht bekannt
Verwendungszweck: Langstreckentransporte
Besonderheit: Wünsche der Fahrer berücksichtigt, geringer Kraftstoffverbrauch

ASHOK
1994 Indien

ASHOK LEYLAND CARGO

Oben: *Auch der Transport von Elefanten gehörte zu den Aufgaben des Leyland Cargo.*

Der Cargo war das erfolgreichste Fahrzeug von Ashok Leyland. Dieser Lastwagen setzte in der indischen Transportbranche neue Maßstäbe.

Technische Daten

Land: Indien
Gebaut seit: 1994
Motor: selbstansaugender Dieselmotor von Iveco
Getriebe: 5-Gang-Synchrongetriebe
Nutzlast: nicht bekannt
Verwendungszweck: Lieferwagen, Transporter, Müllfahrzeug
Besonderheit: umweltfreundlicher LKW der mittleren Klasse

Rechts: *Der Cargo diente als Kipper, Müll- oder Feuerwehrfahrzeug.*

Der Cargo diente unter anderem als Müllfahrzeug, Transporter und Feuerwehrauto. In den meisten Fällen war das Fahrzeug mit einem selbstansaugenden Dieselmotor von Iveco und einem Fünfgang-Synchrongetriebe ausgerüstet.

Indiens hochmoderne Laster

Der umweltfreundliche LKW entsprach dem neuesten Stand der Technik. Der erfahrene Hersteller legte Wert auf Fahrkomfort, Sicherheit und Zuverlässigkeit. Das Unternehmen zählte bereits zu den weltweit führenden Herstellern von Spezialfahrzeugen. Außerdem war Ashok Leyland das erste Unternehmen, das in Indien Mehrachser einführte. Der LKW-Hersteller verfügte über die entsprechenden Partner. Ashok Leyland kooperierte auch mit Iveco, dessen Nutzfahrzeug-Technologie in die Entwicklung des Cargo einflossen. Um mit der Produktion des Cargo beginnen zu können, waren Investitionen in Höhe von 200 Millionen US-Dollar erforderlich.

KENWORTH
1994 USA

KENWORTH T300

Mit der Einführung des T300 betrat Kenworth 1994 den Markt für Haubenfahrzeuge der mittelschweren Klasse. Der T300 war für Käufer bestimmt, die einen hochwertigen LKW suchten.

Oben: *Das Modell T300 hatte bis zu 330 PS.*

Der Lastwagen T300 hatte ein modifiziertes T600-Fahrerhaus und ein zulässiges Gesamtgewicht von 13,6 Tonnen. Allerdings waren auch Ausführungen mit höheren Achslasten erhältlich. Die T300-Zugmaschine hatte indes ein Zuggesamtgewicht von 29,5 Tonnen.

Maßgeschneiderte Trucks

Der LKW war robust und verfügte über langlebige Materialien. Bei dem Fahrzeug wurde auf Komponenten anderer Lastwagen zurückgegriffen, um die Wartung zu erleichtern. Der T300 war je nach Wunsch für Fahrzeuge der mittleren Klasse individuell anpassbar. Er diente als Transporter, Tankwagen, Gastransporter, Betonmischer, Kipper, Müllfahrzeug, Abschleppwagen, Expressguttransporter, Feuerwehrauto und Kühlfahrzeug.

Das Ziel von Kenworth war, ein äußerst rentables Fahrzeug zu bauen, das dem Ruf des Unternehmens als führender Hersteller von Schwerlastern der Klasse 8 gerecht würde. Zu den entscheidenden Verkaufsargumenten für den Kenworth T300 zählten Beweglichkeit, gute Sicht und Vielseitigkeit. Der LKW hatte eine um 20 Grad abgeschrägte Motorhaube und einen Radwinkel von 50 Grad. Die durchgehende Windschutzscheibe bot bessere Sicht, und die Türen boten dem Fahrer mittels der Fenster im unteren Bereich Bodensicht. An der Motorhaube des Fahrerhauses waren leicht einstellbare Bügelspiegel angebracht. Das Fahrerhaus bestand aus Aluminium und Fiberglas.

Technische Daten

Land: USA
Gebaut seit: 1994
Motor: diverse Motoren von Cummins und Caterpillar
Getriebe: diverse mechanische Getriebe und Automatik
Nutzlast: 8 bis 18 Tonnen
Verwendungszweck: diverse
Besonderheit: Türen boten dem Fahrer seitliche Bodensicht.

VOLVO

🛠 **1995 Schweden**

VOLVO ECT

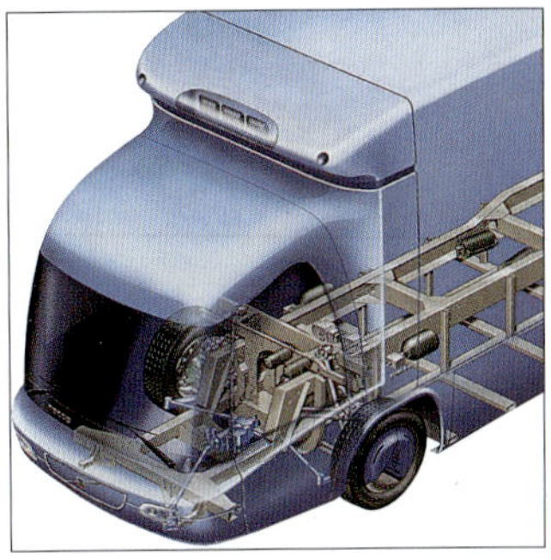

Oben: *Der ETC verfügte über eine einstellbare Luftfederung.*

Da die LKW-Industrie in puncto Abgasemissionen wachsendem Druck ausgesetzt war, begann Volvo Anfang der 1990er-Jahre mit der Entwicklung des Environmental Concept Truck (ECT), der als Testplattform für neue Ideen dienen sollte.

Rechts: *Der Volvo ETC war für den Stadtverkehr bestimmt.*

Technische Daten

Land: Schweden
Gebaut seit: 1995
Motor: Hybridmotor, Elektromotor in Kombination mit einer Gasturbine
Getriebe: nicht bekannt
Nutzlast: 12 Tonnen
Verwendungszweck: Lieferwagen, Transporter, Stadtverkehr
Besonderheit: Hybridmotor

Neben dem Anspruch, ein schadstoff- und geräuscharmes Fahrzeug herzustellen, setzten die Volvo-Konstrukteure auf Effizienz und hohe Nutzlast. Sie entschieden sich für einen Hybridmotor und entwickelten auch eine Gasturbine, die mit einem Elektromotor kombiniert wurde. Der Elektromotor hatte hervorragende Drehmomenteigenschaften, die für eine optimale Kraftübertragung sorgten.

Da Volvo den LKW hauptsächlich für den Stadtverkehr vorgesehen hatte, achtete das Unternehmen besonders auf die Manövrierfähigkeit des Fahrzeugs. Schließlich integrierte Volvo ein Allradsystem, das zur ausgezeichneten Handhabung des Fahrzeugs beitrug.

Recycelbares Fahrzeug

Der Volvo ECT war so konstruiert, das seine Komponenten beim Bau neuer Lastwagen wieder verwendet werden konnten. Das Ergebnis war ein recycelbarer LKW, der sehr viel Aufsehen erregte.

KOMATSU

1995 Japan

KOMATSU 930E

Das japanische Unternehmen Komatsu begann 1953 mit der Herstellung von Kippern für den Bergbau. Berühmt wurde es jedoch erst 1995 mit dem gigantischen Kipper 930E.

Links: *Der Komatsu 930E ist einer der größten Kipper der Welt.*

Dieses Fahrzeug ist einer der größten Kipper der Welt. Der 930E wurde von der Komatsu Dresser Company entwickelt, die sich 1996 in Komatsu America International Company umbenannte.

Der 930E wiegt beladen ca. 500 Tonnen und hat eine Nutzlast von 315 Tonnen. Er wird weltweit hauptsächlich im Kupfer-, Gold- und Kohlebergbau sowie beim Sandabbau und bei der Teergewinnung eingesetzt. Die letzte Version des 930E mit der Bezeichnung 930E-3 war bereits mit einem verbesserten Getriebe und verbesserten Antriebskomponenten ausgestattet.

Elektroantrieb

Der 930E wird von einem Elektromotor angetrieben, der bei der Bewältigung von Steigungen für mehr Leistung sorgt als ein mechanischer Antrieb. Die Konstruktion des 930E ist besonders robust, da das Fahrzeug bis zu 315 Tonnen Gewicht zu bewältigen hat. Der LKW ist aus bestem Stahl hergestellt, der gewährleistet, dass das Fahrzeug den hohen Belastungen standhält.

Technische Daten

Land: Japan
Gebaut seit: 1995
Motor: SSDA16V160-16-Zylinder-Motor von Komatsu
Getriebe: nicht bekannt
Nutzlast: bis zu 315 Tonnen
Verwendungszweck: Bergbau
Besonderheit: Der LKW wiegt beladen ca. 500 Tonnen.

VOLVO

1996 Schweden

VOLVO VN

Volvo hatte sich zwar bereits seit den 1950er-Jahren auf dem US-Markt engagiert, aber 1996 sollte das Unternehmen mit der Einführung der Haubenfahrzeuge der Baureihe VN noch einen Schritt weiter gehen.

Rechts: *Unterwegs auf den Highways der USA: die Laster der Baureihe VN.*

Technische Daten

Land: Schweden
Gebaut seit: 1996
Motor: diverse Motoren von Volvo und Cummins
Getriebe: diverse mechanische Getriebe und Automatikgetriebe
Nutzlast: bis zu 20 Tonnen
Verwendungszweck: Langstreckentransporte
Besonderheit: Schlafkabinen mit TV, Mikrowelle und Kleiderschrank

Die lang gezogene Motorhaube der Baureihe VN war merklich von den nordamerikanischen Haubenfahrzeugen inspiriert. Zu den Vorteilen des Fahrerhauses zählte der flache Boden, da kein Motortunnel erforderlich war. Dadurch konnte ein geräumigeres Fahrerhaus realisiert werden. Die Baureihe VN wurde ursprünglich mit zwei verschiedenen Schlafkabinenversionen und einem Tagesfahrerhaus eingeführt. Im Jahr darauf wurde für den Volvo 770 eine größere Fahrerhausversion mit Schlafkabine mit TV, Mikrowelle und Kleiderschrank angeboten. Der geräumige 770 wurde nach der Neugestaltung im Jahre 2002 von dem Modell VN 780 abgelöst.

Umfassende Sicherheitstests

Volvo testete das Modell 770 nach schwedischen Standards. Dementsprechend zählte der LKW zu den sichersten Schwertransportern der Klasse 8, die auf den amerikanischen Highways unterwegs waren. Wie die meisten nordamerikanischen Trucks war auch die Baureihe VN mit diversen Motoren und Komponenten erhältlich. Der beliebte Volvo-Motor D12 war mit dem Motor des europäischen Modells FH12 vergleichbar.

Aber Volvo sollte sich nicht auf seinen Lorbeeren ausruhen. 2002 wurden das Gewicht des Fahrzeugs um 680,2 kg reduziert, die Standardscheinwerfer durch elegante Scheinwerfer ersetzt und der Motorraum für einen neuen schadstoffarmen Motor vergrößert.

DAIMLER-BENZ
1996 Deutschland

MERCEDES-BENZ ACTROS

Der Mercedes-Benz Actros war der Nachfolger der beliebten, 23 Jahre alten Baureihe SK. Die Konstrukteure achteten auf noch höheren Fahrkomfort und noch mehr Leistung.

Oben: *Das Fahrerhaus des Actros entsprach den höchsten Sicherheitsstandards.*

Technische Daten

Land: Deutschland
Gebaut seit: 1996
Motor: V6 oder V8
Getriebe: Telligent-Getriebe von Merecedes-Benz
Nutzlast: 25 oder 28 Tonnen
Verwendungszweck: Langstreckentransporte, Autobahn
Besonderheit: Stabilitätsregelung

Links: *Die ausgetüftelte Technik im Mercedes-Benz Actros erleichterte das Fahren.*

Eine der interessantesten Entwicklungen beim Actros war das Telligent-System, das ständig über alle relevanten Daten informiert war und die optimale Einspritzdauer und den optimalen Einspritzzeitpunkt für jeden Zylinder berechnete. Zu den Vorteilen dieses Motorsystems zählten eine hohe Leistung, niedriger Kraftstoffverbrauch und geringere Schadstoffemissionen. Der Actros war außerdem mit der neben dem Fahrersitz angebrachten, ergonomischen Telligent-Schaltung ausgestattet, die sich komfortabel bedienen ließ. Das Telligent-Getriebe berechnete augenblicklich den Gang, der für Drehmoment und Drehzahl ideal war. Der Fahrer konnte die Gangwahl zwar manuell beeinflussen, aber in den meisten Fällen musste er den Schalthebel lediglich kurz bewegen, um den vorgeschlagenen Gang zu akzeptieren. Mit einem Kippschalter konnte der Fahrer einen halben Gang hoch- oder herunterschalten, wobei das System ihn bei der Wahl eines falschen Gangs automatisch warnte.

Sicherheit

Das Fahrerhaus des Actros, nach ECE R 29 getestet, war auch mit Seitenairbag erhältlich. Die optionale Telligent-Stabilitätsregelung erkannte automatisch drohende Instabilitäten wie Schleudern und Ausbrechen und wirkte diesen Tendenzen entgegen.

WESTERN STAR

1996 Kanada

WESTERN STAR SERIE 4900

1996 führte Western Star die Serie 4900 ein. Sie richtete sich an Fahrer und Spediteure, die einen hochwertigen Lastwagen für anspruchsvolle Anforderungsprofile wünschten.

Oben: *Die Trucks der Serie 4900 hatten eine Motorleistung von bis zu 625 PS (466 kW).*

Technische Daten

Land: Kanada
Gebaut seit: 1996
Motor: diverse
Getriebe: diverse
Nutzlast: 20 Tonnen
Verwendungszweck: Spezialfahrzeug, Fernverkehr
Besonderheit: Dämmung des Fahrerhauses

Die Trucks waren in Westkanada sehr beliebt, wo sie vor allem in der Forstwirtschaft, im Bergbau und bei der Erschließung von Ölfeldern zum Einsatz kamen. Zur Baureihe 4900 zählten das Flaggschiff EX, der SA und der FA. Der EX hatte eine lang gezogene Motorhaube, während der SA über ein abgeschrägtes Fahrerhaus mit hervorragender Sicht verfügte. Der Truck fuhr unter extremen Bedingungen, daher bestand das Fahrerhaus der Baureihe aus geschweißtem, handlackiertem Stahl. Der Wagen war mit einem speziellen Wachs besprüht, was die Oberfläche schützte und glänzen ließ. Schließlich wurden sämtliche Komponenten des Fahrzeugs einer minutiösen Inspektion unterzogen.

Ultraleichtes Material

Zwei Jahre nach Einführung der Baureihe 4900 entwickelte Western Star die Schlafkabine „Star Light Sleeper", eine Konstruktion aus einem ultraleichten Material aus Polypropylenwaben zwischen zwei Aluminiumschichten. Das Ergebnis war eine vergleichsweise leichte Schlafkabine, die Lärm und Kälte hervorragend abhielt. Diese Kabinen werden derzeit von Canadian Commercial Vehicles in Kelowna, British Columbia, gebaut. Das Wabenmaterial wird auch für den Boden und die Rückwand des Tagesfahrerhauses von Western Star verwendet.

KENWORTH
1996 USA

KENWORTH T2000

Oben: *Der T2000 verbrauchte relativ wenig Kraftstoff.*

Im Jahr 1996 stellte der amerikanische LKW-Hersteller Kenworth seine aerodynamische Zugmaschine T2000 vor. Sie war aus besonders leichten Materialien gebaut, dennoch war der Truck sehr sicher.

Technische Daten

Land: USA

Gebaut seit: 1996

Motor: diverse 10- bis 16-Liter-Motoren

Getriebe: 9 oder 15 Gänge, Kegelradantrieb

Nutzlast: 20 Tonnen

Verwendungszweck: Fernverkehr, Transporter

Besonderheit: abgeschrägte Motorhaube

Links: *Der T2000 hatte bis zu 600 PS (447 kW) unter der Haube. Er war für seine Gewichtsklasse ungewöhnlich windschnittig.*

Der Lastwagen wurde mit BBC-Maßen (Bumper to Back of Cab = Stoßstange bis Fahrerhausrückwand) von 2,84 und 3,04 m sowie einer 1,9-m-AERODYNE-Schlafkabine vorgestellt. Der Truck war aus einer Kombination von modernen Verbundstoffen und Leichtbaukomponenten gebaut. Bei der Entwicklung des Fahrerhauses wurden Luft- und Raumfahrttechnologien eingesetzt, die eine geräuscharme, langlebige und wetterbeständige Konstruktion ermöglichten.

20 Jahre Aerodynamikforschung

Das Modell T2000 war das Ergebnis einer zwanzigjährigen Aerodynamikforschung der hauseigenen Ingenieure. Motorhaube, Windschutzscheibe, Verkleidung, Stoßstangen, Kotflügel und Kabinenausbau wurden unter aerodynamischen Gesichtspunkten entwickelt. Auf Grund der Leichtbaukomponenten konnte auch die Nutzlast erhöht werden.

Während Kenworth beim T2000 in puncto Aerodynamik neue Maßstäbe setzte, sollten auch Komfort, Leistung und Zuverlässigkeit nicht zu kurz kommen. Auch die Unterhaltskosten des LKWs fielen gering aus. Die Trucker saßen in einem geräumigen, ergonomischen und gut isolierten Fahrerhaus.

DAF

1997 **Niederlande**

DAF 95XF

1997 führte DAF den neuen 95XF ein, der niedrigere Betriebskosten, höhere Zuverlässigkeit und erhöhten Fahrkomfort versprach. 1998 wurde das Fahrzeug zum „LKW des Jahres" gewählt.

Unten: *Laut DAF war der 95XF der ideale Lastwagen für den Fernverkehr.*

Rechts: *Die Fahrerhäuser vom Typ Space und Super Space boten sehr viel Platz. Es stand mehr als ein Kubikmeter Stauraum zur Verfügung.*

Technische Daten

Land: Niederlande
Gebaut seit: 1997
Motor: Motoren von DAF oder Cummins
Getriebe: 16 Gänge
Nutzlast: 25 bis 70 Gänge, Kegelradantrieb
Verwendungszweck: Fernverkehr, Schwertransporte
Besonderheit: sehr geräumige Fahrerhäuser

Die Baureihe 95 wurde bereits zehn Jahre vor der Präsentation des 95XF eingeführt. Besonders der Fahrkomfort verbesserte sich.

Geräumigeres Fahrerhaus

Die gängigen Fahrerhausgrößen wurden für den 95XF nicht mehr angeboten. Stattdessen setzte man auf die geräumigeren Fahrerhäuser vom Typ Space und Super Space. Die Kunden, die kleinere Fahrerhäuser bevorzugten, konnten auf die Fahrzeuge der Baureihe 85 zurückgreifen. Sowohl das Space- als auch das Super-Space-Fahrerhaus waren geräumig und gut isoliert.

Die beiden Fahrerhäuser hatten über der Windschutzscheibe Schränke sowie einen zentralen Bereich mit Mikrowelle und Stauraum unterhalb der Schlafkoje. Darüber hinaus war das Fahrerhaus mit einem luftdichten Stauraum ausgestattet, der nur von außen zugänglich war und in dem schmutzige Gegenstände aufbewahrt werden konnten. Der Gesamtstauraum des Super-Space-Fahrerhauses betrug mehr als einen Kubikmeter. Der 95XF war mit Motoren, die die Abgasgrenzwerte nach Euro 2 erfüllten, in Leistungsvarianten von 380 bis 480 PS (283,3 bis 357,9 kW) erhältlich. Trotz der starken Motoren hatte der 95XF einen niedrigen Kraftstoffverbrauch.

STERLING
🛠 **1998 Kanada/USA**

STERLING

Das Schwerlasterprogramm von Ford wurde 1998 von Freightliner LLC übernommen und in Sterling umbenannt. In der Folgezeit etablierte Sterling ein eigenes LKW-Programm und den Vertrieb.

Oben: *Seit 1998 produziert Sterling Spezial- und Langstreckenfahrzeuge.*

Das junge Unternehmen wurde in Nordamerika schnell zu einem wichtigen Anbieter von Spezial- und Langstreckenfahrzeugen sowie Lastwagen der Gewichtsklassen 5 bis 8. In Australien und Neuseeland waren die LKWs von Sterling auch mit Rechtssteuerung erhältlich. Das Unternehmen stellte insbesondere Ergonomie, Sicherheit und Leistung seines LKW-Programms in den Vordergrund. Sämtliche Haubenfahrzeuge wurden in der kanadischen Produktionsstätte in St. Thomas, Ontario, gebaut. Bevor die Produktion dort aufgenommen werden konnte, mussten 60 Millionen Dollar investiert werden.

Der Acterra

Zu der 1999 eingeführten Baureihe Acterra gehörte ein komplettes Programm von mittelschweren bis schweren Lastwagen. Das Premium-Fahrerhaus der Baureihe Acterra entsprach dem Komfort, der Effizienz, Robustheit und Langlebigkeit der Schwerlaster-fahrerhäuser von Sterling. Die Ausstattung der Fahrzeuge der mittleren Klasse kam eher der eines Schwerlasters als der eines Lieferwagens gleich.

Die mittlere Klasse der Baureihe Acterra hatte Tandemachsen mit einer Achslast von 20,9 Tonnen und Motoren mit bis zu 350 PS (260,9 kW). Die Baureihe Acterra war überaus flexibel. Die LKWs wurden vor allem als Kipper, Tankwagen, Lieferfahrzeug und Müllaster eingesetzt. Das Fahrerhaus der Trucks für den Straßenverkehr war so konzipiert, dass man das Fahrzeug durch breite Türöffnungen bequem betreten und verlassen konnte.

Die Baureihe Acterra war mit diversen Dieselmotoren mit elektronischer Einspritzsteuerung wie dem MBE 900 von DaimlerChrysler erhältlich, die wenig Treibstoff verbrauchten.

Die A-Reihe

Sterling rief die Fahrer auf, das Unternehmen bei der Entwicklung einer neuen Zugmaschine, der A-Reihe, zu unterstützen. Vorschläge wie die um 28 cm verstellbaren Sitze, die neigbare und ausziehbare Lenksäule sowie ein am Lenkrad angebrachter Tempomat wurden bei der Entwicklung berücksichtigt. Die A-Reihe war mit diversen Motoren in Leistungsvarianten bis zu 15,8 Litern und bis zu 600 PS (447,4 kW) erhältlich. Wie bei den meisten Schwertransportern dieser Zeit stand auch hier die Aerodynamik im Mittelpunkt. Die zurückgesetzte Vorderachse wurde integriert, um die Manövrierfähigkeit zu verbessern und das Gewicht zwecks höherer Nutzlasten nach vorne zu verlagern.

Technische Daten

Land: Kanada/USA
Gebaut seit: 1998
Motor: diverse
Getriebe: diverse
Nutzlast: nicht bekannt
Verwendungszweck: Lieferwagen, Spezialfahrzeug, Fernverkehr
Besonderheit: Fahrerwünsche berücksichtigt

Unten: *Sterling baute viele Laster für die Baubranche.*

SCANIA

1998 Schweden

SCANIA SERIE 4

1998 führte Scania die Serie 4 ein, um das Segment der schweren Klasse vom Lieferwagen bis zum Schwerlaster für den Fernverkehr abzudecken. Diese Baureihe war besonders umweltfreundlich.

Die Serie war in verschiedene Klassen unterteilt. Jede Klasse entsprach in puncto Fahrkomfort und Sicherheit hohen Qualitätsstandards. Das Fahrgestell der Klasse L wurde für den Fernverkehr entwickelt. Die LKWs waren für Nutzlasten mit einem zulässigen Gesamtgewicht von bis zu 60 Tonnen gebaut. Ihre Motoren waren entsprechend bis zu 530 PS (395,2 kW) stark. Das Fahrgestell der Klasse L konnte mit niedrigen und hohen Fahrerhäusern sowie mit Fahrerhäusern in Haubenbauweise und auf Wunsch mit Schlafkabine ausgerüstet werden. Lange Fahrten waren mit diesen Lastern kein Problem.

Die Fahrzeuge der Klasse D waren wartungsarm, robust und sparsam im Verbrauch. Die Lastwagen eigneten sich für den Nahverkehr auf normalen Straßen und hatten ein zulässiges Gesamtgewicht von bis zu 40 Tonnen. Sie waren mit Motoren von bis zu 310 PS (231,1 kW) und auf Wunsch mit Schlafkabine erhältlich.

Kurzstreckentransporter

Die LKWs der Klasse C waren für Kurzstreckentransporte konzipiert und wegen ihrer großen Bodenfreiheit auch sehr geländegängig. Die Klasse C hatte ein zulässiges Gesamtgewicht von bis zu 150 Tonnen, und die Motoren waren bis zu 530 PS (395,2 kW) stark. Die Laster wurden zumeist als Bau- oder Spezialfahrzeug eingesetzt. Da Antriebssystem, Fahrgestell und Fahrerhaus sehr robust waren, waren sie sehr zuverlässig.

Oben: *Ein Laster der Serie 4 von Scania.*

Ganz oben: *Der Fahrkomfort des Scania war ein echtes Verkaufsargument.*

Technische Daten

Land: Schweden

Gebaut seit: 1998

Motor: Scania-Motoren

Getriebe: nicht bekannt

Nutzlast: bis zu 150 Tonnen zulässiges Gesamtgewicht

Verwendungszweck: Fernverkehr, Kurzstreckentransporte, Bau

Besonderheit: sehr umweltfreundlich

FODEN

1998 Großbritannien

FODEN ALPHA 2000

Seit 1983 gab es wieder Schwerlaster von Foden, die nach der Übernahme durch Paccar vorübergehend von der Bildfläche verschwunden waren. Der Durchbruch kam aber erst mit dem Alpha 2000.

Oben: *Der Alpha brachte für Foden das Comeback als einer der führenden LKW-Hersteller in Großbritannien.*

Rechts: *In der Baubranche war der Alpha besonders gefragt.*

Technische Daten

Land: Großbritannien

Gebaut seit: 1998

Motor: Motoren von Cummins oder Caterpillar

Getriebe: 12 Gänge, Kegelradantrieb

Nutzlast: 20 bis 70 Tonnen

Verwendungszweck: Bau, Fernverkehr

Besonderheit: Das Glasfiberfahrerhaus wurde durch ein Fahrerhaus aus Stahl ersetzt.

Foden baute LKWs, zu denen neben Militärfahrzeugen die LKWs der Baureihe 2000 und Schwerlaster der Baureihen 3000 und 4000 zählten. Diese Fahrzeuge waren mit diversen Motoren erhältlich, darunter mit den erstmals in Großbritannien angebotenen Motoren von Caterpillar. 1996 kam der Fernlaster 4000 XL mit hohem Fahrerhaus hinzu. Doch erst der Alpha von 1998 sollte Foden erneut als einen der führenden Hersteller von Schwerlastern etablieren.

Die Einführung des Alpha

Der Alpha war das Ergebnis einer Umgestaltung der Baureihe 3000, die mit einem Fahrerhaus aus glasfiberverstärktem Kunststoff ausgestattet war. Der Foden Alpha 2000 gehörte zu einer Alpha-Familie, die kontinuierlich erweitert wurde: mit 4x2- und 6x2-Zugmaschinen, 4x2-, 6x4- und 8x4-Schwerlastern sowie Kippern und Betonmischern.

Die Baureihe Alpha hatte ein Stahlfahrerhaus, das mit oder ohne Schlafkabine erhältlich war. Die Fahrzeuge waren für viele Einsatzbereiche geeignet und wurden gerne als Baustellenfahrzeug und im Linienverkehr eingesetzt. Motoren von Cummins oder Caterpillar sorgten mit bis zu 450 PS (335,5 kW) für eine zügige Fahrt. Die Baureihe Alpha von Foden ist auf dem britischen Markt nach wie vor sehr erfolgreich.

Kapitel 9

LKWs heute

Nie stand die Umweltbelastung durch LKWs so auf dem Prüfstand wie heute. Schon 1992 wurden in Europa die ersten Emissionsvorschriften erlassen und seither weiter verschärft. Grenzwerte sollen den Partikelausstoß verringern. Durch die strengen Regelungen sind die hochmodernen Lastwagen inzwischen weit sauberer als ihre Vorgänger.

Oben: *Der Freightliner Columbia, ein Haubenmodell mit der Technologie des 21. Jahrhunderts.*

Links: *Der Volvo VN ist aerodynamisch und speziell für Motoren mit Abgasrückführung (ERG) konstruiert.*

In Nordamerika führte die US Environmental Protection Agency (EPA) ab 2002 ebenfalls schärfere Grenzwerte ein. Die EPA verlangt von den Motorenherstellern eine deutliche Reduzierung des Ausstoßes von Stickoxiden und Rußpartikeln. Um die EPA-Grenzwerte für 2007 einzuhalten, müssen die Hersteller die Emission von Stickoxiden und Rußpartikeln sogar um 98 Prozent im Vergleich zu 1987 senken.

Zum Schutz der Umwelt wählen die Hersteller in Nordamerika und Europa unterschiedliche Wege. In Europa setzt man vor allem auf die selektive katalytische Reduktion (SCR), um die Emissionsvorschriften einzuhalten. Bei dieser Technologie wird eine Harnstofflösung aus einem zusätzlichen Tank in den Abgasstrang eingespritzt und eliminiert die Stickoxide in den Abgasen.

Die meisten US-Hersteller entscheiden sich stattdessen für die Abgasrückführung (EGR), ein Verfahren, bei dem ein Teil der Abgase über ein Kühlsystem zurückgeführt und dem Kraftstoff-Luft-Gemisch für die Verbrennung beigemischt wird. Die Grenzwerte für 2002 konnten mit dieser Technologie eingehalten werden, und die Hersteller sind überzeugt, dass sie die Werte auch in Zukunft einhalten.

FREIGHTLINER
1998 USA

FREIGHTLINER CENTURY CLASS S/T

Kurz vor der Jahrhundertwende stellte Freightliner 1998 seinen Century Class S/T vor. Das neue Modell hat ein modernes, aerodynamisches Design und ein Luftversorgungssystem unter der Haube. Frontlenker wie dieser sind auf den amerikanischen Highways häufiger zu sehen als bei uns.

Technische Daten

Land: USA
Gebaut seit: 1998
Motor: Detroit Diesel, Mercedes-Benz und Caterpillar
Getriebe: 9, 12 oder 15 Gänge
Nutzlast: 20 Tonnen
Verwendungszweck: Ferntransport
Besonderheit: hohe Ladekapazität

Oben: *Der Century Class S/T von Freightliner kann bis zu 18 m lange Hänger schleppen.*

Mithilfe von DaimlerChrysler erreichten die Ingenieure neue Spitzenwerte in Aerodynamik und Kraftstoffeffizienz. Konstrukteure beiderseits des Atlantiks brachten für dieses Modell ihr Know-how mit ein. Eine Neuheit waren 1998 die Seitenairbags für den Fahrer.

Aerodynamische Haube

Die niedrige Haube des Century Class gewährleistet eine gute Sicht, und ihre aerodynamische Form drosselt den Kraftstoffverbrauch. Die leichte, stabile Haube ist aus einem faserverstärkten Kunststoff (SMC) gefertigt. Eine größere Windschutzscheibe und größere Spiegel sorgen ebenfalls für bessere Sicht.

Fortschrittlich ist darüber hinaus das so genannte Driver Message Center, das den Fahrer unter anderem über Kraftstoffverbrauch, Kilometerstand und Ölverbrauch informiert. Außerdem weist es frühzeitig auf anstehende Wartungen und Reparaturen hin.

MACK
1999 USA

MACK VISION

1999 stellte Mack mit dem Vision eine starke Zugmaschine vor, die sowohl hervorragende Handhabung und großen Fahrkomfort als auch geringe Betriebskosten bietet.

Oben: *Der Mack Vision kommt hauptsächlich in den USA zum Einsatz.*

Technische Daten

Land: USA
Gebaut seit: 1999
Motor: Mack ASET
Getriebe: 12 oder 16 Gänge
Nutzlast: 20 Tonnen
Verwendungszweck: Ferntransport, Schwerlasttransport, Kipper
Besonderheit: seit 2002 ERG-Motoren zur Abgasreduktion

Die aerodynamische Gestaltung von Fahrerhaus, Haube und Kühlergrill gibt dem Vision das Aussehen einer hochmodernen Zugmaschine. Die Fahrer genießen die ergonomische Gestaltung des Fahrerhauses mit dem elektronischen Rundum-Armaturenbrett.

Die luftgefederte Kombination von Schlafkabine und Fahrerhaus sorgt für eine bequeme Fahrt.

Die Schlafkabinen sind in verschiedenen Größen erhältlich, als flache Kabinen oder mittelhoch mit bis zu 1,7 m Höhe. Für Käufer, die ein leichtes Fahrzeug wollen und den zusätzlichen Platz nicht benötigen, gibt es den Vision auch ohne Schlafkabine.

Vision ohne Schlafkabine

Der Vision ohne Schlafkabine hat ein Fahrgestell mit zurückgesetzter Vorderachse und lässt sich mit verschiedenen Achsen, Getrieben und Aufhängungen ausstatten. Eine dieser Aufhängungen ist die MaxAir mit soliden Vorder- und Hinterachsen. Für Käufer, die ihren Vision im Schwerlastbereich mit offener Ladefläche oder als Kipper einsetzen wollen, sind verstärkte Rahmen im Angebot.

RENAULT
1999 **Frankreich**

RENAULT MASCOTT

Den ersten Mascott stellte Renault 1999 vor. Der Mascott ist ein kleiner Laster, der die Möglichkeiten und Eigenschaften eines großen LKWs mit dem Handling eines PKWs verbindet.

Technische Daten

Land: Frankreich
Gebaut seit: 1999
Motor: Renault
Getriebe: Renault
Nutzlast: 2 bis 3 Tonnen
Verwendungszweck: Lieferwagen, Transporter
Besonderheit: erstes Fahrzeug seiner Klasse mit ABS

Oben: *Der Mascott ist ein idealer Kurzstreckentransporter und Lieferwagen.*

Obwohl er eher einem Lieferwagen als einem Schwerlastwagen ähnelt, kann der Mascott Lasten bis zu 6,5 Tonnen transportieren. Er ist als Transporter erhältlich oder als Fahrgestell mit Normalkabine, Doppelkabine oder Windlauf, was ihn zu einem vielseitigen Fahrzeug macht.

Neue Optionen 2004

2004 bot Renault den Mascott in einer großen Auswahl verschiedener Farben an und verbesserte insgesamt das Aussehen des Lastwagens. Dazu gehörte eine große, umlaufende Stoßstange und ein wabenförmiger Kühlergrill. Neue Linsen für die Frontscheinwerfer erhöhten die Leistung der Scheinwerfer und geben dem Fahrzeug ein besseres Aussehen. Auch der Innenraum des Fahrerhauses wurde überarbeitet, um den Fahrkomfort zu erhöhen. So wurde der Schalthebel in Höhe des Armaturenbretts und eine Armlehne am Fahrersitz angebracht. Außerdem bekam der Mascott einen Bordcomputer, der Informationen über den Kraftstoffverbrauch und die zurückgelegte Strecke liefert.

2004 wurde der Mascott mit zwei neuen Motoren angeboten, von denen der eine mit 160 PS (119 kW) der stärkste war, der bislang in einem Fahrzeug dieser Klasse angeboten wurde.

FREIGHTLINER
1999 USA

FREIGHTLINER COLUMBIA

Der „traditionelle Lastwagen mit der Technologie des 21. Jahrhunderts" (Eigenwerbung) verbindet modernes Design mit der herkömmlichen Technik von Schwerlastern.

Oben: *Der Columbia wurde in den USA schnell zum Kassenschlager.*

Technische Daten

Land: USA
Gebaut seit: 1999
Motor: Caterpillar, Detroit Diesel und Mercedes-Benz
Getriebe: 12 Gänge
Nutzlast: nicht bekannt
Verwendungszweck: Ferntransport
Besonderheit: effektives, aerodynamisches Design

Der Freightliner Columbia ist einer der meistverkauften Schwerlastwagen in den USA und in Kanada. Die Fahrer schätzen das Design mit dem großen, verchromten Kühlergrill, der für eine hervorragende Kühlung des Motors sorgt.

Verbesserte Aerodynamik

Die verbesserte Aerodynamik lässt den Freightliner Columbia geschmeidiger aussehen und sorgt für ein gutes Fahrverhalten und einen geringeren Kraftstoffverbrauch. Außerdem verbessert die niedrige, abfallende Haube die Sicht des Fahrers. Selbst die wegklappbaren Spiegel sind im Hinblick auf optimale aerodynamische Eigenschaften des Fahrzeugs gestaltet.

Diverse Schlafkabinen

Dieser amerikanische Lastwagen hat sieben verschiedene Schlafkabinen zur Auswahl, mit Höhen zwischen 0,86 und 1,77 m. Der Columbia ist aber auch ohne Schlafkabine erhältlich.

Er fährt mit Motoren von Caterpillar, Detroit Diesel und Mercedes-Benz, mit Leistungen von bis zu 525 PS (391,4 kW). Auch an die Bequemlichkeit des Fahrers wurde gedacht. Die Sitze sind komfortabel und gut gepolstert.

MAN

2000 Germany

MAN TG-A

MAN introduced its Trucknology Generation A as a versatile range built in a modular fashion, which the company said would set the standards for optimum payload. The MAN TG-A won Truck of the Year in 2001.

The "Trucknology" phrase was coined by MAN executives to describe the advanced engineering and design that went into the TG-A. The truck was launched amid much fanfare in the year 2000 to an audience of more than 8,000 guests at simultaneous events across the United Kingdom.

Modification of the TG-A was still possible thanks to an assortment of wheelbase and overhang combinations available from MAN. Custom bodies could be easily modified to the requirements of a specific job.

Heavy payloads

The product range included a 6x2 chassis, which was capable of taking on jobs involving extremely heavy loads, and five different cabs were available so customers could choose the configuration best suited to their application and haulage distances. MAN referred to this option as a "space travel" program for both payload and driver. The MAN TG-A boasted a custom-fit drivetrain and a choice of four Euro 3 compliant engines. Six-cylinder powerplants were the norm, capable of up to 460hp (343kw) while yielding high torque outputs. Despite the power of these engines, they ran very quietly.

A strong, yet weight-optimized frame helped improve payload capacity on the TG-A. Drivers enjoyed a pneumatic spring system provided enhanced driving stability and a comfortable ride.

Above: *The MAN TG-A trucks, such as these 410 models were known for their high payloads, as they were comprised of lightweight components and materials.*

Specifications

Country: Germany

Year manufactured from: 2000

Engine: MAN 732 and 781ci (12 and 12.8 liter)engines

Transmission: 12 or 16-speeds to bevel

Payload: not available

Applications: long-haul, on-highway

Special features: optional aerodynamics package reduces fuel usage.

FREIGHTLINER
🛠 **2000 USA**

FREIGHTLINER CORONADO

Hohe Kraftstoff- und Versicherungskosten machen das Betreiben eines LKWs in den USA immer teurer, deshalb sind dortige Unternehmen meist auf der Suche nach sparsamen Fahrzeugen.

Oben: *Der Coronado soll den Geschmack unabhängiger Trucker ansprechen.*

Technische Daten

Land: USA
Gebaut seit: 2000
Motor: Detroit Diesel und Caterpillar
Getriebe: 13 Gänge
Nutzlast: 20 Tonnen
Verwendungszweck: Ferntransport
Besonderheit: Retro-Design

Aber nicht alle Lastwagenkäufer legen so großen Wert auf die Betriebskosten. Stolzen Truckern, die ihren eigenen LKW fahren, ist ein Aufsehen erregendes Fahrzeug, das ihnen außerdem ein komfortables Zuhause auf der Straße bietet, viel wichtiger. Mit diesen Käufern im Hinterkopf präsentierte Freightliner das technisch ausgefeilte Modell Coronado.

Für unabhängige Trucker

Der Coronado ist für unabhängige Fahrer gemacht, die sich von anderen unterscheiden wollten. Er verbindet traditionelles Design mit den neuesten Entwicklungen in Komfort, Fahrverhalten, Leistungsfähigkeit und Sicherheit. Mit seiner traditionell langen Haube und der nach vorne versetzten Vorderachse ist der Coronado in gewisser Hinsicht eine Rückbesinnung auf frühere Zeiten. Unter dieser langen Haube hat ein potenter Motor Platz, um die von seinen Betreibern gewünschte Kraft zu liefern. Freightliners erklärtes Ziel ist es, mit dem Coronado „einen neuen Lastwagen zu kreieren, der die Seele des unabhängigen Truckers anspricht".

VOLVO
2000 USA

VOLVO VHD

Der VHD, die nordamerikanische Spezialfahrzeugreihe von Volvo, wurde im Jahr 2000 eingeführt. Der Wagen ist aus stabilen Komponenten konstruiert und dient vor allem als Baufahrzeug.

Technische Daten

Land: USA
Gebaut seit: 2000
Motor: Volvo VE
Getriebe: Eaton Fuller, 10 Gänge
Nutzlast: 15 Tonnen
Verwendungszweck: Bau- und Müllfahrzeug, Betonmischer
Besonderheit: Fahrerhaus aus hochfestem Stahl

Oben: *Der VHD war Volvos Vorstoß auf den nordamerikanischen Spezialfahrzeugmarkt.*

Das Fahrerhaus ist aus hochfestem Stahl gefertigt, der mehr Stabilität und längere Haltbarkeit als Aluminium oder andere Verbundmaterialien gewährleistet. Auch eine schwere Stoßstange erhöht die Haltbarkeit des Lastwagens und reduziert die Ausfallzeiten in Folge unvermeidlicher Beulen und Kratzer bei Schwereinsätzen.

Stoßfreies Fahren

Weil der VHD oft auf engen Baustellen und in städtischen Straßen eingesetzt wird, hat er zur besseren Manövrierfähigkeit einen engen Wendekreis. Heute erwarten die Käufer selbst von Baufahrzeugen eine sanfte Fahrt. Der VHD hat deshalb eine Federung, die auch abseits der Straße noch stoßfreies Fahren ermöglicht.

Da die Transportindustrie in den USA und Kanada unter Fahrermangel leidet, bemühte Volvo sich um einen möglichst hohen Fahrkomfort im Fahrerhaus seiner Baufahrzeuge. Ein ergonomisch gestaltetes Armaturenbrett ordnet alle wichtigen Anzeigen und Bedienelemente in Reichweite des Truckers an, und ein Luftfilter hält den Staub aus dem Fahrerhaus fern.

INTERNATIONAL
2001 USA

INTERNATIONAL SERIE 4000

Nach sieben Jahren Entwicklungsarbeit und zweijähriger Testphase brachte die International Truck and Engine Corp. 2001 ihre Lastwagen der Serie 4000 auf den Markt.

Rechts: *Die mittelschwere Lastwagenreihe von International gehört zu den beliebtesten Fahrzeugen ihrer Klasse in Nordamerika.*

Technische Daten

Land: USA
Gebaut seit: 2001
Motor: International-DT-Serie
Getriebe: Fuller und Allison
Nutzlast: 8 bis 12 Tonnen
Verwendungszweck: Lieferwagen, Notfallwagen
Besonderheit: wenig Motorlärm im Fahrerhaus

Die LKWs vom Typ 4300 und 4400 sind im Einsatz für Getränkelieferungen, für die öffentliche Versorgung und auch für Notfall- und Rettungsfahrten. Eines der wichtigsten Verkaufsargumente für die Baureihe ist der geringe Motorenlärm im Fahrerhaus. Die Konstrukteure konnten den Geräuschpegel im Vergleich zum Vorgänger deutlich reduzieren.

Mehr Platz im Fahrerhaus

Das Fahrerhausinnere ist geräumig. Die Baureihe 4000 bietet den Fahrern bis zu 11 cm zusätzliche Bauchfreiheit, 2,54 cm mehr Kopffreiheit und 5 cm mehr Platz in der Breite. Auch die kleinen Dinge finden Beachtung. Zur Erhöhung des Fahrkomforts wurde die Positionierung der Pedale verbessert und eine Luftfederung für die Hinterachse ist heute Standard.

DAIMLERCHRYSLER
2003 Deutschland

UNIMOG U 300/U 400/U 500

„Mit der Arbeit sollten Sie schneller fertig sein als mit Ihren Nerven", wirbt DaimlerChrysler für seinen geländegängigen Allrounder, der mit drei unterschiedlich starken Motoren zu haben ist.

Oben: *Der Unimog (hier ein U 500) wird im Sommer gerne zum Mähen von Seitenstreifen, im Winter als Schneepflug eingesetzt.*

Der Unimog wird für den Winterdienst genauso eingesetzt wie für die Straßenreinigung und das Mähen von Grünflächen und Hecken. Mit ihm lassen sich Sandkästen auf Spielplätzen auffüllen, Strommasten reparieren, Bäume stutzen und tiefe Löcher bohren. Er ist ein flexibler Geräteträger, der unter anderem mit Schaufeln oder Kränen ausgestattet werden kann. Das Kurzhaubenkonzept ermöglicht eine gute Sicht auf die Frontgeräte, ebenso wie die heruntergezogenen Front- und Seitenscheiben.

Viel PS und Bremskraftregler

Noch stärker als die Motoren des Unimog U 300 und U 400 ist der Unimog U 500. Sein Sechszylinder-Dieselmotor bringt es optional auf 279 PS (205 kW). Standard sind für ihn 231 PS (170 kW). Der Unimog hat Allradantrieb und bewältigt bis zu 80-prozentige Steigungen. ABS und serienmäßig integrierte Klimaanlage sowie die gedämpfte Fahrerkabine erlauben eine ruhige Fahrt. Optional ist der Wagen mit einem Lenkrad ausgestattet, das sich von einer Seite des Fahrerhauses zur anderen verstellen lässt. Der Unimog hat lenkergestützte Achsen und lässt sich auch voll beladen gut manövrieren. Technisch interessant ist die lastabhängige Bremskraftregelung (ALB). Sie berücksichtigt beim Bremsvorgang, wie schwer der Laster gerade ist. Übrigens unterliegt der bis zu 80 km/h schnelle Unimog in Deutschland nicht dem Sonntagsfahrverbot.

Technische Daten

Land: Deutschland
Gebaut seit: 2003
Motor: Mercedes-Benz MBE900
Getriebe: Mercedes-Benz, 14 oder 16 Gänge
Nutzlast: bis zu 7 Tonne
Verwendungszweck: verschiedene Serviceanwendungen, Gelände
Besonderheit: flexibles Lenkrad

MACK
2001 USA

MACK GRANITE UND FREEDOM

Der Mack Granite hatte die schwere Aufgabe, den 38 Jahre alten RD zu ersetzen. Die Stabilität und Langlebigkeit des RD waren legendär, aber Mack führte den Granite als ebenso robusten LKW ein.

Oben: *Der Granite ist vor allem auf Baustellen im Einsatz.*

Technische Daten

Land: USA
Gebaut seit: 2001
Motor: Mack ASET
Getriebe: Mack, 8 Gänge
Nutzlast: bis zu 14 Tonnen
Verwendungszweck: Baufahrzeug
Besonderheit: das stabilste Fahrerhaus, das Mack je gebaut hat

Mack stellte 2001 zwei verschiedene Granite-Modelle vor. Der klassische Granite ist vor allem als Baustellenfahrzeug im Einsatz. Der Granite Bridge Formula dagegen ist noch belastbarer und hat einen höheren Achsabstand. Das Fahrerhaus des Granite basiert auf den CH- und CL-Kabinen, ist aber für den schweren Einsatz verbessert worden. Es ist auf zwei Luftpolstern und zwei Schockabsorbern montiert, was das Fahren komfortabler macht.

Mack hat sein Baufahrzeug sehr leicht gemacht, ohne dafür auf Stabilität zu verzichten. Das ermöglicht höhere Nutzlasten und macht den Granite profitabler für seine Käufer.

Freedom-Reihe

Außerdem stellte Mack die Freedom-Reihe mit mittelschweren Frontlenkern vor. Insgesamt kamen vier Modelle heraus (M, L, XL und XXL), die mit zweierlei Kabinengrößen erhältlich sind.

AUTOCAR
2001 USA

AUTOCAR XPEDITOR

2001 kaufte die Grand Vehicle Works (GVW) Holdings LLC die Xpeditor Lastwagen-Reihe von Volvo Trucks North America. Damit ging auch der Name Autocar an GVW.

GVW nannte die neue Tochtergesellschaft Autocar LLC und überließ ihr die Verantwortung für die Herstellung und Vermarktung des Xpeditor. Der Xpeditor ist sehr belastbar und wird hauptsächlich für die Müllentsorgung eingesetzt. Autocar war mehr als ein Jahrhundert zuvor als Pittsburgh Motor Car Company gegründet worden. Das erste Fahrzeug des Unternehmens war ein Dreirad mit Benzinantrieb. 1905 war das Unternehmen in Autocar umbenannt worden. Es nahm zwei Jahre später mit einem Zweitonner mit Wellenantrieb die Herstellung von Lastwagen auf. 1908 produzierte das Unternehmen sein erstes Nutzfahrzeug und etablierte sich in den folgenden Jahren als Hersteller von hochwertigen LKWs.

Erfolgreiche Laster

Im Laufe der Jahre arbeiteten die Konstrukteure von Autocar innovativ. So stellte Autocar als erstes Unternehmen serienmäßig Frontlenker her. Frontlenker heißen Lkws, die anders als die Haubenfahrzeuge nicht über

Oben: *Der Xpeditor wird für die Abfallbeseitigung und als Flugzeugtankwagen eingesetzt.*

einen Vorbau verfügen, in dem der Motor untergebracht ist. Autocar gehörte zu den ersten Herstellern, die eigene Motoren, Getriebe und Hinterachsen anboten. Fahrzeuge von Autocar spielten in beiden Weltkriegen eine entscheidende Rolle.

In den 1950er-Jahren übernahm die White Motor Car Company die Vermarktung der Lastwagen von Autocar, die hauptsächlich im Baugewerbe und in der Holz-, Minen- und Ölindustrie zum Einsatz kamen. 1981 kaufte Volvo White auf und übernahm den Namen Autocar, der 1997 seinen 100. Geburtstag feierte.

Der Xpeditor

Der Xpeditor ist ein LCOE-Schwerlaster: ein Frontlenker mit niedrigem Fahrerhaus, der hauptsächlich in Nischenbereichen wie Mülltransport, Recycling oder dem Betanken von Flugzeugen eingesetzt wird. Als Autocar die Produktion des Xpeditor übernahm, machte das LCOE-Segment in den USA nur drei Prozent der Verkäufe der schwersten Truck-Klasse 8 aus.

Die anderen Hersteller von LCOE-Lastwagen bieten diverse Fahrzeuge an. Autocar glaubt, dass es diesen Markt beherrscht, wenn es sich ausschließlich auf ein Segment konzentriert. Anfang 2004 wurde die Produktion des Xpeditor in das Autocar-Werk in Hagerstown in Indiana verlegt. Dort werden zwei Versionen des Xpeditor hergestellt, der WX und der WXLL.

Xpeditor WX und WXLL

Der Xpeditor wird auf einem stabilen Rahmen mit Längsträgern aus Stahl gebaut, die durch Querträger aus Aluminium verbunden sind. Das Fahrerhaus aus Stahl ist voll verschweißt, um eine besonders hohe Stabilität zu gewährleisten. Die niedrige Bauweise erleichtert das Ein- und Aussteigen. Das Fahrzeug ist für extreme Einsätze geeignet. Der WXLL hat einen besonders niedrigen Einstieg, beim WX erreicht man das Fahrerhaus über ein Trittbrett. Ursprünglich war der Xpeditor mit Triebwerken von Volvo erhältlich, die aber später durch Motoren von Caterpillar und Cummins ersetzt wurden.

Autocar verbesserte auch den Innenraum des Fahrerhauses. Die Bauchfreiheit ist um 7,6 cm vergrößert und Knie- und Kopffreiheit um jeweils 11,4 cm. Fahrzeuge, die vor dieser Verbesserung verkauft worden waren, können nachgerüstet werden.

Neuer Betonmischwagen

Mit der Präsentation eines neuen Betonmischwagens erweiterte Autocar 2003 seine Xpeditor-Reihe. Das Fahrzeug, ein Xpeditor WX LCOE, bietet Geländegängigkeit, Stabilität und Produktivität. Es hat ein System zur Krontrolle des Reifendrucks von Dana Spicer, mit dem der Fahrer den Reifendruck vom Steuer aus verändern kann.

Technische Daten

Land: USA
Gebaut seit: 2001
Motor: Caterpillar und Cummins
Getriebe: diverse
Nutzlast: bis zu 15 Tonnen
Verwendungszweck: Müllbeseitigung, Recycling, Flugzeugtankwagen
Besonderheit: niedriges Fahrerhaus

Links: *Das niedrige Fahrerhaus des Xpeditor erleichtert das Ein- und Aussteigen.*

DAF
2001 **Niederlande**

DAF CF-SERIE

Im Frühjahr 2001 brachte das niederländische Unternehmen DAF seine neue Baureihe CF auf den Markt. Der Laster lässt sich vielfältig nutzen und ist im Innern luxuriös eingerichtet.

Oben: *Der DAF CF ist wegen seiner fortschrittlichen Achsgeometrie und Lenkung bei Fahrern beliebt.*

Links: *Der DAF CF ist seit 2001 häufig auf den Autobahnen unterwegs.*

Technische Daten

Land: Niederlande
Gebaut seit: 2001
Motor: Paccar 5,9-Liter, DAF XE 12,6-Liter
Getriebe: nicht bekannt
Nutzlast: nicht bekannt
Verwendungszweck: diverse
Besonderheit: bequemer Innenraum

Ziel der Konstrukteure war ein zuverlässiges Fahrzeug mit geringen Betriebskosten und einer hohen Ladekapazität durch ein geringes Eigengewicht. Um den Kraftstoffverbrauch niedrig zu halten, ist der CF mit einem kraftvollen Sechszylinder-Reihenmotor ausgestattet. Für die CF-Baureihe gibt es drei verschiedene Motoren, von einem Paccar-5,9-Liter-Motor bis zu einem stärkeren DAF-XE-12,6-Liter-Motor für die größeren CF-Modelle. Alle Motoren erfüllen die Euro-3-Emissionsvorschriften.

Leichtes Fahrgestell

Das flache Stahlfahrgestell ist stabil und relativ leicht, was eine hohe Ladekapazität ermöglicht. Es ist für viele Aufbauten geeignet, und so dient der CF unter anderem als Kipper und Betonmischer. Darüber hinaus gibt es eine große Auswahl an Radständen und Achskonfigurationen.

Vorder- und Hinterachsen sind mit Scheibenbremsen von DAF ausgestattet, deren flache Scheiben wärmegedämmt sind, um eine längere Haltbarkeit zu gewährleisten. Der CF wird besonders wegen seiner Wendigkeit und seiner Fahreigenschaften geschätzt. Er lässt sich auch auf holprigem Gelände gut lenken.

WESTERN STAR
2002 USA

WESTERN STAR LOWMAX

Die Firma Western Star baut gerne schnittige Trucks für LKW-Rennen. Auch der Straßenlaster LowMax 4900 EX ist für Fahrer entwickelt, die gerne tiefer sitzen und die Motorkraft voll ausnutzen.

Rechts: *Viele nordamerikanische Fahrer wünschten sich einen tiefer gelegten Lastwagen. Der Western Star EX 4900 LowMax erfüllt diesen Wunsch.*

Technische Daten

Land: USA
Gebaut seit: 2002
Motor: Caterpillar C-15, Detroit Diesel
Getriebe: Eaton Fuller, 13 bis 18 Gänge
Nutzlast: bis zu 20 Tonnen
Verwendungszweck: Ferntransport, Getreide, Vieh, Autos
Besonderheit: tiefer gelegtes Fahrgestell

Die bis zu 625 PS (446 kW) starke Zugmaschine hat eine extra lange Motorhaube, zwei Auspuffrohre und jede Menge Chrom und rostfreien Stahl. Das macht sie zu einem beliebten Lastwagen für Showveranstaltungen. Auf der Straße leistet der LowMax ein stabiles Fahrverhalten, das sein niedriger Schwerpunkt ermöglicht. Durch das niedrige Fahrerhaus und das Umrüsten auf Niederquerschnittsreifen konnte die Gesamthöhe des Fahrzeugs auf 2,6 m reduziert werden. Die geringe Bodenfreiheit wird durch eine niedrige Vorderachsaufhängung und eine Hinterachsaufhängung mit einer Bodenfreiheit von 16,2 cm erreicht. Zusätzlich hat die Dana-Spicer-E-13201-Vorderachse eine Absenkung von 12,7 cm. Die Vorderachse des LowMax liegt weit vorne.

Besitzer des LowMax schätzen den komfortablen Ein- und Ausstieg. Auch die Wartung fällt leicht, weil der Motor übersichtlich angelegt ist. Obwohl der LowMax eine lange Haube hat, haben die Ingenieure bei Western Star den Frontbereich verkleinert, um die Aerodynamik zu verbessern. Der LowMax ist auf Wunsch mit Schlafkabine erhältlich.

VOLVO
2002 Schweden

VOLVO VN

2002 hat Volvo seine populäre Zugmaschinenreihe VN für den US-Markt überarbeitet. Hauptgrund waren die strengen neuen Emissionsgrenzwerte der US Environmental Protection Agency (EPA).

Technische Daten

Land: Schweden
Gebaut seit: 2002
Motor: Volvo D12, Cummins ISX
Getriebe: 12 Gänge
Nutzlast: bis zu 20 Tonnen
Verwendungszweck: Fernverkehr
Besonderheit: Abgasrückführung (EGR)

Der VN musste mit einem Abgasrückführungssystem (EGR) ausgestattet werden. Volvo hatte sich, ähnlich wie die meisten nordamerikanischen Hersteller, für das EGR-Verfahren entschieden, um die neuen Grenzwerte einzuhalten. Den damit verbundenen höheren Kraftstoffverbrauch sollten Verbesserungen an Fahrerhaus und Fahrgestell zumindest teilweise kompensieren.

Verbesserte Aerodynamik

Die Anordnung von Fahrerhaus und Sattelkupplung wurde überarbeitet und Frontscheinwerfer und Kotflügel neu gestaltet, um die Aerodynamik zu verbessern. Sogar der Spritzschutz vorne am Fahrzeug ist nun optimiert, damit kein Schmutz mehr den Luftstrom behindert. Schließlich ist es Volvo gelungen, den Luftwiderstand bei der neuen VN-Reihe im Vergleich zu vorherigen Modellen leicht zu verringern. Das senkt den Kraftstoffverbrauch um bis zu 1,5 Prozent.

Oben: *Strikte neue Emissionsvorschriften in den USA veranlassten Volvo 2002 zu einer grundlegenden Überarbeitung seiner VN-Reihe.*

MITSUBISHI
2002 Japan

MITSUBISHI FUSO CANTER

Nach über acht Jahren wurde das erfolgreiche Modell Mitsubishi Canter 2002 gründlich überholt. Das neue Design des Canter mit einer Nutzlast von zwei Tonnen setzt international Maßstäbe. Vor allem das neue Sicherheitssystem des LKWs fand ein positives Echo in der Fachwelt.

Oben: *Der traditionelle LKW von Mitsubishi bekam 2002 dieses Facelifting.*

Technische Daten

Land: Japan
Gebaut seit: 2002
Motor: 4-Zylinder Turbo
Getriebe: 6 Gänge
Nutzlast: 2 Tonnen
Verwendungszweck: Lieferwagen, Transporter
Besonderheit: effektives Sicherheitssystem

Das Design des neuen Canter soll sich besser in Mitsubishi Fusos Angebot an mittleren und schweren Lastwagen einfügen. Es beinhaltet einen Kühlergrill in Form eines umgekehrten Trapezes und nach vorne abfallende Seitenfenster. Auch die Frontscheinwerfer sind überarbeitet. Die stärkeren Modelle sind mit Gasentladungsscheinwerfern ausgestattet, die eine bessere Nachtsicht gewährleisten.

Schalthebel am Armaturenbrett

Der Canter ist der erste in Serie hergestellte Frontlenker, bei dem der Schalthebel am Armaturenbrett angebracht ist. Ein weiterer Beitrag zur bequemeren Handhabung leistet der Hebel der Handbremse. Auch in angezogenem Zustand bleibt er unterhalb des Sitzes. So kann sich der Fahrer besser bewegen. Auch das kürzere Armaturenbrett des neuen Canter sorgt für mehr Platz im Fahrerhaus.

Natürlich wurde auch die Sicherheit des Canter verbessert. Der neue LKW ist mit dem Sicherheitssystem Fuso RISE ausgestattet. Es absorbiert den Aufprall, ohne dass der Passagierraum zu sehr gestaucht wird.

DAF

2002 **Niederlande**

DAF XF95

Mit seinem Modell 95XF setzte DAF bereits in den frühen 1990er-Jahren Maßstäbe. Mit dem neuen XF95 hat das niederländische Unternehmen 2002 die Latte noch höher gelegt.

Technische Daten

Land: Niederlande
Gebaut seit: 2002
Motor: DAF 12,6 Liter
Getriebe: 16-gängiges manuelles Synchrongetriebe
Nutzlast: 26 bis 29 Tonnen
Verwendungszweck: Ferntransport
Besonderheit: Scheibenbremsen von DAF

Oben: *Der neue XF95 von DAF besticht durch geringe Betriebskosten und mehr Fahrkomfort.*

DAF überarbeitete das Aussehen seines Lastwagens, um ihn stärker an die Baureihen LF und CF anzugleichen, die Fahrzeuge für den lokalen Lieferverkehr und den Mittelstreckentransport. Klare Scheinwerfer, ein neuer Kühlergrill und schicke Spoiler werten den XF optisch auf. Auch die neu gestalteten Seitenflügel lassen den XF95 moderner aussehen.

Das Fahrgestell wurde komplett überarbeitet, um es stabiler und leichter zu machen. Dabei half der Einsatz von neuen Edelstahllegierungen. Das Fahrgestell ist abgeflacht, was bedeutet, dass viele Komponenten innerhalb des Fahrgestells montiert werden können. Solche kleinen Veränderungen schaffen Raum für Komponenten wie zusätzliche Kraftstofftanks oder einen Kompressor für Schwertransporter.

12,6-Liter-Motor

Der XP95 ist mit einem überarbeiteten DAF-12,6-Liter-Motor ausgestattet, in vier Varianten. Laut DAF ist die Effizienz der neuen XF-Generation durch Verbesserungen am Motor und am elektronischen Motorkontrollsystem um bis zu zwei Prozent höher. Im Innern des Fahrerhauses hat der XF95 ein gut lesbares Armaturenbrett, und ein verlängertes Bremspedal sorgt für zusätzliche Beinfreiheit.

SISU

2002 **Finnland**

SISU 8x8

Die Lastwagen des finnischen Autobauers Sisu sind meist mit Fahrerhäusern von Renault und Motoren von Mack ausgestattet. Dieses Modell hat jedoch einen Motor von Cummins.

Rechts: *Der Sisu 8x8 ist ein robuster Lastwagen, der schweren Einsätzen unter extremen Bedingungen gewachsen ist.*

Technische Daten

Land: Finnland
Gebaut seit: 2002
Motor: Sisu
Getriebe: 16 Gänge
Nutzlast: 16 Tonnen
Verwendungszweck: Gelände, militärisch
Besonderheit: sicherer Geländeeinsatz

Im Jahr 2002 wurde die Angebotspalette von Sisu um diesen 8x8-Lastwagen erweitert, der speziell für den Lastentransport unter extremen Bedingungen taugt. Das Fahrzeug entstand in Zusammenarbeit mit dem finnischen Militär und eignet sich für Geländeeinsätze. Frühere Geländelastwagen von Sisu wurden von der UNO bei Friedensmissionen in Regionen wie dem Kosovo eingesetzt. Der Sisu 8x8 bietet abseits der Straße eine gute Manövrierbarkeit und hat eine hohe Ladekapazität. Er ist ein vielseitiges und belastbares Fahrzeug.

Containertransport

Eines der Hauptaufgaben des Sisu 8x8 ist der Containertransport. Der LKW kann mit einer abnehmbaren Ladefläche und mit einem Kran für Container ausgestattet werden, der direkt auf den Rahmen montiert ist. Zur Verbesserung der Funktionalität baute Sisu auch ein unabhängiges Hydrauliksystem ein.

Auch auf eine leichte Handhabung des Fahrzeugs wurde Wert gelegt. Weil der Lastwagen auch in schwierigem Gelände eingesetzt wird, sind empfindliche Teile wie die Kraftstoff-, Elektrizitäts-, Luftdruck- und Kühlsysteme gut geschützt.

FREIGHTLINER
2002 USA

FREIGHTLINER BUSINESS CLASS M2

Im Jahr 2002 kam der neue M2 auf den Markt. Er hat den Anteil von Freightliner am nordamerikanischen Markt für mittelschwere Lastwagen weiter vergrößert.

Die M2-Reihe umfasst Trucks für alle Bereiche, in denen mittelschwere Lastwagen üblicherweise eingesetzt werden. Das Fahrgestell ist so konstruiert, dass es die unterschiedlichsten Aufbauten ermöglicht. Die große Windschutzscheibe bietet dem Fahrer sehr gute, ungehinderte Sicht. Auch die niedrige, abfallende Motorhaube verbessert den Blick auf die Straße. Die Haube ist so niedrig wie bei manchen Kleinlastwagen. Weil die Trucks vielfach auch durch enge Bereiche fahren, hat Freightliner die Wendigkeit der Business Class verbessert. Dafür wurde die Lenkung überarbeitet, um je nach Kombination einen Einschlagwinkel von bis zu 55 Grad zu erreichen. Auch die zurückgesetzte Vorderachse erhöht die Wendigkeit.

Drei Modelle

Das kleinste der drei M2-Modelle, der M2 100, eignet sich ideal für das Fahren in beengten Bereichen, wie es bei Abhol- und Zustellanwendungen häufig vorkommt. Der M2 106 ähnelt dem M2 100 technisch, ist

Oben: *Der Business Class M2 von Freightliner, hier als Kraftstofftransporter.*

Ganz oben: *Das Innere des Business Class M2.*

aber als größeres Fahrzeug belastbarer. Der M2 112 ist der größte der drei neuen Lastwagen. Dieses Modell, das auch als Zugmaschine angeboten wird, hat den stärkeren Mercedes-Benz-Motor unter der Haube. Der LKW ist für ein besseres Fahrverhalten in unwegsamem Gelände geeignet und mit diversen Aufhängungen erhältlich.

Motoren von Mercedes

Standardmotor für den M2 ist der sparsame und zuverlässige Mercedes-Benz 900. Das mittlere Triebwerk von Mercedes hat ein gutes Verhältnis von Gewicht und Leistung und kann bei niedrigen Umdrehungen ein hohes Drehmoment erzeugen. Dadurch muss bei Fahrten bergauf nicht ständig geschaltet werden. Der stärkere Motor MBE 4000 von Mercedes wird optional für die schweren M2-Modelle angeboten. Auch eine Auswahl von Caterpillar-Motoren mit Leistungen von 175 bis 430 PS (130,4 bis 320,6 kW) steht zur Verfügung. Für die Rennversion Business Class Race Truck, der oft bei Truck-Rennen zu sehen ist, treiben den Laster sogar 980 PS (720 kW) an.

Viele Details

Beim genaueren Blick auf den Business Class M2 finden sich auch viele kleine Details, in denen die neue Generation ihren Vorgängern überlegen ist. Rote Leselampen im Fahrerhaus (ähnlich denen im Cockpit eines Flugzeugs) ermöglichen das Lesen von Karten, ohne dass die Nachtsicht beeinträchtigt wird. Zudem wurde die Verkabelung überarbeitet und unnötige Kabel entfernt. Die unterschiedlichen elektrischen Signale werden durch einen vereinfachten Kabelsatz geführt, um Fehlerdiagnose und Reparatur zu vereinfachen. Der M2 hat auch eine überarbeitete Heiz-, Ventilations- und Klimaanlage für einen noch besseren Fahrkomfort.

Technische Daten

Land: USA
Gebaut seit: 2002
Motor: MBE 900, 4000, Caterpillar
Getriebe: Mercedes, Eaton Fuller oder Allison
Nutzlast: 18 Tonnen
Verwendungszweck: Lieferwagen, Transporter
Besonderheit: große Windschutzscheibe

Links: Als Rennversion ist ein solcher Freightliner schon auf dem Nürburgring zu sehen gewesen. Allerdings mit vielen Aufklebern und 980 PS unter der Haube.

IVECO
2002 **Italien**

IVECO STRALIS

Im Januar 2002 stellte das italienische Unternehmen Iveco mehrere Stralis-Schwerlaster vor, zunächst den Active Space und kurz darauf den Active Time und den Active Day.

Der Active Space ist für den internationalen Fernverkehr entwickelt. Er hat ein geräumiges Fahrerhaus und eine komfortable Schlafkabine. Der Active Time hingegen ist für den Mittel- oder Kurzstreckenverkehr entwickelt, bei dem keine große Schlafkabine benötigt wird. Er hat jedoch eine kleine Schlafkoje und ist ideal für kürzere Fahrten mit ein bis zwei Übernachtungen. Der Active Day ist für den regionalen Lieferverkehr bestimmt, bei dem die Fahrer nicht im Wagen übernachten.

Auszeichnung für den Active Space

Der Active Space wurde 2003 „Internationaler Lastwagen des Jahres“. Die Fahrerhäuser von Active Time und Active Day sind um 15 cm tiefer gelegt, um den Ein- und Ausstieg zu erleichtern. Auch die Fahrerhausaufhängung ist verbessert, um Vibrationen zu reduzieren.

Das wichtigste Verkaufsargument für die Stralis-Fahrzeuge ist ihr geringer Kraftstoffverbrauch. Der Active Space schluckt vier bis fünf Prozent weniger als viele Konkurrenten. Das verdankt er größtenteils seinem neuen, aerodynamischen Profil. Auch die Wartung ist relativ einfach und preisgünstig.

Oben: *Die Schwerlastmodelle 350 (links) und 430 (rechts) aus der Stralis-Reihe.*

Technische Daten

Land: Italien
Gebaut seit: 2002
Motor: Iveco Cursor
Getriebe: vollautomatisches EuroTronic
Nutzlast: 28 Tonnen
Verwendungszweck: regionale Auslieferung, Fernverkehr
Besonderheit: 2003 „Internationaler Lastwagen des Jahres“

VOLVO

2003 **Schweden**

VOLVO FH16

Im anhaltenden Wettstreit um mehr PS brachte Volvo im Juni 2003 seinen bisher stärksten LKW heraus. Der FH16 mit seinem 16-Liter-Motor ist Volvos Flaggschiff in Europa.

Oben: *Der FH16 war 2003 der stärkste Straßenzug auf dem europäischen Markt. Der Siebenachser hat ein Gesamtgewicht von bis zu 60 Tonnen.*

Technische Daten

Land: Schweden
Gebaut seit: 2003
Motor: 16 Liter Volvo D16C
Getriebe: Volvo-Synchrongetriebe
Nutzlast: bis 45 Tonnen
Verwendungszweck: Ferntransport
Besonderheit: Anfahrhilfe bei Steigungen

Der FH16 kommt selbst mit großen Lasten in bergigem Gelände zügig voran. Volvo setzt darauf, dass in Europa bald höhere Gesamtgewichte und längere Fahrzeuge zugelassen werden, die stärkere Motoren verlangen. Der FH16 hat 610 PS (454,9 kW).

FH12 als Basis

In Schweden und Finnland sind bereits Längen von 25,25 m und Gesamtgewichte von bis zu 60 Tonnen erlaubt. So wurden die Zugmaschine FH16 und der Motor D16C geboren. Das Fahrzeug basiert auf seinem Vorgänger, dem beliebten FH12. Volvo veränderte das Aussehen des neuen Modells jedoch deutlich.

Aus dem Stand bergauf

Volvo legt wie immer Wert auf mehr Sicherheit. So ist das Fahrzeug mit einer Active Cruise Control (ACC), einem Abstandsregeltempomaten ausgestattet, der mithilfe eines Radarsensors den Sicherheitsabstand zum vorausfahrenden Fahrzeug kontrolliert. Das System kann die Geschwindigkeit des Fahrzeugs regulieren, um den nötigen Abstand einzuhalten. Ein neues elektronisches Stabilitätsprogramm (ESP) für die Bremsen hilft, das Schleudern und Umkippen bei Vollbremsungen zu verhindern. LKWs, die mit dem elektronisch geregelten Bremssystem (EBS) von Volvo ausgestattet sind, haben zusätzlich eine Anfahrhilfe bei Steigungen (Hill Start Aid), die das Anfahren aus dem Stand erleichtert.

RENAULT

2003 Frankreich

RENAULT KERAX

Der Renault Kerax verbindet den Komfort eines Straßenfahrzeugs mit der Robustheit, die für den Einsatz abseits der Straße nötig ist. Da im Tagebau schwere Arbeitsbedingungen herrschen, ist der kernige Kerax des französischen Autoherstellers aus besonders geländetauglichen Teilen gebaut.

Oben: *Mit Gummi- oder Luftfederung ausgestattet, lässt sich der Kerax selbst auf unwegsamen Baustellen gut fahren.*

Links: *Auch wenn der Kerax wie ein Straßenzug aussieht, ist er robust genug für jeden Baustelleneinsatz.*

Technische Daten

Land: Frankreich
Gebaut seit: 2003
Motor: Renault 11,1 Liter
Getriebe: 12 oder 16 Gänge
Nutzlast: 21 Tonnen
Verwendungszweck: Transport von Baumaterialien und Vieh
Besonderheit: relativ leichter LKW

Der Werbeslogan für den Kerax lautet „built to build" (gebaut, um zu bauen). Er ist speziell für den Tagebau konstruiert, kann aber auch Sand, Kies, Ziegel, Dachpfannen, Tanks oder auch Vieh transportieren.

Geringes Leergewicht

Der LKW hat ein relativ geringes Leergewicht von 8790 kg und eine Nutzlast von bis zu 21 Tonnen, je nach Aufbau. Das geringe Leergewicht wird durch ein kurzes Fahrerhaus und einen kleinen Tank erreicht. Das Fahrzeug hat einen Radstand von 5,065 m. Zur Standardausstattung gehört ein 11,1-Liter-Motor von Renault mit 370 PS (275,9 kW). Ein stärkerer Motor mit 412 PS (307,2 kW) wird ebenfalls angeboten. Eine Gummiaufhängung sorgt selbst in unwegsamem Gelände für ein angenehmes Fahrgefühl. Es gibt auch 4x2-Zugmaschinen mit einer leichten Luftfederung. Der Kerax ist standardmäßig mit einem kurzen Fahrerhaus versehen. Optional ist ein so genanntes Globalfahrerhaus oder ein langes Fahrerhaus erhältlich. Die Konstruktion des Fahrerhauses gewährleistet einen leichten Ein- und Ausstieg.

RENAULT
2003 **Frankreich**

RENAULT PREMIUM ROUTE 320.26

Ähnlich wie der Kerax hat der Premium Route ein leichtes Fahrgestell, das ihm zu einem geringen Leergewicht verhilft. Der Premium Route 320.26 wurde 2003 vorgestellt.

Oben: *Die Nutzlast des Premium Route ist etwas geringer als die des Kerax, aber er bietet mehr Fahrkomfort und eignet sich besser für den Ferntransport.*

Technische Daten

Land: Frankreich
Gebaut seit: 2003
Motor: Renault 11,1 Liter
Getriebe: 9 oder 11 Gänge
Nutzlast: 17 Tonnen
Verwendungszweck: Lieferung von Baumaterialien und Vieh
Besonderheit: Mülllastwagen mit Rußpartikelfilter

Der Hauptunterschied zum Modell Kerax ist die etwas geringere Nutzlast des Premium Route von 17 Tonnen (gegenüber 21 Tonnen beim Kerax). Standard für den Premium Route ist ein gut ausgestattetes, kurzes Fahrerhaus. Ein Globalfahrerhaus oder ein langes Fahrerhaus ist optional erhältlich. Renaults LKW vereint Fahrkomfort, Zuverlässigkeit und niedrige Betriebskosten in einem leichten, belastbaren Fahrzeug. Der Premium Route konnte sich am umkämpften europäischen Markt für leichtere 6x4-Lastwagen schnell behaupten. Er ist wie der Kerax mit einem 11,1-Liter-Motor von Renault ausgestattet, dessen Leistung mit 320 PS (238,6 kW) aber etwas geringer ist. Auch stärkere Motoren sind verfügbar. Zur Standardausstattung des Premium Route gehören ein 200-Liter-Kunststofftank, einfach übersetzte Hinterachsen, eine dreifache hintere Blattfederaufhängung aus Stahl, Stahlräder und ein ZF-9S-109-Getriebe. Die Fahrer des Premium Route schätzen die erhöhte Kopffreiheit im Fahrerhaus.

Sauberer Müllwagen

Der Kampf um geringere Emissionen war 2003 in vollem Gange, und Renault bietet für seine Premium 320-Mülllaster seither einen Rußpartikelfilter an. Sechs Filterpatronen sind an der Stelle angebracht, an der sich der Auspufftopf befindet.

INTERNATIONAL

2004 USA

9200I UND EAGLE 9900IX

Zu den amerikanischen Zugmaschinen der International-Baureihe 9000i gehört neben dem aerodynamischen 9200i auch der International Eagle 9900ix mit seinem klassischen Design.

Technische Daten

Land: USA

Gebaut seit: 2004

Motor: Caterpillar und Cummins

Getriebe: Fuller und Meritor

Nutzlast: 20 Tonnen

Verwendungszweck: Ferntransport

Besonderheit: wesentlich sparsamer als sein Vorgänger

Der Kraftstoffverbrauch des LKWs 9200i ist um zwei bis fünf Prozent geringer als der vieler anderer LKWs des Unternehmens. Er hat eine zurückgesetzte Vorderachse für eine bessere Wendigkeit und bietet dem Fahrer eine gute Sicht.

Der Lastwagen ist sehr leicht, unter anderem durch ein Fahrerhaus aus Aluminium. Die daraus resultierenden höheren Nutzlasten sind ein weiterer Grund für seine Beliebtheit. Auch bei Fahrern kommt der 9200i an, weil er viel Stauraum und eine große Bewegungsfreiheit bietet.

Traditionelles Aussehen

Der International Eagle 9900ix unterscheidet sich von dem 9200i vor allem optisch. Viel blanker Stahl und die breite Texas-Style-Stoßstange verleihen dem Eagle ein klassisches Aussehen.

Oben: *Der Eagle ist ein beliebter Ferntransporter in den USA. Er hat ein leichtes Fahrerhaus aus Aluminium und eine aerodynamische Haube.*

INTERNATIONAL
🛠 **2004 USA**

INTERNATIONAL SERIE 5000

Sei es nun Holzgewinnung, Schwertransport oder aufreibende Bauarbeit, der größte Fehler, den man beim Schwereinsatz machen kann, ist die Verwendung eines überspezialisierten Lasters. Deshalb hat International die Serie 5000 entwickelt. Die Fahrzeuge eignen sich für jede Aufgabe.

Rechts: *Mit den LKWs der Serie 5000 bedient International den amerikanischen Markt für Schwerlastfahrzeuge.*

Technische Daten

Land: USA
Gebaut seit: 2004
Motor: International HT, DT, Cummins, Caterpillar
Getriebe: diverse
Nutzlast: 18 Tonnen
Verwendungszweck: Holztransport, Schwertransport, Bauarbeit
Besonderheit: auf Schwereinsätze eingestellt

Die Serie 5000 des amerikanischen Autobauers besteht aus unterschiedlichen Modellen, die den jeweiligen Ansprüchen gerecht werden sollen.

5500i/5600i

Der 5500i ist ein Baulastwagen mit einem Fahrerhaus aus Aluminium und weiteren leichten Bauteilen wie dem Motor HT 570 von International. Sein geringes Gewicht ermöglicht hohe Nutzlasten, was ihn sehr effektiv macht. Sein luxuriöserer Bruder, der 5600i, hat ebenfalls ein leichtes Fahrerhaus aus Aluminium, das im Inneren aufwändiger ausgestattet ist. Die um 1,16 m nach hinten versetzte Vorderachse macht den 5600i auf engen Baustellen sehr wendig.

5900i

Der schwerere 5900i hat eine um 76,2 cm nach vorne versetzte Vorderachse. Seine eckige, konventionelle Haube bietet Platz für Motoren bis zu 560 PS (417,5 kW). Er eignet sich für besonders schwere Lasten.

SCANIA
2004 Schweden

SCANIA R-SERIE

Die Ferntransporter der Serie R erfüllen die Euro-4-Emissionsvorschriften. Trotz starkem Motor unter der Haube sind sie relativ umweltfreundlich und sparsam im Verbrauch.

Technische Daten

Land: Schweden
Gebaut seit: 2004
Motor: diverse
Getriebe: 14 Gänge
Nutzlast: nicht bekannt
Verwendungszweck: Ferntransport
Besonderheit: leichter als bisherige Modelle

Ungefähr 65 Prozent der Komponenten für die R-Serie wurden aus der bestehenden Produktpalette von Scania übernommen. Im Fahrerhaus gibt es ein völlig neues Interface für den Fahrer und neue Anzeigen und Instrumente. Leif Ostling, Präsident und Geschäftsführer von Scania, erklärte: „Hauptziele bei der Entwicklung der neuen Baureihe waren, eine noch bessere Umgebung für den Fahrer zu schaffen und die Wirtschaftlichkeit für den Besitzer zu verbessern. Wir haben das Gewicht reduziert, die Zuverlässigkeit und das Fahrverhalten verbessert und dabei das spezielle Scania-Feeling erhalten."

Euro-4-Motor erhältlich

Der Kraftstoffverbrauch ist durch die Aerodynamik und eine intelligentere Motorsteuerung um drei Prozent gesenkt worden. Das Fahrzeug ist 270 kg leichter als sein Vorgänger, was seine Effizienz erhöht. Die Niederemissionsmotoren produzieren 30 Prozent weniger Stickoxide und 80 Prozent weniger Rußpartikel als Vor-Euro-4-Motoren. Sie sind bis zu 420 PS (313,1 kW) stark. Viele Komponenten der R-Serie sind mit bestehenden Scania-Modellen in der ganzen Welt austauschbar.

Oben: *Das neue Frontdesign der Serie R soll die Scania-Identität widerspiegeln.*

MAN

2004 Deutschland

MAN 2000 EVOLUTION

Die Bandbreite der Evolution-Baureihe des Unternehmens MAN reicht von kleinen Fahrzeugen wie dem L2000 bis zur Sonderreihe E2000, mit einem Zuggesamtgewicht von bis zu 250 Tonnen.

Rechts: *Der MAN Evolution ist wegen seines geringen Gewichts wirtschaftlich und effizient.*

Technische Daten

Land: Deutschland
Gebaut seit: 2004
Motor: 4- oder 6-Zylinder, nach Euro 2 oder 3
Getriebe: vollautomatisch bis 16 Gänge
Nutzlast: bis 250 Tonnen Zuggesamtgewicht (E2000)
Verwendungszweck: Kurzstreckentransport, leichter Ferntransport, Baustelleneinsatz
Besonderheit: sehr gut an individuelle Wünsche anzupassen

Der leichteste L2000 hat ein kompaktes Fahrerhaus mit einem hohen Dach für zusätzliche Kopffreiheit. Er wird mit Vier- oder Sechszylindermotoren angeboten, die alle die Euro-2- und Euro-3-Emissionsvorschriften erfüllen.

Vielseitiger M2000

Der M2000 Evolution ist vielfältig einsetzbar, dient aber vor allem als Kurzstreckentransporter. Auch für leichte Ferntransporte und Baustelleneinsätze ist er gut geeignet. Wegen seines geringen Gewichts bietet er eine höhere Nutzlast und kann mit kraftvollen, umweltfreundlichen Motoren betrieben werden. Der Rahmen ist trotz seiner leichteren Bauweise stabil und aufbaufreundlich.

Die Fahrzeuge der M-Evolution-Reihe sind mit sechs verschiedenen Fahrerhäusern erhältlich. Dadurch lassen sie sich sehr gut an individuelle Wünsche anpassen. Eine Doppelkabine bietet sieben Personen Platz, während das kompakte Fahrerhaus ideal für den regionalen Lieferverkehr ist.

RENAULT
2004 **Frankreich**

RENAULT MAGNUM

Der beliebte Magnum ist das Flaggschiff des französischen Herstellers Renault. Der vielseitige Laster ist oft auf europäischen Autobahnen unterwegs.

Das Multipass-Fahrerhaus sitzt leicht abgesetzt über dem sogenannten „technischen Modul", das Motor, Getriebe und andere Komponenten beherbergt. Dadurch erhält der Magnum seinen charakteristischen Stil, der ihn so unverwechselbar macht.

Zu den weiteren charakteristischen Merkmalen der neuen Magnum-Generation gehören ein flexibler Spoiler mit eingelassenen Nebelscheinwerfern und trapezförmige, einteilige Scheinwerfer, die für eine exzellente Nachtsicht sorgen.

„Ein echtes Wohnzimmer"

Der französische Hersteller nennt sein Multipass-Fahrerhaus „ein echtes Wohnzimmer auf Rädern", das dem Fahrer einen ergonomischen Fahrersitz, eine gute Isolierung gegen Lärm und Außentemperaturen und eine verkürzte Aufwärmzeit bietet. Das Mulitpass-Fahrerhaus ist so gestaltet, dass es verschiedene, klar getrennte Bereiche hat, vom Essbereich über den Entspannungsbereich bis zum Schlafplatz. Ein drehbarer Beifahrersitz mit Fußablage dient als Sessel. Der neue Magnum bietet auch reichlich Stauraum, sodass die Bewegungsfreiheit im Fahrerhaus weniger eingeschränkt ist. Wegen seiner komfortablen Ausstattung ist der Magnum bei Fahrern beliebt.

Oben: *Der Magnum ist das europäische Flaggschiff von Renault.*

Ganz oben: *Die charakteristische Raute ist seit 1925 das Symbol von Renault.*

Technische Daten

Land: Frankreich
Gebaut seit: 2004
Motor: E-Tech 6-Zylinder
Getriebe: nicht bekannt
Nutzlast: 2,7 Tonnen
Verwendungszweck: jede Art von Ferntransport
Besonderheit: Multipass-Fahrerhaus als „echtes Wohnzimmer"

DAIMLERCHRYSLER
2004 Deutschland

MERCEDES-BENZ AXOR

2004 stellte das Unternehmen DaimlerChrysler den neuen Axor für den Markt der 18- bis 26-Tonner vor. Der Lastwagen bietet ein geringes Gewicht, höhere Haltbarkeit, hohe Nutzlasten und große Wartungsintervalle.

Oben: *Der Mercedes-Benz Axor hat satte 428 PS unter der Haube.*

Technische Daten

Land: Deutschland
Gebaut seit: 2004
Motor: 6 bis 12 Liter 6-Zylinder
Getriebe: 9 Gänge
Nutzlast: 26 Tonnen
Verwendungszweck: Kurz- und Mittelstreckentransport, regionaler Lieferverkehr
Besonderheit: drei verschiedene Fahrerhausausstattungen

Der Axor wird als Sattelzugmaschine oder Pritschenwagen angeboten. Er eignet sich ideal für den Kurz- und Mittelstreckentransport und den regionalen Lieferverkehr.

Den LKW treibt ein effizienter Sechszylinder-Reihenmotor mit einem eindrucksvollen Drehmoment an. Die Größe der Motoren reicht von 6 bis 12 Liter. Sie leisten bis zu 428 PS (319,1 kW). Ein handgeschaltetes Neunganggetriebe mit hydraulisch-pneumatischer Schaltung und Einscheibenkupplung sorgt für sanftes und effizientes Schalten. Außerdem ist es 30 kg leichter als vergleichbare Getriebe.

Fahrerhaus nach Wahl

Der überarbeitete Axor hat auch einen verbesserten Stauraum, der dem Fahrer mehr Platz bietet. Die Fahrerhäuser haben drei wählbare Innenausstattungen für Fernverkehr, Kurzstrecken und Komfort. Die Fernverkehrsausstattung bietet zusätzliche Ablageflächen, die Kurzstreckenausstattung mehr Bewegungsfreiheit und leichteren Ein- und Ausstieg und die Komfortausstattung eine verbesserte Optik. Das kompakte S-Fahrerhaus, das zur Standardausstattung des Axor gehört, reduziert das Gewicht des Lastwagens erheblich. Es ist aber auch ein längeres Fahrerhaus verfügbar.

PETERBILT

2004 USA

PETERBILT 379

Der Peterbilt 379 war 1986 der erste LKW des amerikanischen Herstellers mit aerodynamischem Design. Das Fahrzeug ist seither kontinuierlich verbessert worden.

Zur Herstellung des Peterbilt 379 wurden Elemente aus dem Flugzeugbau verwendet. Die Federungssysteme von Peterbilt konnten angepasst werden, sodass der Lastwagen in nahezu jedem Anwendungsbereich eingesetzt werden kann. Um ihn noch zu verbessern, ist der Radstand in 2,54-cm-Schritten einstellbar. Außerdem bietet Peterbilt sechs verschiedene Längsträger an, sodass das Verhältnis von Stabilität und Gewicht genau bestimmt werden kann.

Der 379 ist als Lastwagen und als Zugmaschine mit bis zu 600 PS (447,4 kW) erhältlich und nach Wahl mit Schlafkabinen ausgestattet. Auch ein Rückwand-Einbausatz ist im Angebot. Dadurch ist es möglich, die Schlafkabine zu entfernen, wenn sich das Einsatzgebiet des Fahrzeugs ändert.

Moderne Schlafkabinen

Die Schlafkabinen sind geräumig. Auch der luxuriöse UltraSleeper ist für den 379 verfügbar. Peterbilt preist seine Schlafkabinen als außergewöhnlich ruhig und komfortabel an. Sein Unibilt Cab Sleeper-System vereint Fahrerhaus und Schlafkabine zu einer strukturellen Einheit, die Stöße und Schläge besser abfedert.

Oben: *Der 379 ist in den USA ein beliebter Sattelschlepper.*

Technische Daten

Land: USA
Gebaut seit: 1986
Motor: Caterpillar und Cummins
Getriebe: Eaton oder Meritor bis 18 Gänge; Allison Automatik; Eaton oder Meritor Automatik
Nutzlast: nicht bekannt
Verwendungszweck: Ferntransport
Besonderheit: Unibilt Cab Sleeper-System

PETERBILT

2004 USA

PETERBILT 335

Mit dem 335 stellte Peterbilt 2004 einen neuen mittleren Lastwagen vor, der sich für Abhol- und Zustellservice, Getränkeauslieferung, den Baustelleneinsatz und die Müllbeseitigung eignet.

Technische Daten

Land: USA

Gebaut seit: 2004

Motor: Caterpillar C7 oder Cummins ISC

Getriebe: Eaton Fuller 6, 9, 10 oder 11 Gänge, Allison Automatik, Eaton Fuller UltraShift

Nutzlast: 8 Tonnen

Verwendungszweck: Lieferungen, Baustelleneinsatz, Müllabfuhr, Tankwagen

Besonderheit: neue Kotflügel für geschmeidigeres Aussehen

Oben: *Das Modell 335 von Peterbilt hat ein geschmeidigeres, aerodynamischeres Erscheinungsbild als seine Vorgänger.*

Das Fahrerhaus des 335 ist aus leichtem, aber beständigem, rostfreiem Aluminium hergestellt und mit Befestigungselementen aus dem Flugzeugbau zusammengefügt. Auch die Längsträger des Rahmens sind mit Flugzeugbau-Technologie befestigt, was den Rahmen stabil macht. Das einteilige Aluminiumdach trägt zum geringen Gewicht des 335 bei und verhindert störendes Klappern in schwierigem Gelände.

Haube und Kotflügel aus Metton

Eine Besonderheit des 335 ist seine Haube mit integrierten Kotflügeln, die aus dem leichten, stabilen Verbundwerkstoff Metton gefertigt ist. Die aerodynamische Haube sorgt für gute Sicht und trägt zum geschmeidigen Aussehen des Fahrzeugs bei. Darunter arbeiten 315 PS (234,9 kW). Fahrer schätzen die neuen Scheinwerfer, die einen intensiveren Lichtstrahl erzeugen und gute Sicht bieten. Die Scheinwerfer schützen widerstandsfähige Gehäuse aus Lexan.

HINO
2004 Japan

HINO FG

Hino ist als Tochtergesellschaft von Toyota auf den asiatischen Märkten unschlagbar. In den Produktionsstätten gehen inzwischen schon über 100000 Lastwagen jährlich vom Band.

Technische Daten

Land: Japan
Gebaut seit: 2004
Motor: 6 Zylinder
Getriebe: diverse
Nutzlast: bis 14 Tonnen
Verwendungszweck: Abhol- und Zustellservice, öffentliche Aufgaben
Besonderheit: pflegeleicht

Oben: *In Japan hergestellte Hinos werden gerne als Baufahrzeuge eingesetzt.*

Hino machte 2004 nicht nur in Asien, sondern auch in Kanada Rekordumsätze und wurde auch auf US-Straßen ein immer häufigerer Anblick, besonders im städtischen Abhol- und Zustellverkehr und als Kommunalfahrzeug. Der Erfolg des Unternehmens beruht zum Teil auf der Überarbeitung seiner Fahrzeuge im Jahr 2003. Doch schon vorher machte das Unternehmen Schlagzeilen, so bei erfolgreichen Teilnahmen seiner Zehntonner an der Rallye Paris-Dakar.

Der euopäische Markt ist noch nicht erobert, doch Hino bietet in Nordamerika bereits eine Reihe von Lastwagen an. Seine nordamerikanischen Motoren sind mit Abgasrückführung (EGR) ausgestattet, um die strengen Grenzwerte zu erfüllen. Die Vier- und Sechszylindermotoren der J-Serie von Hino verbinden die Abgasrückführung mit einer Common-Rail-Einspritzung und einem Turbolader mit Verstellgeometrie. Gemeinsam sorgen diese Systeme für geringen Verbrauch und niedrige Emissionen.

Hino FG

2004 brachte das Unternehmen den mittelschweren Laster Hino FG auf den Markt. Sein abgasoptimierter Motor von Toyota wird von 210 PS (154 kW) angetrieben.

ERF
2004 **Großbritannien**

ECT OLYMPIC

Im Jahr 2004 schloss ERF mit der Einführung des geräumigen Olympic in Großbritannien seine ECT-Reihe ab. Der Olympic ist speziell für Ferntransporte konstruiert.

Rechts: *Markenzeichen des Olympic sind sein Hochdach und das geräumige Fahrerhaus.*

Technische Daten

Land: Großbritannien
Gebaut seit: 2004
Motor: Cummins oder MAN
Getriebe: 12 Gänge
Nutzlast: 26 bis 29 Tonnen
Verwendungszweck: Ferntransport
Besonderheit: Hochdach

In der Entwicklungsphase waren markentreue Fernfahrer zu Rate gezogen worden, deren Anregungen die Ingenieure berücksichtigten. Das Fahrerhaus kann mit 4x2- oder 6x2-Fahrgestellen kombiniert werden, und die Käufer wählen zwischen einem Cummins-Triebwerk mit 420 PS (313,1 kW) und einem MAN-Common-Rail-Motor mit 480 PS (357,9 kW).

Geräumiges Inneres

Der größte Vorteil des Olympic ist sein hohes Dach und sein geräumiges Inneres. Im Vergleich zu anderen ECT-Modellen ist er komfortabler, von den Sitzen bis zur Klimaanlage. Große Stauräume gehören zur Standardausstattung, und der Olympic hat zwei Schlafkojen. Eine getönte Windschutzscheibe dient als Blendschutz.

RENAULT
2004 **Frankreich**

RENAULT PUNCHER

Mit dem Puncher für Straßenarbeiten und Müllbeseitigung vervollständigte Renault seine Premium- und Midlum-Fahrzeugreihen. Viele der umweltfreundlichen LKWs sind in Paris unterwegs.

Oben: *Der Renault Puncher dient vor allem als Müllwagen.*

Der Puncher wird in der Regel von einem DCI-6-Motor mit 270 PS (201,3 kW) und einem Allison-Automatikgetriebe angetrieben. Die Tür an der Beifahrerseite ist wie eine Bustür konstruiert, um den Ein- und Ausstieg zu erleichtern. Eine Luftfederung sorgt für komfortables Fahren.

Da viele Gemeinden erwarten, dass die Laster umweltfreundlich sind, werden für den Puncher auch verschiedene Motoren mit alternativem Antrieb angeboten. In Paris sind etwa 150 Puncher NGV im Einsatz, die mit Erdgas fahren. Auch einen elektrischen Bimode-Puncher gibt es, der den DCI-6-Motor mit einem elektrischen Modus kombiniert.

Niedriger Einstieg, verbesserte Sicht

Da die Benutzer bei Straßenarbeiten oder der Müllbeseitigung ständig ein- und aussteigen müssen, hat sich Renault bemüht, dies beim Puncher zu erleichtern. Der Einstieg des Puncher ist mit 64 cm der niedrigste auf dem Markt. Die Benutzer schätzen das, weil es nicht nur bequem ist, sondern auch die Verletzungsgefahr minimiert.

Technische Daten

Land: Frankreich
Gebaut seit: 2004
Motor: DCI 6
Getriebe: Allison-Automatik
Nutzlast: bis zu 16 Tonnen
Verwendungszweck: Straßenarbeiten, Müllabfuhr
Besonderheit: sehr niedriger Einstieg

SISU
2004 Finnland

SISU EVO2

2004 stellte der finnische Hersteller Sisu eine neue Generation seiner Evo2-Lastwagen vor. In der skandinavischen Holzwirtschaft sind die LKWs beliebt, vor allem wegen der starken Achsen.

Rechts: *Der Sisu Evo2 ist ein sehr brauchbarer LKW für die skandinavische Holzindustrie.*

Technische Daten

Land: Finnland
Gebaut seit: 2004
Motor: Mack E-Tech
Getriebe: 16 Gänge
Nutzlast: nicht bekannt
Verwendungszweck: Kran, verschiedene
Besonderheit: robuste FuPro-Achsen

Das neue Design des Evo2 lässt ihn kraftvoll und robust erscheinen. An der Vorderseite des LKWs befindet sich eine neue Lufteinlassdüse, und der Kühlergrill ist aus rostfreiem Stahl. Die Lufteinlassdüse ist in Chrom gefasst, was den Wagen luxuriös aussehen lässt. Außerdem brachten die Designer ein neues Evo2-Logo an der Vorderseite des Fahrzeugs an.

Die neue Optik kommt sehr gut an und wird auch bei zukünftigen Modellen eine Rolle spielen. Der Sisu E12 Evo2 ist mit einem Mack-E-Tech-Motor ausgestattet, der ein elektronisches Motorsteuerungssystem hat, das speziell auf die finnischen Fahrbedingungen ausgerichtet ist. Nach Aussage des Unternehmens reduziert dies den Kraftstoffverbrauch und verbessert die Fahreigenschaften des Fahrzeugs. Die neue, größere Lufteinlassdüse soll die Effizienz des Zwischenkühlers erhöhen.

Widerstandsfähige Achsen

Eine weitere Neuheit sind die FuPro-Achsen mit Wellenantrieb. Diese Achsen sind der höheren Belastung durch den größeren Mack-Motor besser gewachsen. Auch können sie dem zunehmenden Dauerfahrbetrieb standhalten.

Abbildungsnachweis

Alle Bilder wurden mit der freundlichen Genehmigung von Francis Dreer/Big Block reproduziert außer folgenden:

3: ERF; 5: Volvo; 6: Sterling; 8: Mary Evans Picture Library; 9: Volvo; 11: Volvo; 12: Corbis/Chris Taylor/Cordaiy Photo Library; 14 (o): TRH; 14 (u): Mary Evans Picture Library; 15: TRH; 16: U. S. Federal Highway Administration; 19: DaimlerChrysler; 20: Mary Evans Picture Library; 21 (o): Peter Davies; 21 (u): Stilltime/Photoshot; 22 (u): DaimlerChrysler; 23: DaimlerChrysler; 25 (o): Heritage Motor Centre/Baldwin Collection; 25 (u): Detroit Public Library; 26: Corbis/Chris Taylor/Cordaiy Photo Library; 27: Alvey & Towers; 28: Stilltime/Photoshot; 29 (u): SAF; 30–31: Corbis/Bettmann; 32: Stilltime/Photoshot; 34–35: Stilltime/Photoshot; 37: SAF; 40: TRH; 41: Renault; 42: Heritage Motor Centre/Baldwin Collection; 44: Bob McDaniel; 45–47: Detroit Public Library; 49: Rex W. Schrader (imaginaryimages.com); 50: Stilltime/Photoshot; 51: Peter Davies; 53: Peter Davies; 54: TRH; 55 (o): Volvo; 55 (u): Peter Davies; 56: Heritage Motor Centre/Baldwin Collection; 58 (o): TRH; 58 (u): Renault; 61 (beide): Heritage Motor Centre/Baldwin Collection; 62–63: Oshkosh; 64 (u): Peter Davies; 65–66 (beide): TRH; 67: Peter Davies; 69 (u): Roland O. Smith; 70: Corbis; 73–75: TRH; 77: TRH; 81: Peter Davies; 83: Roland O. Smith; 84–87: Volvo; 90: Heritage Motor Centre/Baldwin Collection; 92: Peter Davies; 94 (o): Volvo; 96: ERF; 97 (o): DaimlerChrysler; 97 (u): Volvo; 98–99: Peter Davies; 101: ERF; 104: Rob English; 105: Detroit Public Library; 106: Heritage Motor Centre/Baldwin Collection; 107–108 (beide): DaimlerChrysler; 111: Volvo; 112: Heritage Motor Centre/Baldwin Collection; 113: Sisu; 114: Pacific NW Truck Museum, Brooks, OR, USA (pacificnwtruckmuseum.org); 117: Art-Tech/Aerospace; 118–119: DaimlerChrysler; 120 (o): Peter Jarman; 120 (u): Peter Davies; 121–122: Volvo; 130–131: Volvo; 133 (o): Dave Gothard (davesimages.net); 133 (u): Peter Davies; 134: Heritage Motor Centre/Baldwin Collection; 143: Detroit Public Library; 144 (u): Andrew Morland; 146: Iveco; 147: TRH; 151 (beide): Oshkosh; 158 (u): Kim Loeb; 162 (beide): Andrew Morland: 168: Scania; 169: Peter Davies; 170 (u): DaimlerChrysler; 171: DaimlerChrysler; 172: Peter Davies; 174 (u): DAF; 179: Peter Davies; 184 (beide)–185: Volvo; 191: Len Rogers; 192–193: DaimlerChrysler; 194: TRH; 196: DAF; 198: Peter Davies; 201: Heritage Motor Centre/Baldwin Collection; 202: Volvo; 203: TRH; 204 (u): Peter Davies; 205 (u): Peter Davies; 207 (u): Volvo; 208: Volvo; 211 (o): Terry Harmon; 212 (u): Volvo; 213: Peter Davies; 216 (beide): DAF; 217: Volvo; 218: Len Rogers; 223: DaimlerChrysler; 224 (u): DAF; 230: Kim Loeb; 232 (o): Terry Harmon; 232 (u): Robert W. Dick; 233: Heritage Motor Centre/Baldwin Collection; 240 (u): Volvo; 241: Volvo; 242: Peter Davies; 244: Foden; 252 (u): DAF; 256 (beide): DaimlerChrysler; 259: DAF; 260 (beide): Iveco; 264: ERF; 265 (o): Mimo Frassineti/Rex Features; 265: Peter Davies; 268: Komatsu; 270 (beide): DaimlerChrysler; 273 (beide): DAF; 274–275: Sterling; 276 (beide): Scania; 277 (beide): Foden; 278: Volvo; 279 (o): Freightliner; 280: Freightliner; 282: Renault; 285: Freightliner; 286: Volvo; 288: Freightliner; 290–291: Autocar LLC, a GVW Holdings Company; 292 (o): DAF; 294: Volvo; 295: DaimlerChrysler; 296: DAF; 297: Sisu; 298 (u): Freightliner; 300: Iveco; 301: Volvo; 302 (beide)–303: Renault; 307: Peter Davies; 308 (beide): Renault; 309: DaimlerChrysler; 312: Len Rogers; 313: Peter Davies; 314: Renault; 315: Sisu.

Register

Kursive Seitenzahlen beziehen sich auf die Illustrationen.